中国工程科技发展战略湖北研究院咨询研究项目

湖北省域生态文明发展战略研究

——生态产业和无废城市的生态文明建设策略

李金惠 石 磊 单桂娟等 著

"湖北省域生态文明发展战略研究"项目组

科学出版社

北 京

内 容 简 介

本书是中国工程科技发展战略湖北研究院咨询研究项目"湖北省域生态文明发展战略研究"的成果。全书围绕新时代湖北发展和长江经济带发展要求，结合湖北省生态文明建设特色分析，开展了省域生态工业发展战略研究、生态农业发展战略研究、生态服务业发展战略研究，以及"无废城市"建设战略研究。针对湖北省的资源与环境约束、区域发展不均衡、产业结构调整与转型压力等问题，从促进产业结构优化升级、促进工业生态化转型、推动农业绿色发展、发展生产性服务业、加强空间管控与资源配置、开展"无废城市"建设等方面，提出了湖北省生态文明发展的战略建议。

本书适合生态文明建设的管理部门、高校、企事业单位及从事相关工作的人员阅读参考。

图书在版编目(CIP)数据

湖北省域生态文明发展战略研究：生态产业和无废城市的生态文明建设策略 / 李金惠等著 . —北京：科学出版社，2022.4
ISBN 978-7-03-072010-8

Ⅰ. ①湖… Ⅱ. ①李… Ⅲ. ①生态文明–发展战略–研究–湖北
Ⅳ. ①X321.263

中国版本图书馆 CIP 数据核字（2022）第 052756 号

责任编辑：霍志国 / 责任校对：杜子昂
责任印制：吴兆东 / 封面设计：东方人华

科 学 出 版 社 出版
北京东黄城根北街 16 号
邮政编码：100717
http://www.sciencep.com

北京中石油彩色印刷有限责任公司 印刷
科学出版社发行 各地新华书店经销

*

2022 年 4 月第 一 版 开本：720×1000 1/16
2022 年 4 月第一次印刷 印张：14
字数：283 000
定价：**118.00 元**
（如有印装质量问题，我社负责调换）

顾　问

钱　易　中国工程院院士、清华大学环境学院教授

著　者

李金惠　清华大学环境学院教授

石　磊　南昌大学流域碳中和研究院院长/特聘教授

单桂娟　清华大学环境学院副研究员

曾现来　清华大学环境学院副研究员

刘丽丽　清华大学环境学院研究员

呼和涛力　常州大学城乡矿山研究院院长/教授

杨家宽　华中科技大学环境学院院长/教授

周培疆　武汉大学教授

周敬宣　华中科技大学教授

刘先利　湖北理工学院环境科学与工程学院院长/教授

汤　平　湖北理工学院环境科学与工程学院副教授

贾小平　青岛科技大学环境与安全工程学院副教授

李平衡　黄冈师范学院商学院系主任/讲师

前　言

　　党的十八大提出建设中国特色社会主义的总体布局是经济建设、政治建设、文化建设、社会建设、生态文明建设"五位一体",而且要把生态文明建设放在突出地位,融入经济建设、政治建设、文化建设和社会建设的各方面和全过程。习近平在党的十九大报告中指出,加快生态文明体制改革,建设美丽中国。我们要建设的现代化是人与自然和谐共生的现代化,既要创造更多物质财富和精神财富以满足人民日益增长的美好生活需要,也要提供更多优质生态产品以满足人民日益增长的优美生态环境需要。必须坚持节约优先、保护优先、自然恢复为主的方针,形成节约资源和保护环境的空间格局、产业结构、生产方式、生活方式,还自然以宁静、和谐、美丽。

　　湖北省是长江干流径流里程最长的省份,是三峡库坝区和南水北调中线工程核心水源区所在地,是长江流域重要的水源涵养地和国家重要生态屏障。把湖北省建设成为促进中部崛起的重要战略支点,是中央政府实施中部崛起战略的一个重大举措,是中央政府给湖北经济社会发展的战略定位。把湖北省建设成为"重要战略支点",是中国经济发展过程中为实现区域经济的均衡协调发展的重要战略举措,也是区域资源与产业优化配置过程中承东启西、连南接北的必然选择。湖北省在机遇面前,既面临着老工业基地、农业大省、地处内地等困难和挑战,也面临着加快发展的难得机遇。既要在经济总量上争先进位,保持一定速度的增长,解决发展不够的问题;又要调结构、转方式,加快淘汰落后产能,在发展质量和效益、转型升级、综合竞争力上跃进提升。在中部地区率先全面建成小康社会,跨越式发展的要求与绿色发展环境约束的矛盾始终并存,如何做好两者的平衡,对湖北省是很大的考验。

　　当前,我国社会的主要矛盾是人民日益增长的美好生活需要和不平衡不充分的发展之间的矛盾。就湖北省而言,区域发展不平衡、产业发展不协调问题仍然比较突出。同时,产业结构同质化、部分行业产能过剩等问题也比较突出。从城市之间发展态势看,"一主两副"三个城市经济发展大幅领先其他城市;从城乡发展来看,全省城镇常住居民和农村常住居民人均可支配收入差距依然很大。如何解决这一矛盾,产业结构优化升级是重要的途径和支撑。产业是高质量发展的核心和灵魂。湖北省现有的产业结构是其生态文明建设的基点,未来湖北省的生态文明建设必然会受到产业结构的影响。

　　本项目为中国工程科技发展战略湖北研究院咨询研究项目,在钱易院士的指导下开展项目研究和书稿撰写工作。本项目围绕新时代湖北省和长江经济带发展要求，结合湖北省生态文明建设特色分析，开展了省域生态工业发展战略研究、生态农业发展战略研究、生态服务业发展战略研究，以及湖北省"无废城市"建设战略研究，针对省内资源与环境约束、区域发展不均衡、产业结构调整与转型压力等问题，从促进产业结构优化升级、促进工业生态化转型、推动农业绿色发展、发展生产性服务业、加强空间管控与资源配置、开展"无废城市"建设等方面，提出了湖北省生态文明发展的战略建议。

本书第一章湖北省生态文明建设特色分析，由清华大学环境学院李金惠教授、单桂娟副研究员编写，主要从生态环境、生态文化、经济发展与资源环境协调性、生态文明建设的制度体系等方面，分析了湖北省生态文明建设的特点。

第二章湖北省生态工业发展战略研究，由南昌大学流域碳中和研究院石磊院长/特聘教授、青岛科技大学环境与安全工程学院贾小平副教授编写，从传统产业生态化转型升级、发展战略性新兴产业，以及建设生态工业园区三个方面，提出了湖北省生态工业发展策略。

第三章湖北省生态农业发展战略研究，由常州大学城乡矿山研究院呼和涛力院长/教授、黄冈师范学院商学院李平衡讲师编写，从生态农业发展现状、问题分析入手，结合对湖北省美丽乡村建设的实施路径研究，提出了湖北省生态农业的发展战略。

第四章湖北省生态服务业发展战略研究，由武汉大学周培疆教授、华中科技大学周敬宣教授负责编写，论述了发展生态服务业的意义，基于对湖北省服务业发展现状、问题及面临机遇的研究，提出了湖北省生态服务业发展思路和保障措施。

第五章湖北省"无废城市"建设战略研究，由华中科技大学环境学院杨家宽院长/教授、清华大学环境学院李玉爽博士、黄冈师范学院商学院李平衡讲师等编写，梳理了我国"无废城市"建设领域的试点工作，分析了湖北省建设"无废城市"面临的问题，凝练了湖北省"无废城市"建设典型模式，并聚焦废铅酸蓄电池典型废物流，提出了湖北省铅酸蓄电池管理建议。

第六章结论与建议，由清华大学环境学院李金惠教授、单桂娟副研究员编写，总结了湖北省生态文明建设取得的成效，从资源与环境约束、区域发展不均衡、产业结构调整与转型压力等方面分析了湖北省生态文明建设中的问题与挑战，提出了湖北省生态文明发展战略。

"湖北省域生态文明发展战略研究"项目组

2021 年 12 月

目　录

第一章　湖北省生态文明建设特色分析

一、湖北省生态环境与社会经济基本情况

湖北省地处长江之"腰",境内长江干线长达1061km,是长江干流流经里程最长的省份和长江经济带的"一轴"的核心区域。湖北省作为生态大省,拥有大江、大湖、大山、大库,又是三峡工程坝区所在地和南水北调中线工程水源区,生态优势明显,生态地位重要。湖北长江经济带拥有良好的生态保护基础,是维系国家生态安全的重要屏障。同时,湖北省地处我国中部内陆腹地,因其独具特色的自然、文化、水陆空等交通优势,还具有明显的绿色发展特点,在发展循环经济、探索"一芯两带三区"① 区域和产业发展战略布局、建设生态示范省和"两型"社会上都走在全国前列。

(一) 生态环境现状

1. 地理位置

湖北省位于长江中游,洞庭湖以北,东邻安徽,南接江西、湖南、西连重庆、四川,北靠陕西、河南。全省总面积18.59万 km²。从地理位置上看,它在中西部地区有明显的区位优势。传统所谓"九省通衢"之九省,主要就是中部省份。长江和汉江所具有的水利水运优势相比中部其他省份十分突出,尤其长江将上海、南京、九江、武汉、宜昌、重庆等十余座经济实力强大或者发展潜力极大的"明珠"城市联成一串,这种区位优势是中部其他省份无可比拟的。在湖北交通版图上,2000多千米的高速公路优美延伸,武汉高速出口连通188km长武汉外环线,成为连通武汉城市圈的经典之作。有百年铁路史的武汉,火车直达27个省、市、自治区。根据全国铁路建设规划,武汉将成为中国铁路四大枢纽之一、六大客运中心之一,还将成为国内唯一拥有武汉、武昌、汉口三大客运站

---

① 一芯是指依托"四大国家级产业基地"和"十大重点产业",大力发展以集成电路为代表的高新技术产业、战略性新兴产业和高端成长型产业;两带是指长江经济带、汉江生态经济带;三区是指鄂西绿色发展示范区、江汉平原振兴发展示范区、鄂东转型发展示范区。引自:湖北布局"一芯两带三区"推动高质量发展 [EB/OL]. http://www.cajcd.cn/pub/wml.txt/980810-2.html.

和亚洲最大火车编组站的大都市。

湖北省地势西高东低，西-北-东三面环山、中间低平而向南敞开，拥有山地、丘陵、岗地和平原等多种地貌形态。其中海拔500m以上的山地占56%，海拔200~500m的丘陵占15%，100~200m的岗地占9%，低于200m的平原和水域占20%。山地、丘陵合计占全省总面积的71%，平原、岗地占29%。

2. 气候条件

湖北地处亚热带北缘，位于典型的季风区内，属于典型的亚热带季风性气候。全省除高山地区外，大部分为亚热带季风性湿润气候，四季分明，光能充足，热量丰富，无霜期长，降水充沛，雨热同期。降水量的年际和区际差异较大、江、河、湖、库众多，长江、汉江等过境客水量大，是自然灾害多发、频发地带，也是我国多灾、重灾地区之一。其主要自然灾害有洪涝、干旱、低温冰冻、病虫害、滑坡、泥石流、崩塌（包括塌陷）和地震等，而发生次数最多、造成损失最大的是洪涝和干旱等灾害。

全省大部分地区平均实际日照时数为1100~2150h，平均气温15~17℃。一年之中，1月最冷，大部分地区平均气温2~4℃；7月最热，除高山地区外，平均气温27~29℃，极端最高气温可达40℃以上。全省无霜期在230~300天之间，各地平均降水量在800~1600mm之间。降水地域分布呈由南向北递减趋势，鄂西南最多达1400~1600mm，鄂西北最少为800~1000mm。降水量分布有明显的季节变化，一般是夏季最多，冬季最少，全省夏季雨量在300~700mm之间，冬季雨量在30~190mm之间①。

3. 土壤资源

土壤在农作物的生产成长过程中起着至关重要的作用，直接影响农作物的产量。湖北土壤主要包括红壤、黄壤、黄棕壤、黄褐土、砂姜黑土、棕壤、暗棕壤、石灰土、紫色土、山地草甸土、沼泽土、潮土和水稻土等，其中黄棕壤主要分布在宜昌-荆门-襄樊一线的鄂西北地区的低山丘陵地区，以及宜昌-恩施以东、荆州以西的鄂南低山丘陵地区。棕壤主要分布在神农架、三峡等海拔较高的山地。红壤主要分布在咸宁-黄石-黄冈以东的地区。黄壤主要分布在恩施-宜昌以西、三峡以南的地区。水稻土主要分布在荆州-荆门-襄樊以东、咸宁-黄石-黄冈以西的江汉平原地区②。

---

① 崔讲学. 纵览湖北气象体味荆楚文化——湖北的春夏秋冬 [J]. 气象知识, 2013, (4): 8-12.
② 余红家. 湖北省土壤各级颗粒的磁化率 [J]. 湖北农学院学报, 1990, (1): 30-33.

4. 水资源

湖北素有"千湖之省"之称①，长江自西向东，流贯省内 26 个县市，西起巴东县鳊鱼溪河口入境，东至黄梅滨江出境。湖北段长江西起巴东县鳊鱼溪，东至黄梅县小池口，流经恩施、宜昌、荆州、武汉、黄冈、鄂州、黄石 7 个市州。全长 1062km，占全部长江干流总长的 1/6 以上，比湖北以下湖南、江西、安徽、江苏、上海 5 个省市的江段加起来还要长。境内除长江、汉江干流外，其余上千条支流河道纵横密布，总长约 5.92 万 km，全省水域总面积约 2500 万亩（1 亩 = 666.67m²），位居全国前列。全省 5km 以上中小河流有 4228 条，总长 5.9 万 km；其中，河长在 100km 以上的河流 41 条，100 亩以上的湖泊有 843 个，同时湖北省是三峡大坝库区和南水北调中线工程水源地。境内的长江支流有汉水、沮水、漳水、清江、东荆河、陆水、漶水、倒水、举水、巴水、浠水、富水等。其中汉水为长江中游最大支流，在湖北境内由西北趋东南，流经 13 个县市，由陕西白河县将军河进入湖北郧西县，至武汉汇入长江，流程 858km；境内湖泊主要分布在江汉平原上。面积百亩以上的湖泊约 800 余个，湖泊总面积 2983.5km²。水能资源蕴藏量是 1823 万 kW，居全国第 7 位；可开发的水能资源为 3309 万 kW，居全国第 4 位。湖北水资源在全国占有明显优势。

5. 农业与矿产资源

湖北省自然禀赋条件良好，素称"鱼米之乡"，是全国重要的商品粮棉油生产基地和最大的淡水产品生产基地，2010 年全省农作物总播种面积 7997.57 千公顷（1 公顷 = 10000m²），养殖水面 788.57 千公顷，已储备粮食 2500 万 t、棉花 1000 万担、油料 6000 万担、蔬菜 3000 万 t、肉类 300 万 t、淡水产品 300 万 t 的生产能力。矿产资源丰富，全省已发现矿产 149 种，占全国已发现矿种的 87.13%，其中已查明资源储量的矿产有 92 种，占全国已查明资源储量矿产的 59%，已发现但尚未查明资源储量的矿种有 57 种。

6. 动植物资源

湖北省自然地理条件优越，森林植被呈现普遍性与多样化的特点。全省已发现的木本植物有 105 科、370 属、1300 种，其中乔木 425 种、灌木 760 种、木质藤本 115 种。这在全球同一纬度所占比重是最大的。湖北省不仅树种较多，而且起源古老，迄今仍保存有不少珍贵、稀有孑遗植物。除有属于国家一级保护树种

---

① 付正中，张彦，陈勇. 让千湖之省碧水长流——《湖北省水污染防治条例》解读 [J]. 楚天主人，2014，(3)：47-49.

水杉、珙桐、秃杉外，还有二级保护树种香果树、水青树、连香树、银杏、杜仲、金钱松、鹅掌楸等20种和三级保护树种秦岭冷杉、垂枝云杉、穗花杉、金钱槭、领春木、红豆树、厚朴等21种。藤本植物，种类多而分布广，价值较高的有爬藤榕、苦皮藤、中华猕猴桃、葛藤、括楼等10多种。

湖北省有陆生脊椎动物562种，其中两栖类45种、鸟类415种、哺乳动物102种。全省被国家列为重点保护的野生动物112种。其中，属一类保护的有金丝猴、白鳍豚、华南虎、白鹳等23种；属二类保护的有江豚、猕猴、金猫、小天鹅、大鲵等89种。全省共有鱼类176种，其中以鲤科鱼类为主，占58%以上；其次为鳅科，占8%左右。

7. 旅游资源

湖北省又被称为"千湖之省"，那些星罗棋布的湖泊是远古时代的大泽——"云梦泽"留下的遗迹，它们像散落的珍珠，与交错的河流组成了江汉平原的水乡泽国风光；鄂西北著名的神农架和武当山风景区峰峦叠嶂、溪瀑淙淙，构成了湖北自然景观的另一番景象。此外还有许多名胜古迹，譬如周瑜大败曹操的赤壁、"白云千载空悠悠"的黄鹤楼、"伯牙摔琴谢知己"的古琴台及辛亥革命武昌军政府旧址。据统计，湖北有长江三峡等国家级风景名胜区6处，神农架等国家级森林公园13处，国家自然保护区3处。湖北拥有国家历史文化名城5个，国家级文物保护单位20处，省级文物保护单位365处（图1-1）。

图1-1　炎帝神农文化园

（二）社会经济发展概况

湖北省总面积18.59万 km²，占全国总面积的1.95%，居全国第13位。湖北设有12个地级市，1个自治州，39个市辖区，24个县级市。按照自然天气区域划分，共分为五个区：鄂西北、鄂西南、江汉平原、鄂东北和鄂东南。"一芯驱动、两带支撑、三区协同"区域和产业发展战略布局在湖北"中部崛起"起着重大作用①。

1. 经济规模

湖北长江经济带横贯东西，全长 1061km，总面积 54168.5km²，占全省的 29.1%；湖北长江经济带新一轮开放开发自提出至实施以来，各方面已取得了初步成效，已经站在了一个新的历史起点上②。至"十一五"末，沿长江 61 个开发区已开发面积 603km²，2010 年 61 个开发区实现规模以上工业增加值 2841.8 亿元，规模以上工业主营业收入 8265.8 亿元，税收收入 593 亿元，从业人员 177.7 万人。开发区已成为沿江经济社会发展的重要支撑和增长极。

数据显示，2019 年湖北省生产总值 45828.31 亿元，人均 GDP 最高值与最低值差距较大，鄂东地区生产总值明显高于鄂西地区，地区最高值为武汉市，最低值为恩施州，最高值约为最低值的 4.2 倍（表 1-1）。湖北区域发展不平衡、产业发展不协调问题仍然比较突出。同时，产业结构同质化、部分行业产能过剩等问题也比较突出。从城市之间发展态势看，"一主两副"三个城市经济发展大幅领先其他城市，特别是武汉经济总量占全省 38%，襄阳、宜昌经济总量都在 4000 亿元左右，除这三个城市之外，其他市州的经济总量都还不足以支撑多极。为此，湖北省政府提出了"一芯两带三区"区域和产业发展战略布局的谋划。

表 1-1　2019 年湖北省各市州生产总值

按人均 GDP 排名	城市	生产总值/亿元	占全省比例/%	人均生产总值/元
1	武汉市	16223.21	35.37	145545
2	宜昌市	4460.82	9.72	107830
3	鄂州市	1140.07	2.49	106678
4	襄阳市	4812.8	10.49	84732
5	潜江市	812.63	1.77	84119
6	仙桃市	868.47	1.89	76178
7	黄石市	1767.19	3.85	71511
8	荆门市	2033.77	4.43	70190
9	咸宁市	1594.98	3.48	62650

① 程小琴. 沿长江经济带亟待开放开发——湖北的黄金地带和经济发展重心之所在 [J]. 统计与决策, 1990, (5): 33-36.

② 吕文艳. 共抓长江大保护推进绿色新发展 [J]. 中国机构改革与管理, 2016, (11): 35-37.

续表

按人均 GDP 排名	城市	生产总值/亿元	占全省比例/%	人均生产总值/元
10	十堰市	2012.7	4.39	59232
11	随州市	1162.23	2.53	52380
12	天门市	650.82	1.42	51200
13	孝感市	2301.4	5.02	46767
14	荆州市	2516.48	5.49	45178
15	神农架林区	32.86	0.07	43008
16	黄冈市	2322.73	5.06	36685
17	恩施州	1159.37	2.53	34259

湖北省自 2000 年以来的 GDP 增长及变化情况如表 1-2 所示,从地区生产总值数值来看,在 2000～2019 年期间,湖北省的 GDP 一直保持较高速的增长。从 GDP 增速的变化趋势来看,在 2000～2007 年期间,湖北省的 GDP 的增长速度逐渐提高,全省 GDP 保持着强劲的增长态势。在 2008 年 GDP 增速出现下滑,2009年 GDP 增速再次回升,并在 2010 年湖北省的 GDP 增速达到峰值 14.80%,自 2010 年之后,直至 2017 年,GDP 增速呈现逐渐下降的趋势,全省 GDP 增长逐渐放缓,2018 年和 2019 年 GDP 增速有较大提升。

表 1-2　湖北省 GDP 增长及三次产业变动情况

年份	GDP/亿元	GDP 增速/%	第一产业/亿元	第二产业/亿元	第三产业/亿元
2000	3310.60	8.59	574.10	19858.10	4777.60
2001	3604.00	8.86	588.50	21828.10	5291.60
2002	3936.20	9.22	600.20	24038.50	5892.20
2003	4318.60	9.71	634.90	26494.80	6525.70
2004	4802.50	11.21	676.20	30099.50	7218.60
2005	5383.60	12.10	703.20	34674.70	8070.40
2006	6094.20	13.20	739.10	40222.60	9159.90
2007	6984.00	14.60	773.80	46939.80	10616.30
2008	7919.80	13.40	820.30	54731.80	11932.80
2009	8989.00	13.50	862.90	63926.70	13400.50
2010	10319.40	14.80	902.60	76839.90	14914.80
2011	11746.50	13.83	942.30	90571.20	16701.50
2012	13073.90	11.30	986.60	102526.60	18505.30

续表

年份	GDP/亿元	GDP 增速/%	第一产业/亿元	第二产业/亿元	第三产业/亿元
2013	14394.40	10.10	1031.00	114112.10	20542.70
2014	15790.70	9.70	1080.50	125637.40	22699.70
2015	17196.00	8.90	1129.10	136065.30	25128.60
2016	18588.90	8.10	1173.10	146678.40	27515.80
2017	36522.95	7.80	3759.69	16259.86	16503.40
2018[a]	42021.95	15.06	3548.17	17573.87	20899.91
2019[b]	45828.31	9.06	3809.09	19098.62	22920.60

注：按可比价计算，1952 年 GDP=100。数据来源：《湖北统计年鉴2019》。

a. 湖北省统计局：湖北省统计局关于修订2018年全省生产总值数据的公告，http://tjj.hubei.gov.cn/tjsj/sjjd1/202001/t20200121_2013806.shtml;

b. 湖北省统计局：湖北省2019年国民经济和社会发展统计公报，http://tjj.hubei.gov.cn/tjsj/tjgb/ndtjgb/qstjgb/202003/t20200323_2188487.shtml。

2. 产业结构

湖北省产业基础优于中部其他省份。新中国成立后，经过几十年的建设，湖北已经形成了较为雄厚的生产加工能力，是我国中西部地区最大的制造业基地，目前形成了以钢铁、汽车、机械、轻工、纺织服装、建材、石化、电力工业为主体，电子信息和新医药产业快速发展的制造业体系，制造业位居全国第七，形成了一批在全国乃至世界有影响力的产业。湖北是全国重要的钢铁生产基地和汽车生产基地。钢铁、汽车生产在全国保持领先地位。"武汉光谷"是全国光电子信息产业基地。武汉邮电科学研究院有限公司的光纤通信生产和研发水平居全国首位。长飞光纤光缆股份有限公司是全国最大的光纤光缆生产企业。机械工业有着较雄厚的基础。数控机床测控设备、电站锅炉及高压变电设备在全国有比较优势。湖北省积极落实长江经济带"生态优先、绿色发展"战略，提出产业布局要以知识、技术、信息、数据等新生产要素为支撑；同时，加快传统产业转型升级，推动经济发展质量变革、效率变革、动力变革，加快形成高质量发展的新动能体系。

（1）三次产业结构变动情况

依据湖北地区生产总值构成数据对湖北省的三次产业结构变动情况进行分析，如图1-2所示。

从图1-2可以看出，在2000～2019年期间，随着经济的不断发展，湖北省第一产业所占比重逐渐下降，第二产业与第三产业所占比重整体呈现上升的趋势。从第二产业及第三产业所占比重的变化趋势可以看出，2012年是个明显的

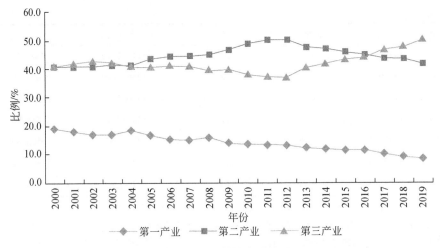

图 1-2　湖北省三次产业及工业结构变动情况（2000~2019 年）

转折点，在 2012 年之前，第二产业所占比例逐年上升，第二产值比例在 2012 年达到最大值 50.50%；而在 2000~2012 年期间，第三产业的比重逐年下降，在 2012 年达到最低值 36.80%。在 2012 年之后，第二产业的所占比值逐渐下降，同时第三产业所占比重逐年上升，直至 2017 年，第三产业所占比重首次超过第二产业。2018 年和 2019 年，第二产业所占比重持续下降，第三产业比重继续增加。综上，在 2003 年以前，湖北省三次产业结构为"三、二、一"格局，第二产业还未成为主导产业；在 2003 年之后至 2017 年，第二产业比重开始超过第三产业跃居主导地位，产业结构调整为"二、三、一"格局，经过十多年的发展，在 2017 年，第三产业比重重新超过第二产业。

（2）三次产业区位商分析

区位商指一个地区特定部门的产值在地区工业总产值中所占的比重与全国该部门产值在全国工业总产值中所占比重之间的比值。其计算公式为

$$q_{ij} = \frac{e_{ij}/e_i}{E_j/E} \tag{1-1}$$

利用区位商判断产业的生产专业化状况，实际上是以全国工业发展的平均水平作为参考系。q 值越大，该产业专业化水平越高，优势越大[1]。

通过对湖北省以及全国的三次产业生产总值占比进行整理计算，可得到湖北省三次产业以及工业相对全国水平的区位商，如表 1-3 所示，其变化趋势如图 1-3 所示。可以明显看出，在 2000~2017 年期间，湖北省的第一产业区位商均处于

---

① 李小玉，郭文. 区位商视角下的江西省产业结构研究 [J]. 企业经济，2012，（4）：126-131.

1 以上的水平，即相比全国，湖北省的农业产业占比偏高，高于全国平均水平。湖北省第二产业以及工业的区位商呈现逐年上升的趋势，在 2009 年超过 1 的标准线，在 2009 年之后，湖北省第二产业的产业占比均高于全国水平，与此同时，第三产业的区位商呈现逐年下降的趋势，自 2003 年之后，第三产业区位商的数据均低于 1，说明湖北省的服务业产业占比低于全国平均水平。综合可以看出湖北省的产业结构特征是第一产业占比偏高，第三产业占比偏低，虽然自 2012 年之后，第三产业的区位商开始出现缓慢上升的趋势，但是仍然低于全国平均水平。另一方面，可以看出自 2009 年之后，湖北省的工业产值占比高于全国平均水平，工业发展呈现出一定的优势。

表 1-3　湖北省三次产业及工业区位商（2000～2017 年）

年份	区位商			
	第一产业	第二产业	第三产业	工业
2000	1.27	0.89	1.03	0.87
2001	1.27	0.91	1.01	0.89
2002	1.26	0.91	1.01	0.89
2003	1.37	0.90	1.00	0.88
2004	1.40	0.90	0.99	0.87
2005	1.41	0.92	0.98	0.91
2006	1.41	0.93	0.98	0.92
2007	1.43	0.95	0.95	0.93
2008	1.51	0.96	0.92	0.95
2009	1.40	1.02	0.89	1.02
2010	1.40	1.05	0.86	1.06
2011	1.38	1.08	0.83	1.10
2012	1.35	1.11	0.81	1.14
2013	1.30	1.09	0.86	1.10
2014	1.26	1.10	0.86	1.12
2015	1.26	1.12	0.85	1.15
2016	1.30	1.13	0.85	1.15
2017	1.27	1.07	0.90	1.09

注：计算依据为湖北省的生产总值构成数据以及全国生产总值构成数据，数据来源为《湖北统计年鉴》和《中国统计年鉴》。

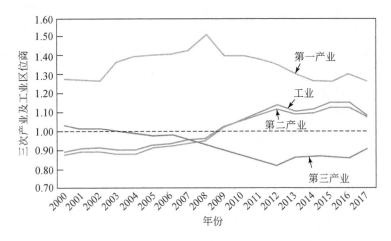

图1-3 湖北省三次产业及工业区位商变化（2000～2017年）

二、湖北省生态保护和修复现状

湖北地处长江中游，境内湖泊众多，江河纵横，素有"洪水走廊""千湖之省"之称，因其亦处"三峡"工程、南水北调中线核心位置，故其水生态环境在全国地位极其重要。然而改革开放以来粗放型的经济增长模式加之其大力发展的重工业使得大大小小的湖泊成为液态垃圾收容所，以至于湖泊萎缩，长江汉江城市近岸污染带日益增长，汉江直流干流多次发生"水华"，一部分水库富营养化。伴随着湖泊面积的缩减、水质的恶化，湖泊的调蓄、供水、维持生态环境等诸多问题随之产生，开展保护与修复行动刻不容缓。

近年来，湖北省以生态省建设为载体，大抓生态文明建设，以改善生态环境质量为核心，以长江大保护为重点，以改革创新为动力，深入推进中央环保督察反馈意见整改，切实打好污染防治攻坚战，全力服务长江经济带高质量发展。

（一）污染防治攻坚战

坚持落实责任，健全机制，严格考核，切实打好蓝天、碧水、净土三大保卫战。大气环境质量得到持续改善，2018年，全省国考城市 PM_{10}、$PM_{2.5}$ 年均浓度值分别为 $73\mu g/m^3$、$47\mu g/m^3$，同比分别下降8.8%和9.6%，空气质量优良天数比例为76.7%，同比增加0.6%；水污染防治攻坚取得实效，2018年全省国考114个地表水水质断面优良比例为86.0%（98个，高于全国平均水平），长江干流中官铺出境断面水质保持为Ⅱ类。土壤污染防治工作得到稳步推进。

（二）长江生态保护修复工作

湖北省以重点生态功能区为支撑，构建以鄂东北大别山区、鄂西北秦巴山区、鄂西南武陵山区、鄂东南幕阜山区四个生态屏障，长江流域水土保持带和汉江流域水土保持带，江汉平原湖泊湿地生态区为主体的"四屏三江一区"① 生态安全格局，划定生态红线面积约 4.15 万 km^2。

坚持把修复长江生态环境摆在压倒性位置，积极推进"双十工程"② 落实。153 个生态环保项目纳入生态环境部项目储备库（图 1-4），10 个沿江城市启动

图 1-4 长江岸线宜昌城区段生态保护修复项目

① "四屏"指鄂西南武陵山区、鄂西北秦巴山区、鄂东南幕阜山区、鄂东北大别山区四个生态屏障；"三江"指长江、汉江和清江干流的重要水域及岸线；"一区"指江汉平原为主的重要湖泊湿地。引自：湖北省生态保护红线划定方案，鄂政发〔2018〕8 号〔Z〕. 湖北省环保厅、湖北省发改委，2018 年 7 月 26 日.

② "双十工程"，即十项生产生活基础设施建设项目和十类产业扶贫项目。十项生产生活基础设施建设项目分别是：农村道路及危桥建设、信息化建设、村级综合性文化中心建设、农村人居环境整治、村级组织场所建设、村级标准化卫生室建设、电力保障、安全饮水工程、危房改造、村小学和幼儿园建设；十类产业扶贫项目分别是：光伏扶贫产业、蔬菜扶贫产业、药用玫瑰牡丹等特色种植产业、农机扶贫产业、林果扶贫产业、手工制造来料加工产业、畜牧水产养殖产业、农村资源再利用产业、乡村旅游产业、食用菌种植产业。引自：双十工程〔EB/OL〕. http://www. cajcd. cn/pub/wml. txt/980810-2. html,2018-08-03.

长江生态环境保护修复驻点和联合研究。全省 272 个水源地环境问题、132 家省级以上工业园区污水集中处理设施建设及运行问题、"清废行动 2018" 386 个问题、"绿盾 2018" 自然保护区监督检查发现的 3409 个违法违规线索问题、长江经济带化工污染整治涉及的 315 个问题大部分得到整改和处理。严格排放标准，倒逼企业技术创新和节能减排，对重点企业实行强制性清洁生产审核，加快推进环评审批 "一张网" 建设。

(三) 生态环保督察问题整改

继续保持中央环保督察整改的高压态势，84 个整改任务已全部达到整改目标时序进度。全面开展省级环保督察，累计办结 4043 件信访投诉件。全力配合中央生态环保督察 "回头看"，在规定时限内办理办结督察组交办的 2850 件信访件。湖北省委印发了《关于禁止环保 "一刀切" 行为的通知》，坚决制止督察中的形式主义，严格禁止 "一律关停" "先停再说" 等敷衍应对做法。

(四) 生态环境领域风险防控

开展涉稳环境风险摸排调研化解行动，做好舆情监测收集引导，不断完善提升生态环境监测预警能力，将生态环境风险防患纳入全省重大社会风险防范体系。全省生态环境领域社会风险可控，舆情态势总体平稳，生态环境信访件受理率和办复率达到 100%，全省因环境问题越级上访呈下降趋势。

(五) 湖北省生态保护与修复的问题

1. 各地政策方针落实不足

湖北省各地生态文明建设规划与国家生态文明战略要求还存在一定差距。生态文明建设虽然在湖北省级层面取得了广泛共识，但少数地方的干部对生态文明建设的方针、目的和意义的认识不到位，生态文明意识淡薄，缺乏全局观念，未能将生态文明建设上升至区域战略高度，不能正确处理发展经济与生态文明建设的关系，眼前利益与长远利益的关系，政绩与实事的关系。一些地方则将常规的生态环境建设等同于生态文明建设，导致生态文明建设目标单一、体系不完善，尤其是缺乏生态制度、生态文化建设的规划；一些地方虽然在思想认识上重视生态文明建设，但缺乏具体部署和行动，对生态文明建设或流于形式，或表里不一；还有一些地方做了规划，设计了很多环保项目，但在项目实施过程中财政投入力度不够、技术不成熟。此外，虽然涌现了一些富有特色的做法和模式，但生态文明建设在总体上仍然表现为思路不开阔、特色不鲜明、重点不突出、范围不广泛，如对生态文明建设示范基地、生态旅游示范区建设的内容还需深入挖掘。

2. 环境与经济矛盾突出

当前湖北的环境形势依然十分严峻,随着经济社会的快速发展,长期积累的环境矛盾尚未完全解决,新的环境问题又陆续出现。在城镇,城镇化率的大幅提高使生活污水、垃圾和机动车污染物排放量都将大幅增加,集中饮用水源地水质保护、人口密集区和交通稠密区的空气质量改善任务更加艰巨,城市内河和湖泊的污染也比较严重。在农村,长期以来农村生活垃圾和污水污染问题仍未得到有效解决,再加上由农村的生产、种植、规模化的畜禽养殖和水产养殖形成的面源污染,以及土壤生态系统的退化、生物多样性单一等问题,将使农村的生态环境保护问题更加突出。

3. 协调机制与资金投入机制有待完善

生态修复协调机制有待健全,工作融合、力量聚合方面有待加强;生态修复标准尚未建立,工程实施标准比较零散,缺乏系统整体性;行使国土空间生态修复统一职能有待强化,与其他部门的职责边界尚未厘清;生态修复的资金投入渠道单一,开展生态修复面临的资金缺口太大;在矿山地质环境恢复治理备用金退还后,缺乏强有力的措施督促采矿权人完成恢复治理任务。

三、湖北省城镇空间布局与发展现状

深入实施全省区域发展总体战略,强化武汉主中心和襄阳、宜昌省域副中心作用。持续提升武汉城市圈和其他城市群功能,支持各地找准定位,全面对接,发展壮大更多新的区域增长极。以长江绿色经济和创新驱动发展带、汉孝随襄十制造业高质量发展带为纽带,以沿线重要城镇为节点,打造高质量发展走廊。推动鄂西绿色发展示范区、江汉平原振兴示范区、鄂东转型发展示范区协同并进,加快形成全省东、中、西三大片区高质量发展的战略纵深。

(一) 城镇空间发展现状

1. 城市圈与都市区初具形态

近年来,武汉市中心地位不断强化,对经济和人口集聚能力不断增强;以宜昌和襄阳为核心,联合周边城镇支撑起省域西部片区的两极。在"一主两副"中心城市加速集聚发展基础上,全省城市圈与都市区初具形态。武汉城市圈的"五个一体化"步伐加快,并不断发展壮大,孝感–武汉–鄂州–黄冈–黄石空间连绵的发展态势显著,武咸、武冈、武黄城际铁路建成营运,城际交通通达便利,城市间联系日益紧密。宜昌与荆州、荆门联系不断加强，襄阳都市区快速发展。

2. 大中城市发展步伐加快

黄石市大力推进转型发展、鄂州市大力推进组团式城镇化和城乡一体化、十堰市加速打造鄂渝陕三省交界区域中心城市、荆州市借力壮腰工程实施古城改造、荆门市依托"中国农谷"探索"四化"同步协调发展等都取得了明显成效。恩施、孝感、咸宁、黄冈等一批以县为基础的新型城市建设速度明显加快，发展态势良好。

3. 小城镇建设取得新成效

全省一批小城镇迅速崛起，涌现出了宜昌龙泉、大冶陈贵和灵乡、谷城石花等一批各具特色的明星城镇，以及郧阳区柳陂镇、丹江口市均县镇、恩施市女儿寨（镇）、钟祥市客店镇等新兴集镇。小城镇成为全省农村二、三产业发展的中心、产品加工和集散的中心、务工经商农民集聚的中心、生态文化旅游配套服务基地、移民安置与产业发展结合的重要载体。全省城镇供水、燃气、公交、城市道路不断完善，用水普及率、人均城市道路面积、建成区绿化覆盖率、污水处理率等主要指标呈逐年上升态势，城镇整体功能逐步提升，人居环境明显改善。当前，湖北城镇化仍处于加速发展时期，大中城市成为人口聚集与公共服务的中心，城镇化发展中的东中西区域差异化非均衡发展格局明显，一主两副多极与一圈两区两轴两带四区结构初步形成，以大中城市为核心的城镇区域化与区域城镇化态势日益显现。

（二）空间结构与分区情况

1. "一主两副多极"战略

主要是以武汉为主的中心城市，以"襄阳、宜昌"为省域副中心城市，大力推进黄石、十堰、荆州、荆门、孝感、黄冈、咸宁、鄂州、随州、恩施、仙桃、天门、潜江等多极发展。同时加快发展两轴两带：主要是以"京广城镇发展轴、长江城镇密集发展带"为省域一级发展轴带，以"襄荆城镇发展轴、汉十城镇发展带"为省域二级发展轴带。

加快建设现代化、国际化、生态化大武汉，支持武汉规划建设国家级长江新区，优化长江主轴。强化主中心、复兴大武汉，努力打造全国重要的经济中心、科技创新中心、商贸物流中心、文化创意中心、综合交通枢纽，增强对武汉城市圈、长江中游城市群的龙头带动作用，提升武汉在全国、全球发展格局中的战略地位。同时，加快省域副中心城市发展。以增强综合实力、提升城市功能、强化辐射带动为重点，加强襄阳、宜昌省域副中心城市建设，进一步提升其在全省发展格局中的地位作用。支持襄阳加快建设成为汉江流域中心城市和长江经济带重要绿色增长极；支持宜昌加快建设成为长江中上游区域性中心城市和世界水电旅游名城。继续推进"多极"协调发展。支持黄石、十堰、荆州、荆门、孝感、黄冈建设成为区域性增长极，支持咸宁、鄂州、随州、恩施建设成为特色产业增长极，支持仙桃、天门、潜江在城乡一体化建设上走在全省前列，支持神农架林区建设成为世界著名生态旅游目的地。

京广城镇发展轴：北部围绕空港地区，积极实施与孝感的空间协作与功能整合，带动孝应安城镇密集协调发展区发展；中部以武汉为核心重点建设武鄂黄黄都市连绵带，提升区域功能，形成面向中部乃至全国的核心城市区域；南部依托水网地区优良的生态环境优势，结合武汉战略性空间要素，把握创建国家新区的战略机遇。咸宁、赤壁等城镇，可培育教育研发、文化创意等高端职能，形成对接长株潭、引领区域高端发展的战略性区域走廊。

长江城镇密集发展带：充分发挥沿江综合交通通道的作用，构建长江城镇密集发展带。整合长江流域与汉江流域的空间资源，以沪蓉、沪渝高速、汉蓉-武九高铁及沿江航运为复合交通轴，引导湖北长江段城镇发展的整体崛起。

襄荆城镇发展轴：依托焦柳铁路、G207及二广高速，这条区域发展轴线北接郑州、南抵长株潭，同时沟通了湖北中部地区襄阳、宜昌-荆州两大都市区空间，成为支撑鄂中部地区发展的重要轴线。

汉十城镇发展带：依托福银高速、汉十铁路及规划建设的昌九-武汉-西安客运专线组成的综合交通轴线，成为省内沟通武汉城市圈与襄十随城镇群的主要城镇发展带。

2. 城镇人口空间分布情况

深入实施"一主两副多极"战略，支持武汉市加快建设国家中心城市，并同时加快襄阳、宜昌省副中心城市发展；支持黄石、十堰、荆州、荆门、孝感、黄冈建设成为区域性增长极；支持咸宁、鄂州、随州、恩施建设成为特色产业增长极；支持鄂州、仙桃、天门、潜江在城乡一体化建设上走在全省前列；支持神农架林区建设成为世界著名生态旅游目的地。按照"一主两副多极"的区域发展战略，稳步推进城镇发展空间分区战略和城镇人口集聚。

（1）人口重点集聚区。该区域包括武汉都市区及周边地区，襄阳、宜昌、荆州、荆门等中心城市及邻近地区，沪渝高速沿线地区等，主要特征是城镇化程度较高，核心城市人口密集，二、三产业发展程度较高；人均农业资源少，农业富余劳动力较少，对周边地区的带动作用逐渐加强。

（2）人口适度集聚区。该区域包括省域中部除重点集聚区外的平原地区、西部山区中心城市、东部沿江地区等，主要特征是人口密度较大，人口异地就业比重较高，城镇化对于提升居民收入水平、促进区域经济发展具有重要意义。这几类地区凭借自身在区位、资源、产业和自然禀赋等某些方面的优势而具备一定的人口集聚能力，在国家区域政策扶持、区域交通条件改善、沿海产业转移等背景下迎来了新的发展机遇。

（3）人口控制优化区。该区域包括承担长江蓄滞洪责任的人口密集地区、承担重要水体保护责任的地区、省域东南部与西南部和东北部兼具平原和丘陵、区域发展受到一定约束的地区等。

（4）人口适度外迁区。该区域为主体功能区划中划定的"国家层面限制开发区域"，主要为省域西部山地县市，主要特征是城镇化动力相对较弱，依靠当地非农产业难以解决城镇化问题，需要向其他地区迁出一定数量的人口。

（三）都市区与城市群发展现状

根据省域自然地理条件、城镇发展基础与潜力、区域经济联系及区域规划等因素，将湖北省域划分为4个发展区。

1. 武汉城市圈城镇联合发展区

打造武汉国家中心城市，重点发展"武鄂黄黄"都市区连绵带，突出武汉城市圈发展引领作用。武汉城市圈城镇联合发展区为武汉城市圈行政区域范围，即武汉、鄂州、黄冈、黄石、孝感、咸宁、仙桃、天门、潜江等9个城市行政区域范围。进一步提升武汉区域地位，在武汉东南部选址创建国家"滨湖新区"综合配套改革试验区，积极争取国家政策助力，从"中部地区中心城市"走向"国家中心城市"。重点发展"武鄂黄黄"都市区连绵带，推动武汉城市圈东部核心地区率先实现空间一体化发展，承载和提升区域职能。武汉城市圈"武鄂黄黄"都市连绵带以外的地区，宜选择中心城市带动、构筑城镇协调发展区的发展模式，形成咸赤嘉、仙天潜、孝应安三个城镇密集协调发展区，围绕"武鄂黄黄"都市连绵带展开产业合作和功能组织，形成武汉城市圈发展的重要支撑。重视对城市圈东北和东南部山区的生态保护，形成以大别山、幕阜山为基础的两翼生态发展区，以"湖北大别山革命老区经济社会发展试验区"为试点积极进行探索，发挥生态特色优势，实现功能优化和特色化发展。同时，加强武汉城市圈与周边城市的协调发展，在现有广水、京山、洪湖3个城市圈"观察员"的基础上，增加监利为观察员，进一步发挥武汉城市圈在省域的辐射带动作用；加强武汉城市圈与长株潭城市群、鄱阳湖生态经济区的协调与合作，共同谋划培育长江中游城市群，增强武汉城市圈在中部地区的影响力和发展引领作用；积极推动长江沿线港口、产业、旅游、生态保护等方面的衔接与合作，提升长江沿线城镇综合实力；强化麻城和咸宁的省际门户城市地位，充分发挥在省际交界地区的商贸、旅游、物流、生态保护等组织功能，强化中心城市作用。

"武鄂黄黄"都市区连绵带包括武汉都市发展区、鄂州市区、黄冈市区、黄石市区（含大冶市区），这些城市联系紧密，应突破行政区划制约，强化人口、职能、产业、重大交通和基础设施的协调发展，率先实现融合发展。鄂州、黄石、黄冈三市应积极与武汉对接，促进都市区连绵带产业协作、功能整合。

咸赤嘉城镇密集协调发展区（包括咸宁、嘉鱼、赤壁等城市）应以咸宁市区为中心，联合嘉鱼和赤壁协同发展；在保护生态环境的基础上，充分发挥区位、交通和环境优势，积极发展高新技术产业和生态型产业，推进生态旅游发展，积极探索经济社会发展与生态保护双赢发展模式，支持和推动咸宁绿色崛起；结合高速公路、咸宁-吉安铁路联络线、常德-岳阳-九江铁路及武汉新港建设，布局建设覆盖鄂南、辐射湘北和鄂西北的区域性物流中心，以及武汉城市圈南部旅游集散中心。

仙天潜城镇密集协调发展区（包括仙桃、潜江和天门等城市）应充分借力武汉城市圈和长江经济带的发展，联合发挥区域比较优势，积极承接产业省内外转移，崛起为武汉都市圈西部的增长中心和全省"三化"协调发展的先行区；加强城市产业分工协作，以各类经济开发区和工业园为载体，吸引人口和产业集聚；鼓励民营企业发展，吸引农村人口、承接回流外出务工人员；依托沿江综合运输通道建设，重点推进铁路货运支线和沿汉江港口建设，谋划天门通用机场建设，加强与武汉和宜荆荆城镇联合发展区的经济联系，构建辐射江汉平原的仙-天-潜区域性综合交通运输枢纽。

孝应安城镇密集协调发展区（包括孝感、应城、安陆、孝昌、云梦、汉川等城市）应强化云梦、应城、孝昌、安陆和汉川五县市与孝感市的交通联系，极化发展孝感中心城区，推进云梦孝感同城发展，建成武汉城市圈西北部的增长极和武汉城市圈副中心城市之一；利用现有资源优势，充分发挥交通优势，承接武汉的人口和产业转移；推进临空物流基地建设，建成汉川港、三汊物流基地，完善公路客运中心布局，打造武汉城市圈西北部地区性综合交通枢纽。

大别山生态发展区要积极推进"湖北大别山革命老区经济社会发展试验区"建设，在保护和发挥生态功能的前提下，加快发展县域经济，大力发展现代农业和现代林业，发展有当地特色的农林特色产品加工业、物流、医药产业以及其他生态型产业，大力发展特色旅游业，多渠道增加农民收入，推进城乡统筹发展；推进生态文明建设，加强城乡污染治理，保护大别山区生态环境，维系生物多样性。

幕阜山生态发展区要强化幕阜山在水土涵养、资源保护、气候调节和区域生态稳定性维护方面的作用，构建成为武汉城市圈内集生态系统完整性保护、水资源保护、自然湿地保护为一体的武汉城市圈内部生态保护区。把生态修复和环境保护列为首要任务，有序发展绿色农业和生态旅游，引导超载人口逐步有序转移。

2. 宜荆荆城镇联合发展区

积极推动宜昌-荆州组合都市区建设，构筑长江城镇发展带西部增长极。宜荆荆城镇联合发展区为宜昌市区及下辖当阳市、枝江市、宜都市、远安县的行政辖区和荆门市、荆州市全部行政辖区。重点建设宜昌-荆州组合都市区，带动区域整体发展。充分发挥省域副中心城市宜昌的带动作用，加快建设长江中上游区域性中心城市和世界水电旅游名城。推进宜昌、荆州相向联合发展，形成空间联系紧密的双核都市区发展格局。荆门应加强与宜昌、荆州的空间联系，共同带动宜荆荆城镇联合发展区的发展。高效集约利用长江岸线，积极鼓励和推动沿江城镇的发展。推进并继续深化"仙洪新农村建设试验区"建设，逐步扩大试验区试点范围，支持仙桃市、洪湖市、监利县、宜都市、掇刀区等县（市、区）开展城乡一体化扩大试点。同时，加强与武汉城市圈协调发展，增加监利为武汉城市圈观察员，强化长江经济带沿线城镇在港口、产业、旅游、生态保护等方面的衔接与合作；依托二广高速公路和洛湛铁路等区域性交通基础设施的建设，加强与襄十随城镇联合发展区的联系与协作。加强与周边省份的协调发展，推进与常德、岳阳等毗邻城市在港口、交通设施、产业、物流、旅游等方面的协作；突出宜昌在三峡库区的区位优势，积极开展与重庆和长江上游地区在水电开发、旅游组织、生态保护等方面的合作。

3. 襄十随城镇联合发展区

大力提升襄阳省域副中心城市辐射带动能力，加强区域产业分工协作。襄十随城镇联合发展区为襄阳市除保康县外的行政辖区、十堰市区和下辖的丹江口市行政辖区以及随州市全部行政辖区。重点壮大襄阳都市区，提升辐射带动能力，增强十堰、随州综合实力，提升区域整体竞争力。襄十随城镇联合发展区的发展，要充分发挥省域副中心城市襄阳的带动作用，推动城市规模与功能的提升，增强其现代化区域中心城市的辐射带动能力。鼓励十堰和随州的城市职能提升和布局优化；促进丹江口、老河口、谷城三县市的联合发展，构建襄十随城镇联合发展区中的重要节点，形成重点明确、结构清晰的带状串珠式城镇发展格局。同时，加强与武汉城市圈协调发展，优化汉十城镇发展带的汽车产业布局和旅游线路组织，突出广水作为武汉城市圈观察员的作用，积极承接产业与人口转移；加强汉江流域沿线的港口、水利、产业、生态环境保护等方面的合作，依托区域性交通基础设施的建设，加强与宜荆荆城镇联合发展区和山地特色联合发展区的联系与协作；加强与周边省份的协调发展，积极发展与南阳等河南毗邻城镇在交通设施、产业、物流、旅游、生态环境保护等方面的协作。此外，在十堰、襄阳之间，滨水空间多，自然环境美，用地建设条件较好；城市发展有一定基础，有条件做大做强老河口、谷城、丹江口组合大城市。通过"老谷丹"的建设，优化功能分布、推进核心区空间协同发展，强化襄阳与十堰间的联系，壮大完善襄十随都市区。老河口、谷城、丹江口、宜城、枣阳、南漳等城市应加强与襄阳、十堰、随州等中心城市的协调和衔接，壮大实力，突出特色，促进襄十随城镇联合发展区的健康有序发展。

4. 山地特色联合发展区

加强生态涵养与保育，发挥特色优势，坚持绿色发展。山地特色联合发展区为恩施土家族苗族自治州、神农架林区行政辖区，宜昌市兴山县、秭归县、长阳土家族自治县、五峰土家族自治县的行政辖区，襄阳市保康县行政辖区，以及十堰市郧西县、竹溪县、竹山县和房县行政辖区。

山地特色联合发展区基本为山地，平均海拔在1000m以上，适宜大规模城镇建设的空间有限，因此城镇空间发展应在保障生态安全的基础上适度扩展，坚决控制无序增长，加大生态补偿和财政转移支付力度，积极通过多样化措施促进人口向地市、县城和重点镇转移、集中。大力推动公共服务设施均等化发展，促进省域全面和谐发展。积极推进"竹房城镇带城乡一体化试验区"和"武陵山少数民族经济社会发展试验区"建设，加快山区和少数民族地区发展。同时，加强与周边省份的协调发展，推进与河南南阳市、陕西安康市、重庆市、湖南张家界市等毗邻城市的合作，加强基础设施、旅游和生态环境保护方面的衔接与协作，重点加强区域旅游线路组织和旅游服务；充分发挥恩施省际门户城市作用，在湖北省武陵山少数民族经济社会发展试验区的基础上，积极推动渝鄂湘黔四省市毗邻地区"武陵山经济协作区"的发展。

恩施土家族苗族自治州要认真落实国家西部大开发政策和民族地区发展政策，推进生态文明建设，加快特色产业发展，强化商贸、社会服务等综合服务功能，提升城市集聚能力，建设武陵山区区域性中心城市，着力打造绿色、繁荣、开放、文明的全国先进自治州。

神农架林区被称为"华中屋脊"，被联合国教科文组织批准加入国际"人与生物圈"保护区网及列入联合国教科文组织世界地质公园网络名录，是国家级自然保护区、国家森林公园、国家地质公园，国家重要的生物多样性生态功能区，也是丹江口水库及三峡水库的水源涵养地，应加强生态涵养和保护，控制工业发展，特别是要严格禁止发展对生态环境造成不利影响的工业门类，以林区行政服务、旅游服务及与旅游业相关的其他配套产业为主要职能，建立以国家公园为主体的自然保护地体系，系统保护生态重要区域和典型自然生态空间，全面保护生物多样性和地质地貌景观多样性，推动山水林田湖草生命共同体的完整保护，彰显生态保护和绿色发展价值，建成世界著名的生态旅游目的地，为实现经济社会可持续发展奠定生态根基。

湖北长江经济带发展，应加强沿江城镇特别是中小城镇的组群发展和合作，推动中小城镇主动融入大区域发展，增强对周边城镇和农村的辐射能力。湖北省域主要沿江城镇组群列于表1-4。

表1-4 湖北省域主要沿江城镇组群

区域	城镇组群
沿长江区域	推进武鄂黄黄咸（武汉、鄂州、黄石、黄冈、咸宁）率先实现同城化发展，推进咸嘉（咸安、赤壁、嘉鱼）临港新城建设，推进宜昌中心城区、枝江、宜都秭归等城市（镇）加快发展，推动黄浠团（黄州、浠水、团风）一体化发展
沿汉江区域	推动襄宜南（襄阳中心城区、宜城、南漳）一体化发展，推动丹河谷（丹江口、老河口、谷城）共建生态经济发展试验区，推进仙天潜（仙桃、天门、潜江）合作发展，推进孝应安（孝感城区、应城、安陆）承接武汉产业转移，加快竹房（竹溪、竹山、房县）城乡一体化进程
沿清江区域	推进恩建宣（恩施州、建始、宣恩）、宜长五（宜都、长阳、五峰）城镇组群建设发展
省内城镇跨江合作	推进浠水散花与黄石协作共建跨江合作示范区，推进赤壁和洪湖共建长江中游新兴旅游目的地，推进荆州市跨江一体化建设

四、湖北省经济与资源环境协调性分析

（一）"一芯两带三区"战略布局

自然资源是物质基础，处于基础性、战略性地位。但随着经济社会发展和人民需求日益增长，资源紧张矛盾日益突出，资源约束进一步加剧，目前资源承载力已逼近"天花板"。在这种情况下，假如全省各地都采取以资源发展方式，不仅忽视了地方资源禀赋，而且会带来更加严重的资源环境问题。

近三年来，湖北自然资源有效支撑了"一芯两带三区"战略发展。一是有效支撑"一芯"产业发展。武汉、襄阳、宜昌高新技术产业、战略性新兴产业、高端成长型产业用地面积占全省26.4%，超出平均水平9.3%。二是有效支撑"两带"集聚发展。长江绿色经济和创新驱动发展带支撑高质量发展的产业用地面积 5.2 万亩，占全省 51.9%。汉随襄十①制造业高质量发展带先进制造业用地和转型省级产业用地 6.7 万亩，占全省 47.9%。

"一芯两带三区"战略正是从全省的资源分布与产业发展实情出发，指导全省区域协调的发展战略，契合区域资源禀赋与产业发展优势。例如，在"三区"上，鄂西绿色发展区绿色后备资源十分丰富，绿色生态用地面积超过全省 1/2，绿色产业用地面积超过全省 1/3；江汉平原振兴发展示范区是全省优质耕地主要分布区域，江汉平原现有耕地 2914.6 万亩，占全省 37.1%；鄂东转型发展示范区资源利用方式也需要转变，冶金、建材等传统产业比重仍然较高，采矿用地达 23.8 万亩，占全省 35.5%。

（二）自然资源服务经济发展战略的挑战

湖北自然资源管理也存在一些问题，其中最大的问题就是建设用地保障困难与土地闲置浪费突出、违法用地突出同时存在。近期，湖北省土地资源管理可能仍将面临以下挑战：一是时间上的挑战。建设用地保障是眼前的，而消化存量是长期的，几十万亩的存量并非两三年能化解。"一芯两带三区"战略发展既要保高质量发展用地，还要逐步消化闲置土地面积、批而未供土地。加快消化存量就变得非常重要，时间非常紧迫。二是制度上的挑战。绿色发展理念提出后，要推进生态文明建设，但与之相适应的制度没有跟上。例如地方经济发展考核制度，会引导地方政府多用地、多圈地，不管地方资源享赋，不管项目质量，还是会被动地走"上项目、拉 GDP"的老路。三是模式上的挑战。现阶段，我们要转变投资型发展模式，走高质量发展道路。"一芯两带三区"战略发展就是践行高质量发展的具体体现。但稳增长的压力非常大，地方政府找到一条高质量发展的道路，做到节约集约利用资源，还面临较大挑战。

---

① 汉随襄十是指武汉、随州、襄阳、十堰。引自：汉江生态经济带发展规划湖北省实施方案（2019—2021 年），鄂发改长江〔2019〕289 号〔Z〕.湖北省发展和改革委员会，2019 年 8 月 27 日.

第二章　湖北省生态工业发展战略研究

一、湖北省工业经济发展现状分析

湖北省是我国中部地区重要生态屏障，同时又是一个传统工业大省，经过多年的改革发展，湖北工业已建立起门类齐全、规模较大的产业体系，老工业基地不断焕发出新的生机与活力，产业发展呈现出企业效益明显好转、新动能快速壮大、转型升级步伐加快运行格局。伴随着经济发展进入了"新常态"的发展模式，湖北省的经济发展逐渐进入高质量发展的新阶段。2018 年湖北省政府印发《湖北省工业经济稳增长快转型高质量发展工作方案（2018—2020 年)》，提出在新时代下，湖北工业经济发展的三个重点要求：稳增长、快转型、高质量。

如第一章所述，自 2010 年以来，湖北省工业经济增长势头良好，工业产值占比高于全国平均水平，工业发展呈现出较大的优势。本节重点分析湖北省工业经济区位商、结构变迁和区域特征，以期能够把握湖北地区产业生态化的整体发展趋势。

（一）工业区位商分析

选取工业分行业工业销售产值（当年价格）计算湖北省各工业行业的区位商，结果如表 2-1 所示。工业三个类别中，湖北制造业优势相对突出，但也只是稍微高于全国平均水平；采矿业的区位商远低于 1；电力、燃气及水的生产和供应业的区位商呈现逐年下降的趋势，在 2011 年之前高于全国平均水平，之后则低于全国平均水平，如图 2-1 所示。

表 2-1　湖北省工业分行业区位商（2007 ~ 2016 年）

行业	2007	2008	2009	2010	2011	2012	2013	2014	2015	2016
采矿业	0.57	0.55	0.56	0.53	0.51	0.55	0.55	0.55	0.61	0.57
煤炭开采和洗选业	0.08	0.10	0.10	0.09	0.07	0.08	0.10	0.12	0.13	0.07
石油和天然气开采业	0.59	0.64	0.63	0.60	0.21	0.20	0.20	0.17	0.12	0.11
黑色金属矿采选业	1.46	1.25	1.47	1.18	1.25	1.25	1.20	1.16	1.13	1.09
有色金属矿采选业	0.44	0.47	0.48	0.41	0.42	0.43	0.36	0.21	0.21	0.19
非金属矿采选业	2.66	2.37	2.31	2.40	2.27	2.77	2.78	2.67	2.81	2.66

续表

行业	2007	2008	2009	2010	2011	2012	2013	2014	2015	2016
开采辅助活动						3.03	0.93	1.00	1.03	0.99
其他采矿业	1.72	1.25	1.10	2.29	2.19	1.18	1.65	1.61	1.34	1.97
制造业	0.99	1.00	1.00	1.02	1.04	1.04	1.05	1.05	1.04	1.04
农副食品加工业	1.13	1.18	1.34	1.42	1.60	1.74	1.74	1.81	1.79	1.80
食品制造业	0.92	0.95	0.97	1.10	1.15	1.21	1.24	1.24	1.34	1.33
酒、饮料和精制茶制造业	1.93	1.84	1.83	2.01	2.11	2.16	2.24	2.35	2.39	2.42
烟草制品业	2.46	2.18	2.16	2.00	2.06	1.64	1.54	1.64	1.59	1.69
纺织业	1.03	0.97	1.07	1.07	1.19	1.43	1.42	1.48	1.40	1.43
纺织服装、服饰业	0.85	0.86	0.91	1.03	1.21	1.11	1.12	1.09	1.08	1.05
皮革、毛皮、羽毛及其制品和制鞋业	0.13	0.12	0.10	0.10	0.23	0.24	0.27	0.34	0.37	0.39
木材加工和木、竹、藤、棕、草制品业	0.65	0.58	0.60	0.65	0.65	0.74	0.77	0.79	0.78	0.77
家具制造业	0.28	0.24	0.23	0.26	0.30	0.40	0.46	0.53	0.58	0.60
造纸和纸制品业	0.76	0.70	0.78	0.74	0.89	0.98	0.93	0.95	0.96	0.93
印刷和记录媒介复制业	1.15	1.07	1.08	1.07	1.10	0.96	1.11	1.20	1.21	1.16
文教、工美、体育和娱乐用品制造业	0.18	0.12	0.10	0.24	0.78	0.25	0.30	0.25	0.43	0.32
石油加工、炼焦和核燃料加工业	0.93	0.77	0.77	0.68	0.61	0.50	0.56	0.58	0.54	0.56
化学原料和化学制品制造业	1.09	1.08	1.12	1.07	1.11	1.15	1.15	1.21	1.23	1.19
医药制造业	1.50	1.28	1.18	1.14	1.14	1.14	1.09	1.07	1.04	1.03
化学纤维制造业	0.34	0.32	0.19	0.21	0.29	0.33	0.29	0.29	0.26	0.23
橡胶和塑料制品业	0.59	0.61	0.71	0.73	0.73	0.83	0.89	0.94	0.93	0.95
非金属矿物制品业	1.05	1.07	1.11	1.09	1.14	1.23	1.28	1.32	1.31	1.30
黑色金属冶炼和压延加工业	1.17	1.42	1.44	1.53	1.56	1.27	1.13	0.93	0.84	0.72
有色金属冶炼和压延加工业	0.85	0.78	0.66	0.67	0.70	0.63	0.61	0.52	0.45	0.47
金属制品业	0.70	0.75	0.77	0.85	0.98	0.97	0.96	1.00	0.96	0.96
通用设备制造业	0.86	0.70	0.71	0.73	0.46	0.72	0.70	0.73	0.69	0.70

续表

行业	2007	2008	2009	2010	2011	2012	2013	2014	2015	2016
专用设备制造业	0.50	0.49	0.53	0.54	0.58	0.61	0.72	0.78	0.76	0.77
汽车制造业						2.24	2.25	2.07	2.07	2.02
铁路、船舶、航空航天和其他运输设备制造业						0.87	0.90	0.86	0.86	0.90
电气机械和器材制造业	0.54	0.55	0.55	0.60	0.57	0.65	0.69	0.67	0.65	0.64
计算机、通信和其他电子设备制造业	0.40	0.40	0.48	0.35	0.48	0.44	0.49	0.50	0.53	0.56
仪器仪表制造业	0.51	0.45	0.42	1.12	0.29	0.38	0.41	0.48	0.53	0.50
其他制造业	0.47	0.45	0.47	0.54	0.38	1.51	1.48	1.58	1.46	1.26
废弃资源综合利用业	0.87	0.68	0.53	0.53	0.68	0.73	0.75	0.91	0.86	0.91
金属制品、机械和设备修理业						0.82	0.96	1.01	1.21	1.11
电力、燃气及水的生产和供应业	1.50	1.43	1.34	1.14	0.98	0.97	0.73	0.71	0.68	0.69
电力、热力生产和供应业	1.48	1.42	1.32	1.17	1.00	1.00	0.73	0.71	0.68	0.70
燃气生产和供应业	0.57	0.59	0.89	0.62	0.60	0.65	0.67	0.64	0.62	0.57
水的生产和供应业	3.66	2.97	2.88	1.23	1.13	0.76	0.82	0.88	0.87	0.78

数据来源：《中国工业统计年鉴》，以及《湖北统计年鉴》。

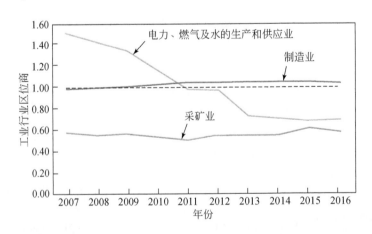

图 2-1　工业行业区位商（2007～2016 年）

在制造业类别中，湖北最具优势的行业是汽车制造业，酒、饮料和精制茶制造业，烟草制品业，农副食品加工业，食品制造业，纺织业，化学原料和化学制品制造业，医药制造业，非金属矿物制品业，黑色金属冶炼和压延加工业。其中，农副食品加工业，食品制造业，酒、饮料和精制茶制造业，纺织业，化学原料和化学制品制造业，非金属矿物制品业，金属制品、机械和设备修理业这些行业的优势在逐渐上升；而烟草制品业、医药制造业、黑色金属冶炼和压延加工业、汽车制造业以及其他制造业近几年的优势呈现下降的趋势，如图 2-2 所示。

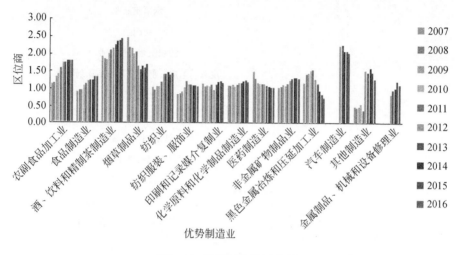

图 2-2　优势制造业区位商

（二）工业产业内部结构变迁

依据《国民经济行业分类》（2017 版）分类标准，进一步将工业涉及的 40 个中类行业分为采矿业（7 个中类），轻工制造业（12 个中类），重工制造业（9 个中类），装备制造业（7 个中类），其他制造业（2 个中类），电力、燃气及水的生产和供应业（3 个中类）六大类别。分类情况如表 2-2 所示。

表 2-2　工业产业类别划分

大类	中类
采矿业	煤炭开采和洗选业
	石油和天然气开采业
	黑色金属矿采选业
	有色金属矿采选业
	非金属矿采选业
	开采辅助活动
	其他采矿业

续表

大类	中类
轻工制造业	农副食品加工业
	食品制造业
	酒、饮料和精制茶制造业
	烟草制品业
	纺织业
	纺织服装、服饰业
	皮革、毛皮、羽毛及其制品和制鞋业
	木材加工和木、竹、藤、棕、草制品业
	家具制造业
	造纸和纸制品业
	印刷和记录媒介复制业
	文教、工美、体育和娱乐用品制造业
重工制造业	石油加工、炼焦和核燃料加工业
	化学原料和化学制品制造业
	医药制造业
	化学纤维制造业
	橡胶和塑料制品业
	非金属矿物制品业
	黑色金属冶炼和压延加工业
	有色金属冶炼和压延加工业
	金属制品业
装备制造业	通用设备制造业
	专用设备制造业
	汽车制造业
	铁路、船舶、航空航天和其他运输设备制造业
	电气机械和器材制造业
	计算机、通信和其他电子设备制造业
	仪器仪表制造业
其他制造业	废弃资源综合利用业
	金属制品、机械和设备修理业

续表

大类	中类
电力、燃气及水的生产和供应业	电力、热力生产和供应业 燃气生产和供应业 水的生产和供应业

注：此部分行业分析的数据来源均为《湖北统计年鉴》。

　　具体工业产业结构变化情况如图 2-3 所示，可以看出湖北地区工业产业中占比最大的是重工制造业，其次是装备制造业、轻工制造业。其中重工制造业的占比自 2011 年之后呈现逐年下降的趋势；而装备制造业的占比自 2012 年之后呈现逐年上升的趋势；轻工制造业占比自 2006 年之后就一直处于上升的趋势，仅在 2017 年轻工制造业的占比出现回落；电力、燃气及水的生产和供应业的占比自 2006 年开始一直呈现缓慢下降的趋势。综合可以得出，目前湖北地区的制造业主要是以重工制造业与装备制造业为主导，其次是轻工制造业，装备制造业的占比仍将进一步上升，而重工制造业以及轻工制造业的占比均开始出现下降的趋势。

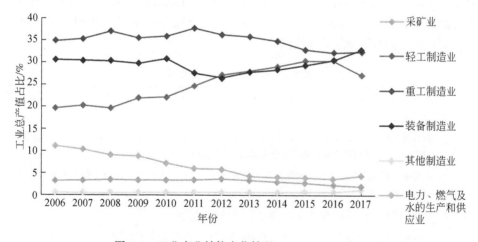

图 2-3　工业产业结构变化情况（2006～2017 年）

（三）制造业产业集群

　　根据湖北省经信厅最新发布的《湖北省"一芯两带三区"布局产业地图》，湖北省重点成长型产业集群的规模较大、集中度较高、成长性好、竞争力强，在产业公共服务平台、支撑体系和产业园区建设等方面有一定基础，对全省产业集群发展具有示范带动作用。百家产业集群分布图可对全省重点产业集群按照产业类型对标分类，可视化呈现全省产业集聚情况及产业链环节的地理分布，促进产业集群联动合作，科学高效配置产业资源，推进先进制造业产业集群成长。

翻开产业地图，110 个全省重点成长产业集群星罗棋布，涵盖高端装备制造、显示及智能终端、新材料、电子信息、汽车零部件等领域。产业集群在湖北省分布情况为：武汉 4 个、黄石 9 个、襄阳 10 个、荆州 11 个、宜昌 12 个、十堰 7 个、孝感 7 个、荆门 8 个、鄂州 5 个、黄冈 8 个、咸宁 12 个、随州 5 个、恩施 3 个、仙桃 3 个、潜江 3 个、天门 2 个和神农架林区 1 个。如武汉市江夏区的高端装备制造产业集群、襄阳市汽车及零部件产业集群、宜昌市医药产业集群、黄石市电子信息产业集群等。"芯屏端网"万亿产业集群，以武汉为核心的"芯片-新型显示屏-智能终端-互联网"集群格局，使得湖北在新一轮信息技术革命浪潮中拥有较大的区域甚至全球竞争优势。国家级新型工业化产业示范基地，以"两带"为主架构，重点发展电子信息、汽车、军民结合、船舶与海洋工程装备、化工、食品等产业。湖北省政府在 2019 年省政府工作报告中明确提出 2019年重点工作任务之一是加快传统产业改造升级和新兴产业培育壮大。推动集成电路、数字、生物、新能源与新材料等十大重点产业发展，全力推进四大国家级产业基地建设。深入实施万千产业培育工程，加快打造信息光电子、"芯屏端网"、新能源和智能网联汽车等世界级先进制造业。传统制造业产业集群如表 2-3 所示，培育更多细分行业"隐形冠军"。

表 2-3　传统制造业产业集群

武汉市	武汉汽车及零部件产业；武汉精品钢材产业；武汉石化产业；武汉食品加工产业；武汉高端家电产业
黄石市	黄石城市矿产产业；黄石精品钢材产业；黄石模具产业；黄石（阳新）化工医药产业；黄石（阳新）汽车零部件产业；黄石下陆区铜冶炼及深加工产业；黄石服装产业
孝感市	孝感电子机械产业；孝感（云梦）塑料包装产业；孝感（高新区、汉川）纺织服装产业；孝感（云梦）皮草产业集群产业；孝感（孝南）现代森工产业
鄂州市	鄂州金刚石刀具产业；鄂州经济开发区工程塑胶管材产业
黄冈市	（麻城、浠水）汽车配件产业；鄂东新型建材产业；团风县钢结构产业；鄂东（英山、黄梅、龙感湖）纺织服装产业；黄冈现代森工产业
仙桃市	仙桃汽车零部件产业；仙桃市无纺布产业
潜江市	潜江经济开发区新型化工产业；潜江华中家居产业
天门市	天门泵阀产业
宜昌市	宜昌精细磷化工产业；宜昌医用纺织产业；宜昌低碳化学品产业；宜昌建筑陶瓷产业
荆州市	荆州市（公安）汽车零部件产业；荆州开发区白色家电产业；荆州沙市区针纺织服装产业；荆州（公安）塑料新材产业；荆州（洪湖）石化装备制造产业；荆州区拍马林浆纸印刷包装产业；荆州家纺产业；荆州（松滋）白云边酒业产业

续表

荆门市	荆门新型化工产业；荆门城市矿产产业
襄阳市	襄阳汽车及零部件产业；枣阳汽车摩擦密封材料产业；襄阳（谷城）汽车零部件产业；襄阳樊城区纺织产业
十堰市	十堰商用汽车及零部件产业；十堰汽配高端装备制造产业；十堰（丹江口）汽车零部件产业
随州市	随州专用汽车及零部件产业；随州曾都区铸造产业；随州（广水）风机产业
恩施州	恩施富硒产业
咸宁市	咸宁机电产业集群；咸宁苎麻纺织产业集群；嘉鱼管材产业集群；赤壁纺织服装产业集群；通城涂附磨具产业集群；崇阳钒产业集群；医用敷料产业集群；通山石材产业集群

　　图 2-4 和图 2-5 分别为十堰市和浠水经济开发区产业示例。

图 2-4　十堰市东风越野车有限公司

图 2-5　湖北浠水经济开发区湖北易宝通智能科技有限公司生产的丰巢智能柜

二、湖北省工业发展的环境影响及发展生态工业的必要性

湖北传统产业和重工业比重较大，工业经济发展的粗放型特征明显，成为影响湖北生态环境质量的重要因素，突出表现在工业发展所引发的水环境污染、大气环境污染、固体废物排放以及生态胁迫等方面。

（一）工业用排水及环境污染问题

1. 工业用水量

湖北地区的工业用水量情况如图 2-6 所示。在 2004～2017 年期间，湖北地区的工业用水量变化呈现两个阶段，在 2011 年之前，工业用水量与工业用水量占总用水量的占比都呈现上升的趋势，在 2011 年工业用水量达到最大值 120.4 亿 m^3，用水量占比达到 40.58%。自 2011 年之后，至 2017 年，工业用水量开始逐年下降，在 2017 年，工业用水量相比 2011 年下降了 37.13%，用水量占比下降了 25.48%。可以看出自 2011 年之后，湖北地区在工业领域的用水效率在逐步改善。

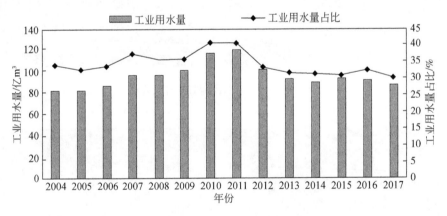

图 2-6　工业用水量情况（2004～2017 年）

2. 工业废水排放量及废水治理设施数量

湖北地区的工业废水排放量及废水治理设施情况如图 2-7 所示，在 2008～2017 年期间，工业废水排放量整体呈现下降的趋势，在 2017 年工业废水排放量为 44158 万 t，相比 2008 年的 93687 万 t，下降了 52.87%。而工业废水处理设施数量变化的情况总体比较稳定，没有明显的上升趋势，除了 2011 年数值异常增

大至 5296 套，是 2008 年废水处理设施数量的 2.58 倍。

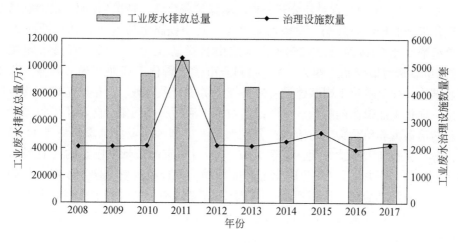

图 2-7　工业废水排放量及废水治理设施数量（2008~2017 年）

3. 磷污染问题

湖北省磷矿资源丰富，磷化工在相当长的一段时间内成为湖北省支柱性产业之一，但由于前期环境标准低、管理粗放、污染治理和综合利用水平有限，磷污染问题带来的长江流域总磷超标已成为长江水环境的重大隐患。其中总磷是水体中较常见的一种形态磷，目前总磷污染已超过化学需氧量和氨氮，成为长江流域的首要污染物。总磷超标会导致水体富营养化，污秽发臭甚至出现赤潮。磷化工的生产过程中会产生大量的工业废物，尤其是产生大量含有磷、氟、硫、氯、砷、碱、铀等有毒有害物质的废水。黄磷生产中要产生黄磷污水，黄磷污水中含有 50~390mg/L 的黄磷，黄磷是一种剧毒物质，进入人体对肝脏等器官危害极大。长期饮用含磷的水可使人的骨质疏松，发生下颌骨坏死等病变。

根据《中国统计年鉴》数据，2017 年湖北省废水中总磷排放量 10.83 万 t，位于全国地区排放总量的第六位。2019 年 5 月，湖北省生态环境厅启动"三磷"（即磷矿、磷化工企业、磷石膏库）专项排查整治行动。根据排查结果，截至 2019 年 7 月，湖北省共有"三磷"企业 210 家，其中存在突出环境问题企业有 74 个。在全省 210 家"三磷"企业中，黄磷生产企业 5 家、含磷农药生产企业 5 家、磷肥生产企业 82 家、磷矿企业 81 家、磷石膏库 37 个。这些企业分布在全省 12 个市州及林区：武汉 2 家、襄阳 37 家、宜昌 72 家、荆州 9 家、荆门 72 家、鄂州 1 家、孝感 3 家、黄冈 6 家、随州 1 家、仙桃 1 家、天门 1 家、神农架 5 家。经排查，存在突出环境问题的 74 家企业主要问题，包括雨污分流没实现或不完善、物料堆场初期雨水收集不规范、地下水监测井建设不规范、拦洪排洪沟不规范、厂区磷石膏堆场覆盖不完全等①。

根据 2018 年湖北省对外公开中央环境保护督察整改情况②说明，沮河宜昌段受磷化工企业排污等影响，总磷污染严重，其中铁路大桥（小桂林）断面 2015 年总磷浓度比 2014 年上升 260%，水质由Ⅲ类恶化为劣Ⅴ类。宜昌市印发了《宜昌市总磷污染控制工作方案》，明确全市优化磷化工产业布局、调整磷化工产业结构、规范磷化工园区建设、严格规范磷矿开采管理、严格防范磷石膏环境污染、强化工业磷污染防治、从严控制城镇生活污水磷污染、防治生活垃圾磷污染、防治畜禽养殖污染、防治水产养殖污染、控制种植业面源磷污染等 11 项主要任务。在长江大保护方面，截至 2018 年 5 月，宜昌市依据制定的《宜昌市总磷污染控制工作方案》，优化磷化工产业布局，累计投入资金超 3.4 亿元开展涉磷化工企业污染治理，计划到 2021 年关闭 18 家磷矿，持续开展涉磷企业专项执法行动，加强长江流域总磷污染防控，2016 年以来，长江宜昌段总磷浓度呈下降趋势。

湖北省生态环境厅按照《落实长江保护修复攻坚战专项行动方案》要求，根据"取缔淘汰一批、整治规范一批、改造提升一批"的目标，实施"三磷"问题企业的限期整改，推动各地建立长效治理机制，有效缓解长江总磷污染，到 2020 年基本完成"三磷"整治任务。

4. 重金属污染问题

湖北省内多个城市蕴藏着丰富的矿产资源，是我国重要的采矿、冶金的工业基地。矿冶生产为该省经济发展带来了巨大利益的同时，也对环境造成了极大污染，尤其是重金属污染问题。

在 2011 年湖北省生态环境厅印发的《关于加强湖北省重金属污染防治工作的通知》中，确定了重点防控的重金属污染物是铅（Pb）、汞（Hg）、镉（Cd）、铬（Cr）和类金属砷（As）等，兼顾镍（Ni）、铜（Cu）、锌（Zn）、钒（V）、锰（Mn）、钡（Ba）等其他重金属污染物。湖北省重点防控区域为黄石市区（下陆区、西塞山区）、大冶市及周边（包括阳新东部、武穴西南部、蕲春蕲河流域）、谷城县、十堰郧县、钟祥市、大悟县、宜昌猇亭区（包括枝江西部）、武汉青山区 8 个重点区域。湖北省重点防控行业是重有色金属矿（含伴生矿）采选业、重有色金属冶炼业、铅蓄电池制造业、化学原料及化学制品制造业、金属制品业。

2015 年 7 月，湖北鄂州市农委农业生态环保站开展水稻重金属污染防治普查

---

① 来源：生态环境部。

② 来源：生态环境部。

工作，以进一步完善农财两部部署的"农产品产地土壤重金属污染防治"工作，基本摸清鄂州市水稻重金属污染状况、分布、特征等基础信息，从源头上保障全市农产品质量安全。

根据环境保护部（现生态环境部）在 2016 年 11 月公布《重金属污染综合防治"十二五"规划》实施情况全面考核结果，14 个重金属污染防治重点省份中，湖北省考核等级良好。

（二）工业能耗及大气排放环境污染问题

1. 能源消费量

在 2002～2017 年期间，湖北省的能源消耗情况如图 2-8 所示。可以看出湖北地区的能源消耗量呈现总体增长的趋势，从增长率的变化情况来看，全省能源消耗的增长较为不稳定，呈现一个波动的状态。其中在 2003～2005 年期间，能源消耗量的增长率增长的最快，在 2005 年达到峰值 28.04%，在 2005～2008 年间能源消耗量的增长率逐渐下降，2008～2012 年期间又再次出现增长率上升的过程，并在 2012 年增长率首次出现负增长，增长率为–1.99%，在 2013 年增长率升至 10.15% 之后，直至 2017 年，能源消耗量的增长率均在 1% 上下，说明湖北地区的能源消耗进入一个稳定的阶段。

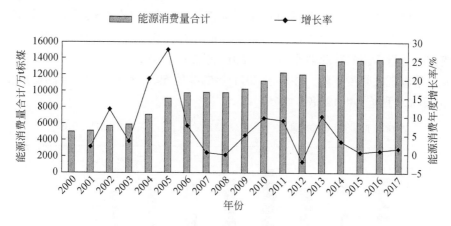

图 2-8　能源消费量（2000～2017 年）

2. 单位 GDP 能耗降低率

湖北地区的单位 GDP 能耗降低率如图 2-9 所示。在 2010 年，单位 GDP 的能耗相比 2005 年降低了 21.67%，2014 年之后，单位 GDP 的能耗逐年降低率均超

过 5%，尤其是 2015 年相比 2014 年单位 GDP 能耗降低了 7.66%，2017 年相比
2016 年单位 GDP 能耗降低了 5.54%，综合 2010～2017 年期间的逐年单位 GDP
能耗降低率可以看出，湖北地区的单位 GDP 能耗下降幅度在增大，能源利用率
在逐年提高。

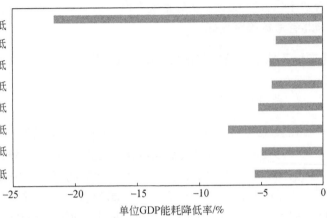

图 2-9　单位 GDP 能耗降低率

3. 工业二氧化硫排放总量

湖北地区的工业二氧化硫排放情况如图 2-10 所示。在 2008～2017 年期间，
湖北地区的工业二氧化硫排放量呈现下降的趋势，在 2011～2015 年期间，二氧
化硫排放总量下降趋势相对平缓，在 2015 年之后，至 2017 年，全省的二氧化硫
排放总量出现大幅度下降，相对于 2011 年的峰值 59.5 万 t，2017 年的排放量为
11.61 万 t，下降了 4.12 倍。

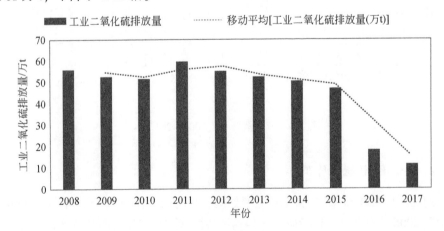

图 2-10　工业二氧化硫排放总量（2008～2017 年）

4. 典型工业大气污染及治理

工业生产对大气的污染影响，主要是来自于使用的燃料（即所谓的燃煤）燃烧产生的工业废气、生产工艺过程中所产生的废气和工业生产过程中的生产性粉尘等。其中所涉及的工业包括煤炭的生产与加工行业、石油和天然气的炼制行业及处理行业、钢铁和有色金属的生产及加工行业、建材工业、化工原料的生产行业、电厂以及锅炉厂等多种工业性质的行业。

为打赢蓝天保卫战，湖北强化环境保护专项执法检查工作，通过环保要求倒逼落后产能和过剩产能企业优化产品结构、实施产业升级。通过环保违法违规建设项目清理，截至 2018 年底已关停淘汰 894 个落后产能项目。对火电燃煤机组进行超低排放改造，目前全省具备改造条件的所有单机装机容量 20 万 kW 及以上燃煤机组（共计 44 台，2017 万 kW）全部完成超低排放改造①。2019 年，湖北省生态环境厅办公室印发《湖北省 2019 年度生态环境系统大气污染防治工作方案》的通知，将稳步推进产业结构调整作为重点工作任务之一，具体包括：①推动落后产能淘汰和过剩产能压减，稳步推进化解钢铁、煤炭过剩产能，积极稳妥化解煤电过剩产能，稳步推进沿江化工企业"关、改、搬、转"工作。②积极开展"散乱污"摸底及综合治理。要求 2019 年 6 月底前，各市州完成摸底调查，建立管理台账，编制完成整治工作实施方案。强化"散乱污"企业整治监管，实行拉网式排查，实施分类处置。③积极推进重点行业超低排放改造。全省新建燃煤火电机组全部执行超低排放标准。积极推进燃煤小火电机组超低排放改造，积极推进钢铁行业超低排放改造，全流程减少大气污染物排放。④深入开展重点行业提标升级改造。推动重点城市重点行业实施特别排放限值，加快推进焦化行业脱硫脱硝工程建设，积极开展工业炉窑治理专项行动。按照管理名录要求完成排污许可证核发工作。⑤开展挥发性有机物治理专项行动。制订出台工业涂装和包装印刷行业地方标准，加快推进石化、化工、医药、包装印刷和工业涂装等行业挥发性有机物综合治理，完成加油站、储油库、油罐车油气回收治理。⑥积极开展工业企业无组织排放管控。完成工业企业无组织排放摸底调查，建立健全辖区企业无组织排放整治清单，制定无组织排放治理实施方案，加快钢铁、建材、有色、火电、焦化、铸造等行业和燃煤锅炉等物料（含废渣）运输、装卸、储存、转移与输送和工艺过程等无组织排放深度治理。⑦强化有毒有害大气污染物治理。根据《有毒有害大气污染物名录（2018 年)》，落实企业履行源头风险管理责任，建立环境风险预警体系，根据国家统一要求，督促企业开展有毒有害大气污染物排放监测。

---

① 来源：人民网。

(三) 工业固体废物及环境污染问题

1. 工业固体废物排放及综合利用情况

在 2008 ~ 2017 年期间，湖北地区的工业固体废物排放及综合利用情况如图 2-11 和图 2-12 所示。综合可以看出，工业固体废物的综合利用率比较高，排放量相比综合利用量占比非常小，排放量在 2011 年达到峰值 16.64 万 t，除此之外，湖北地区的工业固体废物排放量呈现逐年下降的趋势。但是从工业固体废物的综合利用率变化趋势来看，自 2010 年之后，湖北地区的固体废物综合利用率呈现逐渐下降的趋势，相比于 2010 的最大值 81.04%，2017 年的综合利用率为 59.32%，综合利用率下降了 21.72%。

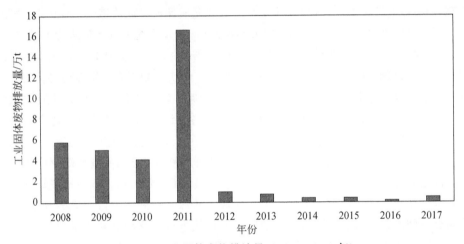

图 2-11　工业固体废物排放量 (2008 ~ 2017 年)

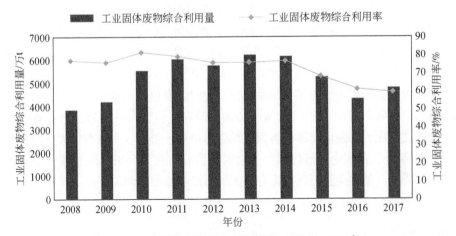

图 2-12　工业固体废物综合利用情况 (2008 ~ 2017 年)

2. 典型工业固体废物的环境影响

湖北重化工业比较集中、长江岸线长，2018 年，全省工业固体废物年产生量 7400 多万 t，城镇生活垃圾日产生量近 5 万 t，使得固体废物污染环境的风险大大提升。2018 年 7 月，湖北省政府印发《湖北省固体废物污染治理工作方案》，提出全面摸清湖北省固体废物（危险废物、医疗废物、一般工业固体废物、生活垃圾）的存量和污染现状，查清固体废物产生、贮存、转移、处置等基本情况，推进湖北固体废物申报登记工作，厘清湖北省固体废物非法转移产业链条，分析控制固体废物非法转移倾倒的监管漏洞和薄弱环节，强化环境监管执法，依法严厉打击各类"污染转移"行为，构建固体废物长效管理机制。

湖北省磷矿资源丰富，以磷资源为依托的湖北磷化工产业迅速崛起，一方面推动国民经济的发展，但另一方面所产生的工业固体废渣——磷石膏，带来压占土地、环境污染和磷石膏库（堆场）次生地质灾害风险等问题。

磷石膏是磷肥企业生产过程中的废弃物，因资源化利用程度不高，长期以来，以堆放的方式进行处置，不仅大量占用土地，还造成环境污染。据相关管理部门人士介绍，大部分磷石膏堆场缺少防尘措施，因长期露天堆放，磷石膏表层因日晒而脱水，有害物质随水分蒸发到空气中，还会带来扬尘污染。磷石膏含有氟化物、游离磷酸等有害杂质，其渗滤液对水环境产生威胁。同时，磷石膏堆体过高，遇大风、下雨天气，容易引起垮塌、滑坡等灾害。

而对磷石膏进行无害化处理成本较高，导致企业参与积极性弱。至 2019 年 8 月，襄阳磷石膏存量大约 4000 万 t，堆成一座座污染"大山"，每年还有 400 万 t 的增量，而年利用量仅 40 万 t 左右，磷石膏治理问题迫在眉睫[①]。

宜昌市综合利用磷石膏建材发展绿色建筑产业，2019 年在建设领域已实施 20 个试点项目。在房屋建筑、市政、园林绿化、水利和交通工程中推广成熟磷石膏建材产品，扩大磷石膏在建设领域应用面，磷石膏建材产品应用量逐年提高，20 个项目消耗磷石膏近 40 万 t。

（四）工业所引发的生态破坏及冲突问题

工业由于大规模采掘、加工和生产的需要，会造成土地资源和森林资源大规模地减少，土壤侵蚀、水土流失、草原退化和土地荒漠加速蔓延等问题。这些问题会进一步造成生存条件的恶化、生物多样性的消失。采掘业尽管不是湖北的主要工业，但铁矿和磷矿等的开采还是带来了不少的生态环境问题，尤其拥有悠久

---

① 来源：宜昌市生态环境局。

历史的大冶铁矿还面临着经济发展与生态冲突的问题。

大冶铁矿隶属于武汉钢铁集团矿业有限责任公司，位于湖北省黄石市铁山区，矿区气候属于四季分明，历年平均降雨量为1402.1mm，矿区占地面积约为16463.66亩（1亩≈666.67m²），其中工业生产用地占了将近90%。工业用地几乎全为山地，高低起伏较大。

矿山开采引起的生态破坏有3个过程：①开采活动对土地的直接破坏。②开采过程中产生大量的尾矿等固体废物的堆积需占用大面积的堆置场地，对原有生态系统造成的破坏。③开采过程中的废水、废气和固体废物中的有害成分，通过径流、大气交流等方式，对矿山周围地区的大气、水体和土地造成污染。

根据大冶铁矿所提供的附件资料及现场调研，对矿区生产废水、废气、固体废物、噪声及周边地区的地下水、土壤进行环境影响分析可知，目前采矿作业的水重复利用率达到了75.7%，外排废气中含尘浓度未超过《大气污染物综合排放标准》（GB 16297—1996）中新污染源颗粒物排放限值（120mg/m³）；采矿、粗碎设备噪声产生于井下，经地层屏蔽后，厂界噪声符合《工业企业厂界环境噪声排放标准》（GB 12348—2008）的要求；废水水质中悬浮物、总氮、总磷、石油类及pH范围值均未超过《铁矿采矿工业污染物排放标准》（GB 28661—2012）的要求；地下水采样点为尾矿坝周边民用水井，符合《地下水质量标准》（GB/T 14848—2017）的标准要求；废石堆场符合《一般工业固体废物贮存、处置场污染控制标准》（GB 18599—2001）要求；土壤采集点油库油罐区，未超过《土壤环境质量 建设用地土壤污染风险管控标准（试行）》（GB 36600—2018）的要求。利用生态敏感度综合指数法对矿区投产后采取环保措施和不采取环保措施这两种情况进行生态环境质量分析，矿区投产后若不采取环保措施，其生态敏感综合值为9.53，为相当敏感型。矿区投产后若采取相应环保措施，其生态敏感综合值为6.03，为微弱敏感型。说明若环保措施得当，项目运营期间对本区生态环境质量影响较小。

（五）发展生态工业的必要性

伴随着中国经济发展进入了"新常态"的发展模式，湖北省的经济发展逐渐进入高质量发展的新阶段。2018年湖北省政府印发《湖北省工业经济稳增长快转型高质量发展工作方案（2018—2020年）》，提出在新时代下，湖北工业经济发展的三个重点要求：稳增长、快转型、高质量。然而，也正是在这个高质量转型发展期，环境容量与经济发展需求的矛盾会愈加突出，湖北面临着经济发展与生态环境质量改善的双重压力。

面对工业发展所带来的环境污染以及生态破坏的困境，唯一出路就是建立资源节约型工业生产体系，走新型工业化道路实施生态工业经济发展战略已是必然抉择。生态工业追求的是系统内各生产过程从原料中间产物、废物到产品的物质循环，达到资源、能源、投资的最优利用。工业系统向成熟的工业体系演进主要包括四个方面的内容：①废物资源化利用；②减少资源消耗，封闭物质循环；③工业生产与经济活动的非物质化；④能源非碳化。

生态工业改变了传统经济发展和环境保护的对立关系，使人类的工业生产活动从生态的"破坏者"转化为生态循环闭合的"创造者"。与一般的工业系统相比较，生态工业系统中企业之间的关联更为紧密，关系更为复杂，从单一的经济目标转向兼顾环境、生态、社会等多重目标，构筑生态工业和循环经济运行模式，对化解资源、环境污染的矛盾和保证经济的可持续发展有重要作用。

简而言之，工业生态化最终是要从资源和环境两侧来实现工业经济的生态化转型，即在资源侧节约资源、在环境侧减少污染。因此，生态工业的实现就要强调环境保护必须从源头控制抓起，在工业生产过程中通过推行清洁生产、发展循环经济及生态化转型来减少污染的排放。在实践中，生态工业的发展一方面要加速传统产业的生态化转型升级，另一方面要大力培育和发展生态型的新兴战略产业。

三、传统产业生态化转型升级

（一）汽车及零部件产业

1. 产业发展概况

汽车及零部件产业是湖北的支柱产业。2006 年，汽车产业率先迈过千亿元门槛，成为湖北首个千亿产业。经过多年的发展，湖北省已发展成汽车大省，既有在世界 500 强企业中位居前列的东风汽车集团有限公司，又拥有在武汉、襄阳、十堰、随州等地发展态势良好的汽车及汽车零部件产业集群。近几年，湖北汽车工业一直呈上升趋势发展，2018 年全省汽车产量较 2011 年增加了 38.8%，在全国的排名由第七位上升至第四位，形成了以东风公司为主导、军工和地方企业为依托、大中型企业为骨干的"汉孝随襄十汽车工业走廊"①。目前湖北省汽车产业的特征主要如下：

产业规模迅速扩大。2018 年，全省汽车制造业规模以上企业 1482 家。全省汽车产业主营业务收入 6663 亿元，同比降低 2.4%，比 2015 年增加 1292 亿元，

---

① 来源：湖北省汽车行业协会官网。

增长 24.05%；利润 581.82 亿元，同比增加 0.1%，比 2015 年增加 137 亿元，增长 30.66%；税收收入 335 亿元，同比降低 6.9%，比 2015 年增加 76 亿元，增长 29.32%。2018 年，全国汽车产量为总计 2796.8 万辆，湖北约占全国汽车产量 8.65% 的份额，达到 241.93 万辆，位居全国第四，比 2015 年提升三位。

产能利用率高于全国平均水平。2016 年、2017 年、2018 年全省汽车整车产能利用率分别为 89.97%、93.79%、82.7%，均高于全国平均水平。专用车处于全国领先地位。2018 年，全国专用车产量 246.9 万辆，同比下滑 9.9%。湖北为 24.1 万辆，占比 9.76%，同比增长 7.6%，综合产能利用率为 70.9%，居全国第二位。

零部件发展滞后。整车规模优势和带动作用发挥不足，零部件产业发展相对滞后。全省汽车整车与零部件的产值比例约为 1∶0.4，全国为 1∶0.7，国际为 1∶1.7。其中武汉为 1∶0.56。

如今，湖北汽车产业的危机不期而至，曾经的第一支柱产业陷入低谷期。2018 年，全国新车销量 28 年来首次下滑。湖北汽车产量也同比下降 9.6%，降幅高于全国平均水平。从工业增加值来看，湖北省汽车工业"拖了后腿"，去年同比仅增长 2.7%，低于全省工业增加值增速 4.4%。作为汽车大省的湖北，湖北省的汽车产业面临着巨大压力。

湖北省的新能源汽车行业虽然起步很早，然而后续发展态势却差强人意。早在 2009 年，武汉就被纳入全国第一批节能和新能源汽车试点城市。东风汽车更是先行一步，2000 年前就开始节能和新能源汽车技术研发，推出了纯电动中巴车、纯电动概念轿车和燃料电池轻型电动客车。然而，近几年新能源汽车高歌猛进，湖北省产能巨大，但"势强力弱"，增幅低于全国平均水平。2018 年，全省新能源汽车产量 6.7 万辆，同比增长 15.8%，而全国产量高达 127 万辆，同比增长 59.9%。我国汽车工业已步入结构深度调整阶段，一方面产能过剩的矛盾突出，行业面临新一轮洗牌，另一方面倒逼技术升级的效应渐显，存在结构性增长空间。目前湖北省汽车行业进入深度调整期，汽车企业双积分政策落地、合资车企外资股比放开等政策，都倒逼着湖北省车企向新能源化、中高端化、品牌化转型。随着新旧动能转换政策的加速落地，湖北省汽车产业结构将进一步优化升级，新能源、中高端、高附加值的品牌车型占比将提升，汽车总销量下降而汽车工业增加值持续增长的新格局有望出现。

2. 生态化转型实践

1）武汉开发区"汽车+"产城融合示范区

武汉开发区管委会与中建二局、武汉地产集团、中建基金联合体签署 PPP 项目合同，将投资 80 亿元，以国家新能源与智能网联汽车基地建设为依托，在 5 年内，建设 51km² 的"汽车+"产城融合示范区。该项目北至三环线、东至长江,西至江城大道,规划总用地面积 $51.25km^2$。以武汉国家新能源与智能网联汽车基地为依托,带动区域整体发展。同时联通区域七大湖泊,形成七个以"汽车+"产业的全产业链主题岛,即"一极两核、六湖七岛"的空间布局。最终将项目打造成为长江主轴产城融合示范区、汽车产业转型升级自创区、工业岸线双修更新样板区、未来城市智慧创新先行区。

示范区将围绕自动驾驶、智能网联汽车、新能源汽车、工业4.0、汽车后市场、移动出行、智能家居、金融服务业、现代服务业及生态农业等十大产业集群,形成从生产制造、技术研发、网联测试、消费娱乐、服务金融、智慧数据及生态旅游休闲等为一体的全产业链城市功能。

该新能源与智能网联汽车基地在未来五年时间内将建成以世界级引领型新能源与智能汽车产业为支撑,集智慧交通、智能出行、智慧城市于一体的长江经济带高质量发展产城融合示范区。

2)宜昌市猇亭区汽车产业园

宜昌广汽乘用车生产线项目位于宜昌市猇亭区汽车产业园内,总占地面积约1400亩,规划建筑面积22万 m^2,投资35.3亿元,是广汽传祺布局在华中地区的汽车产销服务基地。包括冲压、焊装、涂装、总装、合成树脂车间及相应的配套设施,兼具新能源汽车设计生产能力。

工厂建设充分贯彻"工业4.0"理念,汇聚生产自动化、信息数字化、管理智能化、智造生态化四大特征。其中,生产自动化是指汇聚行业领先的自动化生产工艺,底盘合装、风挡玻璃、座椅均实现了100%自动化安装,全线覆盖自主识别、传感、人机交互等信息设备,生产更简单、更高效、更精准;信息数字化是指以物联网先进技术为依托,全面实现生产车间管理要素、车型同步开发和企业管理层等多个方面的"信息数字化",打造了一座全面可视化和可追溯的高效"透明工厂";管理智能化是指以业内首例"智慧制造执行系统"作为大脑,贯彻"关键工序设备智能化""物流设备智能化"与"管理辅助决策智能化";智造生态化是指通过设备技术升级,多项节水环保工艺、使用清洁能源等,大幅降低烟尘、废水、废气排放,打造更节能、更生态的工厂,切实履行社会责任。

广汽乘用车项目带来长长的产业链。目前其产业链上招商引进核心零部件企业15家,二级及相关配套企业6家。该项目投产,标志着宜昌市汽车产业大发展的历程正式开启。未来,宜昌将以广汽乘用车宜昌基地为基础,以中西部汽车产能布局需求为契机,以周边汽车产业配套基础为支撑,通过发展整车、零部件、现代服务三大业态,夯实汽车制造业基础,突破新能源、智能网联关键技术,延补汽车服务链条,完善产业及城市配套,最终将汽车产业打造成为宜昌市的千亿支柱产业。

对于长江经济带而言,该项目投产,广汽集团成功布局宜昌,意味着一汽、东风、上汽等国内四大汽车集团在湖北聚齐。它将培育武汉及周边城市汽车零部件"环状"聚集区、"十襄随"汽车零部件"带状"聚集区、"荆荆宜"汽车零部件"三角状"聚集区，助力湖北省汽车产业产值从7000亿元向万亿元迈进。

> 上汽通用武汉基地是上汽通用继上海金桥、烟台东岳和沈阳北盛之后第4个乘用车生产基地，并拥有先进发动机生产线，生产别克英朗、阅朗、GL6与雪佛兰科沃兹、雪佛兰探界者等车型。
>
> 上汽集团在湖北省共设立了38家企业，以武汉基地为中心，布局整车、零部件、服务贸易三大板块，形成了完整的汽车产业布局——包括上汽通用整车企业1家，中海庭、延峰江森座椅、纳铁福传动轴、伟世通汽车饰件等零部件企业32家，安吉物流、车享家、安吉租赁、资产公司等服务贸易企业5家。
>
> "未来全新一代纯电动车型投产后，武汉基地将成为上汽通用汽车重要新能源车型生产基地。"疫情给世界经济和全球汽车产业造成巨大冲击，上汽集团在牢牢稳住经济运行的同时，坚持创新求变、积极转型，全力推进"电动化、智能网联化、共享化、国际化"新四化战略，为未来可持续发展构造坚实基础。
>
> 2020年二季度开始，上汽集团实现6个月销量连涨，9月份整车销量突破60万辆大关，在国内汽车企业中强势领跑。此外，2020年前9个月上汽集团海外整体销量达22.1万辆，继续保持国内行业第一，占中国车企海外总销量的三分之一。
>
> 上汽通用产品在湖北省近3年市场占有率表现均高于上汽通用在全国的平均水平。2019年，上汽集团在湖北地区累计新增投资约53亿元，实现工业总产值约735亿元，上缴税收约40亿元。

3. 典型循环产业链

我国目前汽车生产应用与处理大多是开环的产业链，这种模式一般不依赖于产业园区，拆解企业与相关的配套以及下游企业联系不是非常紧密，空间位置和产业关联度不是特别高，不利于物流以及其他相关产业发展，影响了报废汽车的精细拆解和后续处理。这种模式很难形成报废汽车循环产业链，产业模式较落后。

而循环产业链相比传统的产业链，是将循环经济的理念合理地运用到报废汽车拆解当中去，通过对报废汽车进行精细拆解实现原材料的综合利用以及汽车零部件的再制造与循环利用。在这闭环的经济链条中，资源得到高效循环利用，有利于经济的可持续发展。循环产业链如图2-13所示。汽车生产企业购买原料

（部分零部件可采用处理企业提供的再制造部件）→加工生产→销售→用户使用
→维修保养（尽可能使用再制造零件）→汽车报废→拆解厂家拆解（可用的零部
件回用）→无法回用的拆解材料深加工→出售（有些可以供给新汽车的生产）。

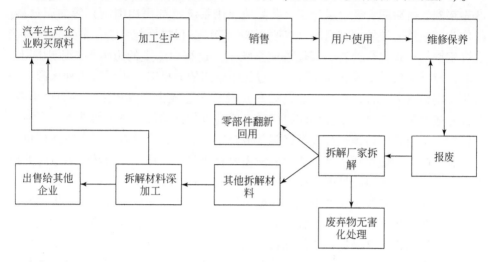

图 2-13 典型汽车行业循环产业链[①]

4. 生态化转型对策

汽车及零部件产业的生态化对策主要包括企业层面和集群层面。在企业层面，
主要是绿色设计和绿色制造两个环节。所谓绿色设计，是指采用面向回收设计、面
向拆卸设计、面向环境设计及面向使用与维修设计等现代绿色设计理念和方法等。
随着石油资源的日益紧缺及汽车尾气污染的日益严重，开发新能源清洁汽车已经成
为各大汽车公司未来市场制胜的关键。全球各大汽车公司已经开始投入资金研发新
能源清洁汽车，特别是在燃料电池电动汽车和以氢为燃料的汽车上。绿色制造也是
实现汽车产业生态化的关键过程。绿色制造结合到汽车产业中，是指企业在汽车
整车和零配件制造过程中遵守清洁生产和 ISO 14000 的环境管理体系，减少资源
利用和能源消耗，在产品寿命终结后能够最大限度地实现再制造。

集群层面的汽车产业生态化包括产业生态链构建、企业共生网络建立和绿色
物流等。汽车产业集群内部生态链构建，根据汽车零部件生产的特点，从循环经
济的角度出发，分别以金属、橡胶及塑料、纸板及木材等为对象可以构建出几条
汽车零部件生态产业链。

① 马士勇，丁涛，杨敬增. 报废汽车拆解利用循环产业链建设的初步探讨 [J]. 再生资源与循环经
济，2013，6 (03)：31-35.

废旧金属生态产业链。对于冲压件,在车身(含驾驶室)及车架总成生产过程中产生的边角料,主要有5种可能的去向:①做车桥总成和转向系统中零部件的原材料;②做制动系统总成和仪表板等其他辅助系统中零部件的原材料;③做垫圈、密封圈骨架、承运工具及其他应用系统(如民用围墙)等的原材料;④作为其他铸造件的填充材料,以改变该铸造件的机械性能;⑤部分边角料直接以废钢铁的形式进行处置。其他总成系统生产过程中产生的边角料,原理同上。同时,对于车桥总成及转向系统生产过程中应用的原材料,主要有两种来源:一种是源钢板,另一种是车身(含驾驶室)及车架总成生产过程中产生的边角料。其他总成系统生产过程中应用的原材料,原理也与其类似。对于铸造件,主要有球铸铁、灰铸铁、铸造铝合金及铬等其他金属铸造件。可以看出,在铸造件机加工过程中产生的边角料,其可能的去向主要有两种:一种是作为其他铸造件的填充材料,以改变该铸造件的机械性能;另一种是直接作为废金属进行处置。

废旧塑料及橡胶生态产业链。在助力器膜片等产品的生产过程中产生的废旧塑料及橡胶边角料,主要有3种可能的去向:①做制动主缸的皮碗、制动轮缸的防尘罩等零部件;②做比例阀的油封、制动主缸的蹄隙调整孔胶塞等零部件的原材料;③直接以废橡胶的形式进行处置。其他产品生产过程中产生的废旧塑料及橡胶边角料,原理同上。同时,对于制动主缸的皮碗、制动轮缸的防尘罩等零部件生产过程中应用的原材料,主要有两种来源:一种是源橡胶材料,另一种是助力器膜片等产品的生产过程中产生的废旧塑料及橡胶边角料。其他产品生产过程中应用的原材料,原理也与其类似。

废旧木材及纸板生态产业链。主要有3种可能的去向:①通过物流公司运向中转库;②将零部件协力厂的运货木箱送至包装企业重新改制,然后由其直接返回零部件协力厂;③部分废木材,可以作为锅炉的焚烧取热源。对于纸板,在平衡轴齿轮罩衬垫等产品的生产过程中产生的边角料,主要有两种可能的去向:①做集滤器法兰片、汽油泵衬垫、水泵进水管垫片、油封架衬垫等零部件的原材料;②直接以废纸板的形式进行处置。同时,对于集滤器法兰片、汽油泵衬垫等零部件和水泵进水管垫片、油封架衬垫等零部件可以相互以边角料作为自己的生产原材料。

以上述产业生态链为核心,优化构建企业间的物质、水和能量的梯级利用和循环利用,在集群内进行基础设施的建设和共享,实现企业间水和能源的梯级利用、中水回用、建立集中供热设施等措施,提高集群内水资源以及能源的利用效率。同时,在集群内,扶持和建设汽车产业协会、汽车展览中心、汽车贸易机构等相关支撑机构,培育汽车产业集群内互动的创新机制,实现整车与零部件之间以及零部件企业相互之间的互动。

绿色物流是汽车产业集群生态化不可或缺的一个重要部分,对于汽车制造业企业来说,物流一般会占用整个企业流动资金的30%~40%。为此,企业不仅要考虑自身的物流效率和环境表现，还必须与供应链上的其他关联者协同起来，从整个供应链的视野来组织物流，最终建立包括生产商、批发商、零售商和消费者在内的生产、流通、消费、再利用的循环物流系统。

汽车产业转型升级

坚持跨界融合、开放发展，以互联网与汽车产业深度融合为方向，加快推进智能制造，推动出行服务多样化，促进汽车产品生命周期绿色化发展，构建泛在互联、协同高效、动态感知、智能决策的新型智慧生态体系[①]。

（1）大力推进智能制造。推进数字工厂、智能工厂、智慧工厂建设，融合原材料供应链、整车制造生产链、汽车销售服务链，实现大批量定制化生产。引导企业在研发设计、生产制造、物流配送、市场营销、售后服务、企业管理等环节推广应用数字化、智能化系统。重点攻关汽车专用制造装备、工艺、软件等关键技术，构建可大规模推广应用的设计、制造、服务一体化示范平台，推动建立贯穿产品全生命周期的协同管理系统，推进设计可视化、制造数字化、服务远程化，满足个性化消费要求，实现企业提质增效。

（2）加快发展汽车后市场及服务业。引导汽车企业积极协同信息、通信、电子和互联网行业企业，充分利用云计算、大数据等先进技术，挖掘用户工作、生活和娱乐等多元化的需求，创新出行和服务模式，促进产业链向后端、价值链向高端延伸，拓展包含交通物流、共享出行、用户交互、信息利用等要素的网状生态圈。推动汽车企业向生产服务型转变，实现从以产品为中心到以客户为中心发展，支持企业由提供产品向提供整体解决方案转变。鼓励发展汽车金融、二手车、维修保养、汽车租赁等后市场服务，促进第三方物流、电子商务、房车营地等其他相关服务业同步发展。

（3）推动全生命周期绿色发展。以绿色发展理念引领汽车产品设计、生产、使用、回收等各环节，促进企业、园区、行业间链接共生、原料互供、资源共享。制定发布汽车产品生态设计评价标准，建立统一的汽车绿色产品标准、认证标识体系。依托现有资金渠道，按规定支持汽车制造装备绿色改造，推动绿色制造技术创新和产业应用示范。推进汽车领域绿色供应链建设，生产企业在设计生产阶段应采取环境友好的设计方案，确保产品具有良好的可拆解、可回收性。逐步扩大汽车零部件再制造范围，提高回收利用效率和效益。落实生产者责任延伸制度，制定动力电池回收利用管理办法，推进动力电池梯级利用。

---

① 来源：三部委关于印发《汽车产业中长期发展规划》的通知。

(二) 钢铁产业

1. 湖北钢铁产业特征

(1) 湖北钢铁产业具有重要及优势矿产资源。根据湖北省国土资源厅（现自然资源厅）有关数据显示，2015 年，湖北省累计查明磷矿资源储量 60.24 亿 t，保有资源储量 53.86 亿 t，占全国同类矿产的 25.11%，居全国之首；累计查明铁矿资源储量 3771 亿 t，保有资源储量 3330 亿 t，全国排名第九；累计查明铜资源储量 52.45 万 t（含伴生铜），保有资源储量 237.21 万 t，全国排名第十三。省内钢铁产业发展所需的其他辅助资源也十分丰富，其中主要包括水资源、电力资源、煤炭等燃料资源以及其他冶金辅助资源。

(2) 产能利用率偏低。从湖北钢铁产业 2012～2016 年间的产能利用情况（《湖北省统计年鉴》）可以看出，湖北钢铁产业的产能利用率明显偏低，主要有以下几点原因：一是钢铁产业自身科技水平不高，二是由于 2008 年金融危机造成的市场需求下滑，三是对产业内产能进行整合的力度不够，然而究其本源则在于在各级政府的强力支持下，市场主体将大量资金投向了钢铁产业，然而因为在技术方面自身有一些难以克服的难题，导致这些资金投向不易向高端产能转化，因此形成了当前的产能过剩问题。

(3) 产业利润率下降。一般而言，制造业企业的利润率一般维持在 5%～10% 之间，若是在长时间内无法使利润率满足 5% 的最低标准要求，厂商的再生产积极性就有可能受到严重挫伤，从而制造业的发展会受到有害影响；从湖北钢铁产业 2012—2016 年期间的成本费用利润率数据（《湖北省统计年鉴》）可以看出，湖北钢铁产业的利润率未能达到 5% 的最低标准要求，在有些年份甚至连 3% 的最低水平都达不到，使得湖北省钢铁企业进行再生产的积极性受到严重打击，这严重影响了湖北钢铁行业的转型升级以及对其向高端产能转化形成巨大阻力[①]。

2. 生态化转型实践

(1) 武汉钢铁干熄焦技术

干熄焦是干法熄焦的简称，这一命名是与湿熄焦相对的，指利用温度较低的惰性气体通过传热作用将赤热焦炭冷却的一种工艺技术。与通常采用的湿法熄焦对比后，可以发现干熄焦的优点主要有体现在以下方面。

---

① 杨扬，高茜. 供给侧结构性改革背景下湖北省钢铁行业产能过剩问题探究 [J]. 绥化学院学报，2019，39（09）：18-22.

①回收红焦显热。在焦炉能耗中出炉红焦显热约占35%~40%，而采用干熄焦能够回收80%的红焦显热。如今，干熄焦技术是钢铁企业节能减排的重要推广技术。

②改善焦炭质量。湿法熄焦中采用的是水压较高的冷水对焦炭进行冷却，在这一过程中焦炭会受到强大的冲击力，使得内部出现裂纹容易出现气孔，导致焦炭的质量下降，而在干熄焦技术中采用的是温和条件的惰性气体冷却，降低了对于焦炭内部结构的损伤，使得焦炭的均匀性、耐磨性、机械强度、真相对密度都明显提高，大大改善了焦炭的质量。

③减少环境污染。常规的湿熄焦不仅会消耗大量的新鲜用水，而且焦化过程中煤的高温干馏、煤气净化以及煤化工产品提取精制过程中还会产生大量的焦化废水。它具有成分复杂、浓度高、毒性大等特点，主要含有酚类化合物、氰化物、NH_3-N及硫化物等。熄焦水中污染物成分复杂、浓度高、毒性大，如果要采用传统的水处理方法，达标排放难度大，处理费用高，将之用于熄焦又对空气形成了二次污染。而在干熄焦技术中整个过程是在密闭的干熄槽中进行的，并且惰性气体携带的焦粉等会经过两次除尘，对环境的污染也降到最低。另一方面，干熄焦技术中产生的蒸汽实现了再利用，避免了SO_2、CO_2排放，具有很好的经济效益和社会效益。

武汉钢铁1#~6#焦炉每组焦炉配套一套干熄焦和一套湿熄焦，9#、10#焦炉配套2套干熄焦和一套湿熄焦。干熄焦平时正常使用，湿熄焦在干熄焦检修时充当备用。武钢已计划将所有湿熄焦改造为干熄焦，并配套相应环保设施。

在干熄焦过程中，1000℃的红焦从干熄炉顶部装入，130℃的低温惰性循环气体由循环风机鼓入干熄炉冷却段红焦层内，吸收红焦显热，冷却后的焦炭（低于200℃）从干熄炉底部排出。从干熄炉环形烟道出来的高温惰性气体，经干熄焦锅炉进行热交换，锅炉产生蒸汽，冷却后的惰性气体由循环风机重新鼓入干熄炉，惰性气体在封闭的系统内循环使用。其中，生产的蒸汽可以直接并入蒸汽管网，也可以推动汽轮机进行发电。武钢干熄焦电站年发电量可达3.5亿kW·h。武汉钢铁通过干熄焦技术的改造实现余热余能回收率达到40%。

（2）葛洲坝绿园公司废钢铁循环

葛洲坝绿园公司废钢铁业务窗口公司葛洲坝兴业公司立足于行业特点与业务需求，根据供应商设备、场地、技术、质量、资源渠道等，对供应商加工生产能力、信用状况等进行综合评估，并依此选定符合废钢铁产业标准化、规范化发展要求的优质供应商。

2017年9月3日，葛洲坝绿园公司新增日处理量达3000t废钢破碎生产线，该生产线系东北地区首条6000马力（1马力=735.50W）废钢破碎生产线，可直接对6mm以下废钢铁进行分拣、去杂质和破碎处理，破碎后废钢内部空隙少、密度大、堆比重高，不仅符合国家环保、能耗及技术等各方面要求，同时也是废钢市场上最优质的钢材原料。葛洲坝绿园公司还加快与业内科研院校建立"产学研"一体化，打造产业发展科研平台，为废钢加工等新生产线、新产品提供技术支撑。

此外，葛洲坝绿园公司还围绕钢厂企业需求，整合周边供应商资源，进行区域一体化规范管理，形成废钢铁业务发展的规模效应、联动效应。从加大优质原料收购力度、强化加工能力、提升运输能力等方面出发，形成废钢铁收购、加工、销售、运输等一体化运行机制。

3. 典型循环产业链

钢铁产业是国民经济的重要基础产业，产业规模大，影响效应强，具有较高的产业关联度。钢铁产业也是典型的高消耗、高污染、资源型产业，物流/能流密集，废弃物产生量大，对生态环境冲击较大。同时，钢铁产业流程高度复杂、技术密集，易于与其他产业或社区形成生态产业体系。因此，钢铁产业成为我国循环经济和生态工业发展所关注的焦点行业之一，近年来涌现了大量的钢铁产业共生和循环经济案例，其中较为典型的武钢循环经济产业链如图 2-14 所示。

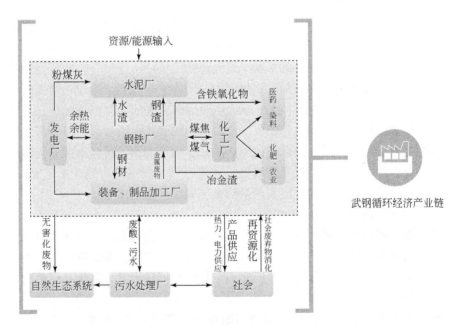

图 2-14　武钢循环经济产业链

在武汉城市圈获批"两型社会"试验区后，武钢集团毅然选择以循环经济作为转型的突破口。摆在"金资人"面前的最大难题，同样是要"吃钢渣"。然而该如何"吃干榨净"，并创造出最大效益呢？

武钢集团最大的工业废料是水渣，一种将热熔钢放在水中冷却时产生的副产品，一年约有300万t，以前主要卖给小水泥厂。但实际上，水渣对炼钢来说是废渣，用于混凝土生产却是非常好的材料。只是很多小水泥厂没有相应的技术，捡到宝当芝麻用。

金资公司与科研院所、国外先进企业合作，将水渣制作成科技含量较高的矿渣微粉，这是当今世界公认的配制高耐久性混凝土的首选材料。在生产中，加入一定比例的矿渣微粉，可提升混凝土的硬度和强度，这种特殊材料可用于修地铁、建桥梁等对材料性能要求高的领域。

2011年底，武钢集团一期120万t矿渣微粉生产线投产。测算表明，120万t矿渣微粉项目可替代传统水泥120万t，相当于减排粉尘800t、二氧化硫410t，是典型的减量化、再利用、资源化的循环经济项目，减少了对周边环境的污染。

4. 生态化转型对策

钢铁产业生态化发展主要包括两个方面的内容：一方面是需要构建起循环经济型的企业。钢铁企业循环经济型企业的建立，就必须在生产规模、生产工艺、产品品种等方面合理选择；注意从生产的源头到成品阶段的全过程，最大限度地、合理地利用资源，并使生产过程中的废物废料最少化、无害化、资源化；最大限度地节约能源和各种原材料，注意对有毒有害原材料的淘汰，减少生产过程中所产生的废物数量和毒性，从企业层面上体现循环经济的特色。应该从技术、结构、管理三个方面实现产业的生态化发展。①技术方面就是在干熄焦、连铸、高炉顶压发电、蓄热式燃烧技术，烧结余热利用、转炉煤气回收等重大节能技术普及的基础上，积极采用新的节能技术。②结构方面就是推进高炉集约化、轧机集约化、炼钢转炉设备大型化集约化、焦炉集约化等主体设备的集约化。③管理方面就是建立适应生态化发展的全新的管理理念，建设"节能清洁型"工厂。

另一方面，要注意区域循环经济型产业体系的构建。根据工业生态学原理，在工业区各类主导产业之间，通过采用废物交换的方式，把前端产业产生的废物或者副产品作为后端产业的原材料，从而延长了生产链条，实现区域范围内的产业群资源的最有效利用，使得废物产生量最小，形成生态型的工业生产系统。利用生态化改造，根据区域内各企业之间能源、材料的链接关系，强化关键链接技术的引入，加强上下游企业间的协作配套，实现区域污染量的降低，最后实现污染物的零排放。

宝武集团鄂城钢铁有限责任公司举行产能置换项目关停拆除及建成项目转炉点火仪式，活动现场鄂城钢铁对 35t 转炉注水关停，拆除了操作平台，并对产能置换建成的 100t 转炉点火。现场明确要按期安全完成 2 座小转炉的拆除工作，确保 1 个月内完成拆除；精心组织大转炉试生产，认真调试环保设备，确保各项指标达标排放、安全评估通过验收。关停拆除的转炉于 1987 年建成投产，至今已平稳运行 32 年，为鄂钢经营发展做出了重大贡献。产能置换建成的 100t 转炉采用先进的一次烟气干法除尘技术和全自动冶炼技术，按照超低排放标准进行建设，污染物排放指标远低于国家标准，能耗总量大幅降低，智能化水平显著提高，具有明显的环境正效益。此次产能置换项目建成投产，标志着鄂城钢铁绿色智慧型城市钢厂建设迈出了重要的一步，对于促进鄂城钢铁绿色创新高质量发展、助力鄂州市经济建设和环境发展具有重要意义。

湖北政府对鄂城钢铁打造绿色智慧型城市钢厂表示肯定和支持，要求鄂城钢铁要以此次产能置换项目建成为契机，大力实施"绿色发展、产城融合"战略，打造绿色转型的示范标杆，进一步为鄂州市发展承担更大的责任。

（三）石油化工行业

1. 产业发展概况

石油和化学工业是指以石油、天然气、生物质和矿物资源（煤、原盐和化学矿石）等为基础原料，通过化学深加工生产石化和化工产品的产业，包括石油和天然气开采、炼油、化学采矿、基础化学原料、化学肥料、农药、合成材料、专用化学品、橡胶制品和化工专用设备制造等二十多个子行业，是产业关联度高、经济总量大、产品应用广泛的重要能源和原材料工业。

石油和化学工业是重要的基础原材料产业，经过改革开放特别是近十年来的快速发展，已成为湖北省工业经济的重要支柱产业，为全省经济社会发展做出了重要贡献。

湖北地区有矿产丰富等众多的优势，但这些优势，还没有向竞争力转化。在化工行业上表现为，首先资产存量极为丰富，其次产品的技术附加量极低，在全球市场上，较没有竞争力。必须要集中力量对优势产业大力发展，从而使经济潜能变成实际的经济效能，只有如此，在全国范围内，甚至是全球市场中，才可以获得一席之地，才可以占有一定的市场份额。湖北地区的化工行业，历时五十多年的发展，目前的格局是，国有大中型企业是该行业的骨干力量，农用化工等十几个行业是主体，化工科研等与之配套的体系也已不断完善。现阶段，已然是湖北地区的经济发展支撑，于湖北地区的经济、社会发展贡献卓著。

湖北地区，在现阶段，石化行业已建立了多个生产基地，涵盖石油开采、炼制、生产的生产基地、盐化生产基地、氮肥生产基地、磷肥及磷化工生产基地、精细化工生产基地、轮胎及橡胶制品生产基地。例如，轮胎及橡胶制品生产基地就是在东风金狮、中南橡胶主导下建成的。

2017年，全省石化行业认真贯彻落实省委省政府决策部署，坚持绿色发展理念，深化供给侧结构性改革，行业运行实现平稳增长，经济效益明显好转，行业发展质量进一步提升；但行业增加值低位运行，投资疲软，发展后劲明显不足。

1）行业运行基本情况

（1）生产保持平稳，产品结构优化

2017年，全省石化工业增加值同比增长4.9%，低于全省工业2.5%，高于全国1.2%。其中，石油加工业同比增长8.3%、化学原料和化学制品制造业同比增长4.0%、橡胶和塑料制品业同比增长2.5%、石油开采业同比下降11.1%。

原油加工、乙烯、成品油、高密度聚乙烯树脂、线型低密度聚乙烯树脂、聚丙烯等石油加工和合成树脂产品产量实现较快增长；离子膜烧碱、新型衣药、子午线轮胎、专用化学品等产品产量保持稳步增长；武石化、荆门石化和金澳科技等三大炼油公司原油加工量达1422万t，同比增长15.3%；成品油产量达到986万t，同比增长16.1%，而且全部达到国Ⅴ标准；乙烯产量达86.7万t，同比增长18.9%，实现产销两旺，产量为投产以来最高年份增长15.3%；合成树脂及共聚物产量达191万t，同比增长8.2%。而产能过剩行业的化肥以848.2万t（折纯）的产量连续6年位居全国第1位。同比增长0.8%，化肥占全国产量的14%，磷肥占全国产量30.5%，化肥比第2名贵州省多近300万t，尿素产量同比下降25.5%、电石产量同比下降17.7%、合成氨产量同比下降13.4%、聚氯乙烯树脂产量同比下降9.8%、纯碱产量同比下降5.5%等（表2-4）。

表2-4　2017年全省石化主要产品产量表（单位：万t）[①]

产品名称	湖北产量	同比/%	全国产量	同比/%
原油加工量	1422	15.3	56777	5.0
成品油	986	16.1	35825	3.0

① 湖北省经信委。

续表

产品名称	湖北产量	同比/%	全国产量	同比/%
乙烯	86.7	18.9	1822	2.4
纯苯	44.3	−3.4	833	3.7
硫酸（折纯）	770.7	2.0	8694	3.6
盐酸（氯化氢，含量31%）	47	−2.7	778	−1.2
纯碱	156	−5.5	2677	5.0
烧碱（折纯）	79.7	5.8	3365	5.4
其中：离子膜烧碱（折纯）	58.8	4.4	2868	4.0
合成氨	340.4	−13.4	4785	−7.8
化肥（折纯），其中：	848.2	0.8	6065	−2.6
氮肥（折纯）	344.4	1.0	3835	−4.4
磷肥（折纯）	496.9	−0.2	1627	0.7
磷酸一铵（实物）	642	−8.6	1895	−2.3
磷酸二铵（实物）	341	−2.0	1502	−3.8
尿素（折纯）	64.5	−25.5	2629	−9.2
农药原药（折纯），其中：	29.3	1.4	294	−8.7
杀虫剂原药（折纯）	14.8	1.8	59.7	10.5
除草剂原药（折纯）	13	4.3	114.8	−19.5
涂料	40.5	−6.2	2041	12.3
精甲醇	28.5	−2.0	4529	7.1
电石（折纯）	32	−17.7	2447	1.7
化学试剂	50.5	7.9	1913	1.0
合成树脂及共聚物	191	8.2	8378	4.5
低密度聚乙烯树脂（LDPE）	0.19	−74.5	303	5.3
高密度聚乙烯树脂（HDPE）	29	18.2	431	2.0
线型低密度聚乙烯树脂（LLDPE）	30	13.6	567	−0.8
聚丙烯树脂	70	16.9	1900	5.0
聚氯乙烯树脂	17.8	−9.8	1790	5.9
橡胶轮胎外胎/万条	995	7.5	92617	5.4

（2）收入增速加快，效益恢复性增长

2017年，全行业规上企业实现主营业务收入同比增长11.2%，是近三年来行业增速最快的一年，但低于全国平均增速4.7%。其中，石油加工业同比增长23.6%、化学原料和化学制品制造业同比增长8.4%、橡胶和塑料制品业同比增长8.3%、石油开采业同比增长26%。

2017年，全行业实现利润同比增长31.2%，实现税收同比增长1.2%。其中，石油加工业实现利润同比增长69.9%、化学原料和化学制品行业同比增长31.3%、橡胶和塑料制品业同比增长1.4%。炼油、乙烯、专用化学品和农药等行业利润增速较高。

（3）外贸环境改善，出口快速增长

2017年石化行业外贸市场的国内外环境有所改善，特别是出口贸易在连续两年下降后重拾增长势头，实现快速增长。2017年全省石化行业完成出口贸易额43亿美元，同比增长26.4%，居全国第9位、中部第1位。其中，有机化学品出口贸易额16.1亿美元，同比增长37.3%；化肥出口贸易额12.9亿美元，同比增长7.5%；无机化学品出口贸易额5亿美元、农药1.33亿美元、橡胶制品2.91亿美元、专用化学品1.6亿美元等。特别是2017年磷肥出口执行零关税，企业出口成本下降，加之国际磷肥市场主要供应商摩洛哥企业生产不稳定，在全国占有优势的湖北省磷铵产品出口增加，出口量、出口贸易额均处于全国第一，磷酸二铵出口贸易额达7.8亿美元，在全国占比达35.7%；磷酸一铵出口贸易额达4.1亿美元，在全国占比达46%（表2-5）。

表2-5　2017年全国部分省石化行业出口贸易额[①]

省份	出口贸易额/亿美元	同比/%
全国	1929.8	12.9
湖北省	43	26.4
江西省	39.8	16.6
安徽省	30.9	27.1
湖南省	25.8	11
河南省	34.7	20.3
山西省	10.3	17.8
山东省	269	11.4
江苏省	323.2	13.9
广东省	263	5.3
四川省	·31	18.3
河北省	47.2	13.8

---

① 来源：湖北省经信委（现经济和信息化厅）。

（4）重点企业经营良好，综合实力增强

2017 年，湖北省重点石化企业克难奋进，砥砺前行，生产经营平稳增长，经济效益明显好转。2017 年全省百亿化工企业 8 家（武石化、兴发、金澳、宜化、荆门石化、中韩石化、三宁、华强），与 2016 年相比减少 2 家。2017 年全国化肥企业百强中湖北企业 14 家，全国磷复肥企业百强中湖北企业 20 家。2017 年湖北首批支柱产业细分领域隐形冠军石化行业示范企业 4 家，科技小巨人企业 14 家。

2）行业发展中存在的问题

当前，湖北省石化行业运行和发展中仍然存在诸多突出的问题和困难。

一是产能过剩矛盾依然突出，企业利润空间很小。传统化工产品化肥、硫酸、纯碱、电石、农药等产品全国性产能严重过剩，供大于求的矛盾十分突出，价格波动很大，利润空间很小。2017 年，湖北省化肥开工率仅 70% 左右，特别是尿素开工率仅 30% 左右；电石行业仅丹江电化一家开车生产，80% 的农药制剂企业处于停产或半停产状态。

二是行业投资持续疲软，发展后劲明显严重不足。由于沿江重化工清理整顿和化工污染专项治理、危险化学品综合治理、环保督察等因素，地方和企业投资意愿下降，项目建设土地供应及核准备案、安评环评审批难度加大，导致全省石化行业投资持续疲软，行业可持续发展后劲明显严重不足，在中部地区的竞争力明显减弱。2017 年湖北省石化行业完成投资 993 亿元，同比下降 6.8%，低于全省工业投资 18.7%，投资增幅明显低于中部其他省份（江西增长 22.9%、安徽增长 8.0%、湖南下降 1.4%、河南下降 1.8%，表 2-6）。

表 2-6　2017 年全国部分省石化行业投资情况表[①]

省份	投资额/亿元	同比/%
全国	21159.9	−2.8
湖北省	933	−6.8
江西省	792	22.9
安徽省	720	8.0
湖南省	735.2	−1.4
河南省	1280.3	−1.8
山西省	488.6	−67.5
山东省	3730.6	−7.3
江苏省	2341	−5.7
四川省	747.1	10.8
河北省	1414.6	3.6

① 湖北省经信委。

三是节能减排任务艰巨,行业发展面临严峻考验。2017 年全省石化行业总耗能达 1864.8 万 t 标煤,同比下降 2.4%,占全省工业能耗总量的 23.5%。其中,石油、化学原料加工业分别耗能 222.44 万 t 标准煤、1569.98 万 t 标准煤,同比增长 3.72% 和下降 3.06%,单位黄磷生产综合能耗同比上涨 15.85%。

化工企业位于城镇人口密集区或化工园区外,存在"化工围城""化工围村"现象,且 2017 年连续发生多起化工安全事故,石化行业安全生产和环保治理压力较大,节能减排任务艰巨,行业发展面临严峻考验。

2. 生态化转型实践

1) 武汉化工新区

以乙烯及下游化工产业为主体,形成以塑料、工程材料、有机原料、化纤聚酯和精细化工产品等为基础的炼化一体化产业基地。同时接纳中心城区部分搬迁改造的化工企业,规划形成基础化工产业区、精细化工产业区、化工新材料产业区和港口储罐区。新区建成后,将成为中部地区石油化工产品最大的生产基地,中部地区最大的石油化工产品供应中心和长江中游重要的物流基地,武汉"两型社会"建设和国家级循环经济示范工业区,国际一流、国内领先的生态型、科技型化工园区。

武汉市政府印发的《武汉化学工业区发展"十三五"规划》明确提出在"十三五"期间,武汉化工新区科技创新机制不断优化,科技创新能力得到提升,产品精细化、价值高端化的新型产业体系逐步建立完善,高新技术产业不断发展。乙烯年生产能力达到 110 万 t,乙烯、丙烯、C_4、C_5、C_9、芳烃等六条产业链初步建成。到 2020 年,全区研究与试验发展经费占国内生产总值的比重达到 3%,高新技术产值实现翻番,省级企业技术中心和研发机构达到 5 家,建成国内较为先进的产业研发中心。武汉化工园区的发展目标是打造安全、环保、绿色、可持续发展的一流生态工业园区,具体措施包括:

(1) 进一步完善园区循环经济体系。加快组织修订武汉化工区循环经济发展规划,形成装置互联、产品互供、系统集成、企业集群、产业集约("两互三集")的循环经济产业格局。通过企业间主、副产品循环、交换,发挥"隔墙"效应,使物料、热能、水、土地等资源得到充分利用,实现资源利用最大化和废物排放最小化。

①建立和完善生态工业体系。结合园区实际,积极打造"两岛链网"。一是建立以中韩石化公司为核心的"公用工程岛",充分发挥中韩石化的公用工程优势,积极为乙烯下游企业提供原料、工业气体、蒸汽等产品和副产品。二是打造"循环经济动脉链网"。鼓励企业采用先进技术,实施清洁生产,提高物料利用效率,减少废物排放。依托中韩石化公司,构建乙烯、丙烯、C_4、C_5、C_9、芳烃

（$C_6 \sim C_8$）等产业产品链，重点打造高性能树脂、特种橡胶、高性能纤维和高端化学品等项目，构建"吃干榨净"的循环经济动脉产业链网。三是打造"循环经济静脉链网"。制订产业循环发展实施方案，鼓励企业开展绿色产品设计、绿色原料选用及废弃物回收利用，实现产品代谢的闭路循环、能源的梯级利用和工业废物的资源化利用，切实提高资源和能源利用效率，构建"变废为宝"的园区静脉产业链网。到 2020 年，工业固体废物综合利用率达到 95%，全区单位工业增加值能耗达到全国化工园区先进水平，工业集中供热率达到 100%。

②构建小、中、大三级循环体系。一是严把项目准入关，构建企业内部小循环体系。把好项目审批关，引导、鼓励企业采用先进工艺和清洁生产技术，推进资源的减量化和综合利用，从源头减少废物的产生和排放。鼓励企业采用余热梯级利用、中水回用等技术，提高能源和水利用效率。二是循环利用园区资源，构建企业间中循环体系。通过装置互联、产品互供，促使园区资源优化配置和废物有效利用。鼓励园区企业按照循环经济发展模式，加强废弃物料和能源综合利用，大力支持园区企业之间余热和干气回收利用等项目建设。三是注重区域间互通，构建区域间大循环体系。通过热电联产、废渣利用，实现能源物料的优化利用。根据不同区域对能量等级要求不同进行合理配置，推动能源梯次利用实施工业能效提升计划，建立能源管理中心，推进能效对标活动，积极推行碳排放交易，促进企业节能减排。在北湖产业园建立循环经济产业区，支持污水处理、粉煤灰综合利用和废旧电子资源综合利用项目建设。到 2020 年，工业废水达标排放率达到 100%，工业固体废物综合利用率达到 95%。

（2）加强生态保护和环境治理。按照绿色发展原则，坚持生态底线思维，加大环境治理和资源保护力度，推动园区企业节能减排，促进产业绿色发展。

①完善节能减排机制。在项目选择上坚持绿色节能，完善入园项目"部门初审、专家评审、管委会审核"三级审查制度，避免高能耗、高污染产业进入化工区。建立健全节能减排统计、监测和考核体系，加强园区污染物排放总量控制。大力推动能源合同管理，探索建立企业能耗监测平台。完善全区环境监测体系建设，建立标准化环境空气监测站和水监测网，重点对有机挥发物、二氧化硫、二氧化氮、硫化氢及其他空气污染物进行监测，强化对清潭湖和竹子湖水质的监控。完善企业节能减排管理制度，探索鼓励环境污染治理第三方运营管理机制。督促企业严格执行"清污分流雨污分流"，实行废水分类收集、分质处理及预处理，确保园区污水达标排放。到 2020 年，挥发性有机物及其他主要污染物总量减排完成省市下达目标任务。

②推动企业开展清洁生产。支持企业开展节能技术改造，积极推广余热余压利用、能量系统优化、电机系统能效提升等节能技术，进一步提升园区内企业节能减排技术水平。开展强制性清洁生产审核工作，力争到 2020 年园区内规模以

上企业全部达到清洁生产企业水平，强制清洁生产审核实施率达到100%。

③加强自然生态系统保护。加强园区内清潭湖、竹子湖、西湖等湖泊及其水系的生态修复和保护，落实重点湖泊"三线一路"保护规划，完成竹子湖、清潭湖清淤整治工程。完善生态保护利用制度，维护区内生态框架的完整性，充分利用现有湖泊、山体以及自然地形地貌，构建生态隔离带，实现居住区与产业区隔离，减少废气、废渣、粉尘、噪声等对居住区的影响。

④大力推进园林绿化建设。强化自然山体的保护和绿化加强道路林带、农田林网、江河湖泊岸林、人工湿地、生态绿道建设，形成山水相互融合、绿地均衡分布的生态体系。

⑤加强环境保护工作。开展园区规划环境影响评价以及园区内项目环境影响评价，对新建项目建设用地的土壤和地下水污染情况进行风险评估，适时对园区规划开展环境影响跟踪评价，及时核查规划实施过程中产生的不良环境影响。组织开展"环境开放日"活动，加强责任关怀，保障公众知情权与监督权，构建公众、企业同政府部门之间的沟通桥梁。

2）宜昌化工转型

化工是宜昌的重要支柱产业，占全市工业总产值30.6%。截至2016年底，类似田田化工这样的化工类企业在宜昌一共有134家。"化工围江"问题突出。为此，宜昌出台化工产业专项整治及转型升级意见，制定了三年行动方案。宜昌市政府制定了三年行动方案，下大力调减存量、严控增量、优化结构，重点抓好全市化工企业关停并搬。力争通过3年努力，基本建成产业布局合理、技术管理先进、竞争优势明显的现代化工产业转型发展示范基地，打造长江流域绿色发展样板。

在2017年，宜昌已关闭沿江1km范围内化工企业25家。按照规划，3年内全市将关、搬、转134家化工企业；到2020年，宜昌长江沿线1km内化工企业将全部"清零"。一方面是淘汰落后产能，做"减法"，另一方面则是"加法"。在生态为先的理念下，宜昌传统产业加速转型升级。该市计划3年内投资500亿元打造高水平精细化工园区，推动化工产业迈向中高端。宜昌市政府规划重点发展专用精细化学品、化工新材料、化学制药、节能环保等产业，大力拓展智能制造及光电信息市场领域，向电子化学品和功能材料方向突破性发展。积极引导枝江、宜都两个"优化提升区"错位发展，各自形成上下游一体化循环经济产业链。与此同时，宜昌还出台了《长江大保护宜昌实施方案》，全面推进长江宜昌段生态修复和绿色发展。宜昌市政府非常重视岸线的整治工作，通过发展战略规划，把岸线分为四类：生产岸线、生活岸线、生产岸线和预留岸线。

3）荆门化工循环产业园

荆门化工循环产业园在产业选择时设计合理的产业链，链条上的产品互为原料、循环利用，同时对于生产中产出的废水、废气、废渣等进行减量化、再利用和资源处理，达到资源利用的最大化和终极化。具体措施如下。

（1）坚持"六个一体化"

园区建设遵循"六个一体化"的发展理念，即产业规划一体化、基础设施一体化、公用工程一体化、交通物流一体化、公共技术服务一体化、安全环保一体化，实现资源增值最大化、资源利用最优化、环境污染最小化、物流成本最低化。

园区坚持以石油化工为"主干"，精细化工、碳一化工为"两翼"，着力发展石油化工、锂电池材料、光引发剂和水性涂料、医药化工、防水材料、碳一化工六大产业，进一步做大做强园区，致力将园区建设成为全省有地位、全国有影响的专业化工园区。

园区坚持加强基础设施建设，完善公用工程，特别是在"三网一房"、工业管廊、公用气体岛、污水处理厂、固废填埋场、消防站、公共服务平台等建设方面，已累计投入资金20亿元，不断完善园区硬件条件，有力增强园区吸引力和承载力。

通过遵循'六个一体化'理念，园区不断实施节能降耗、推行清洁生产、开展综合利用、构筑产业链等措施，降低了能耗，减少了废物排放，提高了经济效益，增强了园区企业的市场竞争力。

（2）科学延伸产业链

园区坚持按照"一体化"的发展原则，规划落户项目以上、中、下游的产品为纽带，实现整体布局、有序建设。由于在产品产业规划上注重产品链合理延伸，实现了资源和原料的有效利用。

盈德工业气体岛项目为荆门石化油品升级及扩能项目提供氢气，荆门石化扩能项目的副产物则成为化工园其他项目的原料。爱国石化、中海润滑油、英壳多多士等项目利用荆门石化的基础油生产特种润滑油（脂）；圣通石化利用荆门石化副产的沥青及重油生产改性沥青；渝楚化工、天茂实业利用荆门石化副产的醚后碳四生产烷基化油及丙烯；银珠塑化、荆塑科技利用荆门石化的聚丙烯生产改性塑料及管材。

同时，园区鑫星能源项目回收利用荆门石化排放的二氧化碳生产食品级二氧化碳，既减少了碳排放，又创造了价值。化工园煤制氢工业气体岛项目中煤燃烧的废渣作为资源供应水泥厂生产水泥。荆门石化、煤制氢项目对原油及煤炭中的硫分进行处理回收，既提高了油料品质，又回收了硫黄资源。

（3）废物循环不浪费

荆门化工循环产业园在对装置建设及生产工艺选择上，采用循环经济节能减排理念，循环利用各个项目的排放物，力求让产业发展对环境影响降至最低。

为此，园区建立了严格的项目入园专家评审制度，专家组由中石化专家、大学教授、省环评专家组成员构成。项目必须达到园区循环经济要求的入园企业条件方可入园，优先安排污染小、易治理、产品关联度大、产品延伸链长、对化工园发展有基础和带动作用的项目入园。

同时，园区项目排放污水采取二级处理方式，即每个化工生产单元产生的废水必须根据自身的污水特点先自行处理，达到化工园工业污水处理厂规定的纳管标准，再统一送入污水处理厂，统一处理达到《城镇污水处理厂污染物排放标准》中一级 A 标准后排放。

项目排放气体中含有硫化氢、二氧化硫、粉尘、氨、NO_x、挥发性有机物等污染物，必须采用水膜除尘、水洗塔吸收、中效过滤、碱液淋洗、化学合成碱液吸收塔、固体制剂除尘器、二级穿流板吸收塔等先进方法进行处理达标排放。

项目固体排放物则根据具体情况进行资源化利用或无害化处理，对园区项目产生的油污垢、废催化剂、碱渣等主要固体废物，采用相应的先进成熟的工艺技术进行无害化处理。

4）沿江化工产业转型升级

沿江化工企业关改搬作为湖北省长江大保护十大标志性战役的首役，体现的是湖北省政府以壮士断腕、铁腕治江的决心开展生态修复和环境保护。湖北省政府出台《关于支持全省沿江化工产业转型升级实施意见的通知》〔鄂政办发（2018）83 号〕，省财政统筹三年共 6 亿元省级沿江化工企业关改搬转专项补助资金支持关改搬转工作。

按照《湖北省沿江化工企业关改搬转任务清单》明确的任务，沿江化工企业关改搬转涉及全省 15 个市州、478 家化工企业；按照《湖北省危险化学品生产企业搬迁改造任务清单（修订版）》明确的任务，危险化学品生产企业搬迁改造涉及全省 16 个市州、148 家危化品生产企业。2018 年全省完成沿江化工企业完成关改搬转清单任务 101 家（关闭 26 家、改造 56 家、搬迁 7 家、转产 12家），危化品生产企业完成搬迁改造任务 39 家（关闭 9 家、转产 23 家、搬迁 7家），圆满完成了 2018 年度目标任务。

湖北省委将会同省直有关部门，支持宜昌市坚持以规划为引领，破解"化工围江"，优化空间布局，分类整治化工园区，对枝江、宜都 2 个"优化提升区"按循环化工园标准提档升级，制定高标准项目准入条件，严格项目入园评审；对5 个"控制发展区"优化产能配置，控制排放总量，推进产品及工艺转型升级；对 5 个"整治关停区"，依法推进化工企业转产或搬离；其他区域一律禁止发展化工项目，以壮士断腕的决心深入推进全市化工产业专项整治及转型升级，引导化工产业向高端化、精细化、绿色化发展。宜昌市实施化工企业"关改搬转"，制定三年行动计划，关闭、搬迁、转产、改造 134 家化工企业，2019 年 10 月底前全部实现转产退出。宜昌市共有 16 个省级及以上工业集聚区，目前均已完成污水集中处理设施建设，安装在线监控设施并联网。2018 年，宜昌市新建标准示范船 20 艘，船型标准化率达到 90%，居全省第一位。各项生态保护补偿和治理工作都在全力推进。

3. 典型循环产业链

石油石化行业循环经济产业链。构建油气开采—油砂、油页岩—炼油，炼化—废催化剂—稀贵金属，炼化—废气—硫黄—化工产品，炼化—废气—供热、发电，炼化—余热余压—发电等产业链[1]。石油化工产业典型循环产业链如图 2-15 所示。

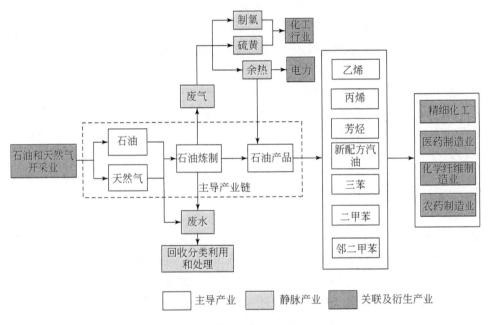

图 2-15　石油化工产业典型循环产业链

4. 生态化转型对策

石化产业是湖北省重要的工业支柱产业。"十二五"以来，全省认真贯彻落实"工业强省""两计划一工程"战略部署，着力调结构、转方式、促转型，实现了规模翻番、结构优化、质效提升、位次前移。同时，湖北省石化产业存在产

———————

[1] 来源：湖北国务院关于印发循环经济发展战略及近期行动计划的通知。

能结构性过剩、自主创新能力不强、产业布局不合理、行业整体效益不佳、生态环保和安全生产压力大等问题，加快推进石化产业供给侧结构性改革迫在眉睫①。实现石化产业的生态化转型可以从以下几个主要方面展开。

1）全力化解过剩产能

（1）严格控制新增产能。严格控制尿素、磷铵、电石、烧碱、聚氯乙烯、纯碱、黄磷等过剩行业新增产能，相关部门和机构不得违规办理项目备案（核准）、土地供应、能评、环评、安评、生产许可和新增授信等业务。

（2）加快淘汰落后产能。按照《产业政策结构调整指导目录（2015年修订本)》要求，立即淘汰所有石化产品落后产能；依据环保、能耗、质量、安全等法律法规，全面开展石化生产企业污染物排放、能耗指标、产品质量、安全生产情况专项检查，对不符合法律法规和相关标准的企业，由相关部门责令其限期整改，在规定期限内整改仍不达标的，地方人民政府要依法依规限期关停退出，同时在各级人民政府或其部门的网站上公告，接受社会监督。

（3）兼并重组压减过剩产能。发挥市场机制作用，推动优势企业以资产资源品牌和市场为纽带，通过整合参股及并购等方式，实现跨地域跨行业的兼并（联合）重组，提高产业的集中度。通过兼并（联合）重组，主动关停综合成本高、生产效率低、位于城镇人口密集区和环境敏感区内的石化企业，压减过剩低效产能。鼓励中小企业走"专精特新"路子，加快形成产业链上下游协作配套和大中小企业协调发展的产业体系。

（4）加强国际产能合作。发挥湖北省石化产业比较优势，结合实施"一带一路"战略，积极推动化肥、农药、染料、氯碱、无机盐等产业开展国际产能合作，建设海外石化产业生产基地，推动链条式转移、集约式发展，带动相关技术装备与工程服务"走出去"。

2）加快推进产业转型升级

（1）改造提升优势传统产业。

①优化发展石油化工产业。依托现有石油化工产业基础，加快推进石化重大项目和产业基地建设。组织实施炼油和乙烯装置技术改造，提高炼油和乙烯生产能力，提高乙烯及芳烃等基础产品保障能力。加快炼油副产品和乙烯下游产品链延伸，优化芳烃资源利用，打造系列石油化工产品产业链，建设形成中部地区国家级石化产业基地。

②促进化肥产业提档升级。围绕原料优化和节能降耗等关键领域，支持化肥企业实施以提高产品质量、节能降耗、环境保护、安全生产、资源综合利用和改

---

① 来源：湖北省人民政府办公厅关于促进全省石化产业转型升级绿色发展的实施方案。

进生产工艺与装备为重点的技术改造。鼓励开发高效环保新型肥料，构建集测土配方施肥、套餐肥配送、科学施肥技术指导、农技知识咨询培训、示范推广及信息服务于一体的农化服务新体系。

③改造提升磷盐化工产业。推广磷矿资源全层开采技术，鼓励贫富兼采，坚决禁止私挖滥采，支持和引导优势磷化工企业整合磷矿资源开发企业，将优质的磷矿资源优先配置给优势磷化工企业。大力提升磷矿资源节约与综合利用水平，分级利用湿法磷酸，推动湿法磷酸替代热法磷酸生产精细磷化工产品，发展高纯化、超微细、具有特种功能和专用性的精细磷酸盐产品，积极发展磷系新材料和精细磷化工产业。

优化生产控制技术，推动氯碱、纯碱、电石、聚氯乙烯等产品原料和技术路线向节能、清洁、低成本方向发展，实现清洁生产和节能减排。加快聚氯乙烯改性研发，提高聚氯乙烯塑料制品质量，巩固其在型材、管材等方面应用，拓宽在汽车、电子等产业应用。综合回收利用盐矿资源中共生、伴生的有益矿产，重点推进石化深加工产业和精细盐化工产业，实现石化—盐化融合发展。

（2）培育壮大新兴产业。

①加快发展精细化工。积极开发高性能、专用性、绿色环保的精细化工产品，提高精细化工产品在石化产业的比重。加快发展低毒高效低残留绿色专用杀虫剂、除草剂、新型杀菌剂、病毒抑制剂、种子处理剂等农药新品种。围绕绿色产业发展，重点开发高档绿色染料、安全型食品添加剂、精细无机盐、专用电子化学品、功能涂料、环保型高性能胶黏剂、环保型增塑剂、复合型热稳定剂、有机磷系阻燃剂、高纯试剂等。

②培育壮大先进化工新材料。充分发挥湖北省在有机硅、有机氟、高性能光纤填充料、高性能纤维等重点化工新材料方面的技术优势，围绕满足汽车、现代轨道交通、航空航天以及电子信息等领域的轻量化、高强度、耐高温、减震、密封等性能需求，大力开发特种工程塑料、高性能纤维、高端装备制造配套材料、有机氟硅、生物基新材料等先进化工新材料。

3）实现产业集聚发展

综合资源供给、环境容量、安全保障、产业基础等条件，优化全省石化产业园区布局，规范园区建设，建立园区产业升级与退出机制，引导全省石化产业集约集聚发展。

（1）优化石化产业园区布局。石化产业园区应符合国家和省市产业布局规划要求，远离人口密集区，确保与周边居民保持符合安全、卫生规范标准的防护距离。符合区域产业定位，符合土地利用总体规划，符合生态环境保护规划。严禁在生态红线区域、自然保护区、饮用水水源保护区、基本农田保护区以及其他环境敏感区域内建设化工园区。

依据资源条件、产业基础、龙头企业和环境安全容纳能力等因素，突出产业特色，科学制定园区发展总体规划。总体规划应经过专家论证评审并向社会公布，实施跟踪评估和监督管理。严格执行园区总体规划，不得随意变更。提高项目入园门槛，注重项目工艺先进性、安全环保可靠性和投入产出效率，提高项目质量。

（2）规范石化产业园区建设。园区建设应遵循顶层设计、全面规划、统筹兼顾、配套建设、综合利用、市场运作的原则，实现原料互供、资源共享、土地集约和"三废"集中治理。统一规划建设和改造提升供水（工业水、生活水）、供电、供气、供热（高、中、低压蒸汽）、危险化学品处置消防站、污水处理厂、废弃物处置设施、公共管廊、事故应急池、危化品车辆管理及园区监测预警系统、应急响应系统和救援指挥系统等专业化基础服务设施，组织开展园区循环化改造，加快推行环境污染第三方治理。充分发挥中小企业服务、金融服务、科技服务、人才培训等公共服务机构的作用，提高公共服务能力。

（3）建立石化产业园区产业升级与退出机制。全面清理整顿沿江（长江、汉江、清江）及其主要支流和城镇人口密集区、环境敏感区的石化产业园区和化工企业。严格园区新建项目技术环保安全卫生标准，强化安全卫生防护距离和规划环评约束，严控安全环保风险。对已建成投用的石化产业园区，每5年开展一次园区整体性安全风险评价和规划环境影响跟踪评价工作，对环境容量小、安全隐患大、安全卫生防护距离不够、基础设施不完善的石化园区实施关、停、并、转、退。

4）推进危险化学品企业搬迁改造

（1）认真开展摸底排查工作。认真组织开展沿江、城镇人口密集区及环境敏感区内危险化学品生产企业布局情况摸底排查，科学评估危险化学品生产企业安全、环保条件，确定搬迁改造、转产或停产关闭企业。对于现安全卫生防护距离满足要求，但根据城乡规划，危险化学品生产企业所在区域城市功能已由工业生产调整为居住、商业功能的敏感区域，也应参照上述要求对相关企业进行安全风险评估，确定搬迁改造、转产或停产关闭企业。

（2）制订搬迁改造规划和实施方案。依据地方国民经济和社会发展规划、城乡规划、土地利用总体规划、环境保护规划等，科学制定辖区内城镇人口密集区及环境敏感区危险化学品生产企业的搬迁改造规划和实施方案，明确搬迁改造范围和目标、实施进度、组织模式、资金筹措、承接园区、职工安置、搬迁难点、保障措施等。编制规划要认真开展社会稳定风险评估，广泛征求社会各界和相关企业意见，规划实施前要向社会公示。

（3）组织实施搬迁改造。加强组织协调，出台相关支持政策，加快审批进程，积极协助企业尽快实施搬迁改造、转产或停产关闭。

（4）规范腾退土地治理和再开发。要落实企业污染防治主体责任，督促和指导企业开展搬迁场地环境调查和风险评估，确定污染源、污染范围和污染程度，采取工程技术、生物修复等措施进行专项治理，规范有序推进腾退土地的治理和再开发，确保土地再开发利用的环境安全和无害化利用，防止发生二次污染和次生突发环境事件。

5）促进安全绿色发展

（1）加强节能减排。强化生态环境保护责任制，坚持源头预防、过程控制、综合治理。全面落实国家环保治理各项规定，加强行业高浓度难降解废水和挥发性有机物等重点污染物防治；以炼油、石油化工、化肥、氯碱、纯碱、无机盐、农药、染料、橡胶等行业为重点，全面推行清洁生产审核；按期完成相关行业VOCs综合整治，达到国家相关标准和要求。加强对磷石膏、造气炉渣、电石渣、碱渣等大宗工业固体废物综合利用，杜绝非法转移。

全面开展行业能源审计和能效对标活动，推进炼油、乙烯、化肥、氯碱、纯碱、黄磷、农药等行业开展企业能源管理中心建设，实施能效领跑者制度，完善节能标准体系。

（2）坚决遏制重特大安全生产事故发生。强化安全生产责任制，加强危化品源头管理，建立高风险危险化学品全程追溯系统，完善化工园区监控、消防、应急等系统平台，实施石化行业责任关怀及健康、安全和环境三位一体的管理体系（HSE 管理体系），加强从业人员安全技术和安全教育培训，杜绝违章操作事故发生，全面提升企业事故防范能力、技术装备安全保障能力、依法依规安全生产能力、事故救援和应急处置能力。加强仓储物流等危险化学品储运企业的安全监管，着力提高企业本质安全水平，坚决遏制重特大安全事故的发生。

6）完善技术创新体系

（1）健全产学研用协同创新体系。健全以企业为主体的产学研用协同创新体系，组建一批技术创新战略联盟。整合湖北省高校、科研院所和重点企业的技术中心、工程研究中心、重点实验室、工程实验室等研发平台，开展行业关键共性技术攻关，加快科技研发及成果转化。完善技术创新激励机制，提高自主创新能力，鼓励和引导企业加大科研开发投入，围绕产品升级、节能减排、安全生产、两化融合，加快实施技术改造，提高湖北省石化行业的技术装备水平和产业能级。引导和支持行业重点企业与国内外科研院所联合，加快行业重大技术、装备的消化吸收与再创新。

（2）实施石化品牌发展战略。强化企业品牌建设，制定和实施品牌管理体系，围绕研发创新、生产制造、质量管理和营销服务全过程，提高企业在线监测、在线控制和产品全生命周期质量追溯能力，提升企业内在素质，在石化行业开展增品种、提品质、创品牌"三品"专项行动，打造具有自主知识产权的石化名牌产品。

（3）深入推进"两化"融合。以信息技术推广应用、智能工厂（车间）试点示范、智慧化工园区和石化电商平台建设为着力点，推动工业互联网、信息物理系统、电子商务和智慧物流应用，实现石化产业研发设计、物流采购、生产控制、经营管理、市场营销等全链条的智能化。

（四）采矿行业

1. 产业发展概况

1）矿产资源概况

湖北省具有丰富的矿产资源，其矿产资源特点与分布主要表现为：①矿产种类丰富，储量排名靠前，能源和部分金属矿产资源短缺。湖北省已发现和查明资源储量的矿产分别为 150 种和 91 种，分别占全国的 86.7% 和 56.17%。其中，湖北省有 20 种矿产资源储量居全国排名的 2～5 位，有 29 种居全国排名的 6～10 位[①]。但能源短缺，包括煤、石油、天然气；部分金属矿产资源严重短缺，如铂族金属、钾盐、铬铁矿等；金、铁、铜、硫等资源虽较为丰富。②矿床规模偏小，资源分布集中。湖北省共有上表固体矿产地 1386 处，其中大型矿产地仅有 175 处，全国占比不足 10%，小型矿产地及小矿 1474 处（74.33%）[②]。③矿产开发难度大。湖北省共伴生矿产多共 679 处，在已发现 968处金属矿产地中占比达 70.14%。共伴生矿开发利用时容易造成部分共生或伴生矿产的浪费。湖北省中贫矿多，而且矿石质量差。此外由于矿石难选、品位低或共、伴生矿不能综合回收等原因，有些矿产还难以开发利用，如稀土、硒、汞、硒等矿产。

2）矿产资源开采现状

2015 年湖北省开发利用矿产资源 104 种，以非金属矿产为主，共计 84 种，占开发矿产总数的 80.77%；其中建材及其他非金属矿产占开发矿产总数的61.54%。已开发利用的金属矿产 13 种，占开发矿产总数的 12.50%；能源矿产与水气矿产共计 7 种，占开发矿产总数的 6.73%（表 2-7）。

---

① 数据来源：湖北省矿产资源储量表（2015）、中国矿产资源年报（2015）。
② 数据来源：《湖北省矿产资源年报》（2015）、《湖北省矿产资源年报》（2017 年）。

表 2-7　湖北省 2015 年开发利用矿产资源统计表

矿产类别/种数	矿产名称/种数
水气矿产 (2)	地下水、矿泉水
能源矿产 (5)	煤、石煤、石油、天然气、地下热水
黑色金属矿产 (4)	铁矿、锰矿、钛矿、钒矿
有色金属矿产 (6)	铜矿、铅矿、锌矿、钨矿、钼矿、铝土矿
贵金属矿产 (2)	金矿、银矿
私有分散元素矿产 (1)	锶矿（天青石）
建筑材料及其他非金属矿产 (64)	石墨、工艺水晶、硅灰石、滑石、长石等
冶金辅助原料矿产 (9)	普通萤石、熔剂用灰岩、冶金用石英岩、铸型用砂、冶金用脉石英等
化工原料非金属矿产 (11)	硫铁矿、重晶石、电石用灰岩、化工用白云岩、化肥用石英岩等

2015 年湖北省共有 1338 个上表矿区，其中上表矿产地 1983 个，732 个矿区已开发利用，已查明资源储量矿区总数的 54.71%。开采矿区 504 个，停采矿区 221 个，闭坑矿区 7 个。本研究通过查明资源储量中利用资源比重衡量矿产资源开发利用强度，并通过矿产资源开发利用强度间接衡量湖北省主要矿产资源的保障程度。据 2015 年储量表[①]，资源利用率达 90% 以上的主要矿种有煤炭、锰矿、铜矿、钨矿、伴生金、伴生银、普通萤石和伴生硫（表 2-7），表明湖北省锰矿、铜矿和钨矿等需加大勘查力度，增加矿山接替资源储量。铁矿资源储量去除高磷铁矿后，也面临矿山资源枯竭的困境，需加大勘查力度，保证矿山资源供应。湖北省优势矿种磷矿、芒硝和盐矿资源储量充足。

3）矿产资源开采存在的问题

湖北省矿产资源开采存在的问题主要是：①磷矿等优势矿产资源总量调控效果不佳，磷矿的总量控制指标超标。主要原因有磷矿在宜昌、襄阳、荆门、神农架等地属于主要开发矿种，各地发展经济的积极性高。此外部分企业产能过大，已形成生产惯性。②部分矿产矿山后备资源严重不足，特别是对湖北省国民经济产生重要影响的石油、煤、铜矿、铁矿、硫铁矿等资源。③矿业开采结构急需调整。大中型矿山企业比例偏低，虽然目前矿业开发秩序有所改善，但磷矿、水泥用灰岩、煤、重晶石等矿产还存在大矿小开、一矿多开现象，导致资源浪费和无序竞争。湖北省矿产资源利用方式粗放，高附加值、深加工矿产品偏少，矿产品结构不尽合理。例如湖北省磷矿资源储量及开发利用量多年居全国前列，但其磷化工产品是以磷矿粉、普钙、钙镁磷肥等初级低端产品为主，反而高效磷肥、复

---

① 来源：《湖北省总体矿产资源规划》（2016—2020 年）。

合肥和磷精细化工产品等高端、高附加值的加工品种少，比例低。④资源利用率低。湖北省大多数矿山属于小型矿山，小型矿山由于规模小、投入少、设备落后等原因，导致资源利用率低。例如虽然宜昌磷矿以中低品位矿石为主，其选矿工艺技术已较为成熟，但由于生产成本仍较高，部分矿山企业为追求经济效益，只开采中部富矿层矿石直接销售，导致上、下贫矿层在目前采矿技术条件下无法回收，致使其资源利用率低。2006～2015 年，湖北省矿产资源综合利用情况整体有所改善，但正常生产矿山的利用率仍不足 30%[①]。⑤地质环境问题凸显。开采矿种的不同会造成不同的地质环境问题。例如非金属矿产资源开发容易造成采空区塌陷、地质灾害、植被破坏等问题，金属矿山开发最大的问题是尾矿的堆存及处置问题。⑥"三废"持续增加，治理任务量大。"三废"是指废水、废气、废渣，矿产资源开发过程中的主要废弃物是废水和废渣。2004 年底—2012 年底期间，湖北省废水废液排放量由 16736.7132 万 m^3/a 增长到 23090.23 万 m^3/a，年均增长率 4.75%；湖北省尾矿的产出量由 2651.4244 万 t/a 增加到 4188.17 万 t/a，年均增长率 7.24%；累计积存量由 76697.7963t 增加到 91345.52 万 t，年均增长率 2.39%。

2. 生态化转型实践

2010 年，湖北省政府发布实施《湖北省矿产资源总体规划（2008—2015 年）》，实行最严格的资源管理政策和制度，进一步促进矿产资源开发利用方式的根本转变，确保资源的合理开发和有效保护。2014 年，湖北省国土资源厅印发《关于加强矿产资源节约与综合利用促进矿业转型升级的指导意见》，进一步加强矿产资源节约与综合利用工作，促进矿业转型升级，推动生态文明建设。《湖北省矿产资源总体规划（2008—2015 年）》实施以来，生态化转型的实践主要有以下几方面。

（1）矿产开发布局更加合理。开发利用结构不断优化，大中型矿山比例由 2008 年的 3.33% 提高到 2015 年的 6%，规模化开采水平不断提升。总量调控制度得到实施，铁铜金等短缺矿产开采量保持稳定或有所增长，磷矿、岩盐、石膏及水泥用灰岩等优势矿产开采规模较快增加，培育了宝武钢铁、大冶有色、湖北三鑫、古城锰业、湖北宜化、兴发集团、湖北洋丰、黄麦岭磷化等具有较强实力的资源型企业，形成"三大矿业走廊"（武汉—鄂州—黄石冶金、建材走廊，云应—天潜—荆州盐化工走廊，荆襄—宜昌磷化工、建材走廊）和"七大矿业基地"（黄石—鄂州冶金、建材基地，云梦—应城盐化工、石膏生产基地，潜江石

① 来源：湖北省矿山年报（2006—2015 年）。

油生产基地，宜昌磷矿、建材生产基地，黄麦岭磷化工基地，荆襄磷矿基地，荆门—当阳建材基地）。矿业经济区建设有序推进，资源枯竭型城市可持续发展能力不断增强，矿业经济发展迈上新台阶。

（2）资源利用水平显著提高。完成煤炭、铁、铜、磷等 12 个矿种的"三率"调查与评价工作，基本摸清重要矿种的采选及综合利用技术现状。重点开展低品位、共伴生、难选冶矿产及尾矿资源的综合利用，部署矿产资源节约与综合利用"示范工程"项目 18 项，启动湖北宜昌中低品位磷矿和鄂西地区宁乡式铁矿等 2 个矿产资源综合利用示范基地建设。积极研发推广先进适用技术，建立湖北省矿产资源节约与综合利用先进适用技术项目库和专家库，5 项先进适用采选技术工艺入选国土资源部技术推广目录。

（3）矿山环境治理不断加强。在大冶市实施了国家级矿山地质环境监测示范区项目。黄石市被确定为工矿废弃地复垦利用试点单位，之后三年复垦利用工矿废弃地 3 万亩，并探索出 13 项技术规范和管理制度。"矿山复绿"初见成效，先后有四批 32 家矿山获批国家级绿色矿山建设试点单位、4 家矿山获批为国家"三型矿山"。

（4）矿产资源管理逐步规范。全省矿业权整合基本到位，"大矿小开、一矿多开"现象得到遏制，矿业开发秩序有效扭转。推进重点矿区生态文明建设，出台相关政策支持远安县打造"中国生态磷都"。

2015 年，继宜都市纳入全国首批 5 个独立工矿区试点后，黄石铁山区获批国家独立工矿区，获中央资金 6248 万元。铁山区有省属及以上大型矿山企业，资源开采时间长，历史贡献大，当地经济社会对矿产资源的依赖大。随着资源的逐步枯竭，将对城市经济、就业、财政收入等带来巨大影响，长期积累的民生、环境、地质灾害等问题突出。因此，铁山区被纳入独立工矿区对于该区域的生态化转型发展具有重要意义。

此外需要重点说明大冶铁矿生态化转型发展的问题。大冶铁矿矿区位于湖北省黄石市铁山区，矿区面积 11.83km²，大冶铁矿开采历史悠久，最早可追溯到三国时期吴黄武五年。2006 年大冶铁矿申请国家危机矿山找矿项目，获得中央财政资金 1740 万元，增加矿产资源储量 2300 余 t。深部开采建设项目计划总投资 5.47 亿元，2012 年 8 月该工程经申报成为国家发展改革委员会、工业与信息化部的产业振兴和技术改造项目，列为 2012 年中央预算内投资计划，获得专项资金 5476 万元。目前主体工程已竣工，根据《武钢资源集团有限公司"十三五"发展规划》，2019 年、2020 年采出原矿均为 135 万 t/a，生产铁精矿为 67.5 万 t/a、矿山铜 3800t/a，2021 年及以后采出原矿 150 万 t/a，生产铁精矿为 80 万 t/a、矿山铜 4200t/a。

大冶铁矿在绿色矿山建设方面所做的工作主要有：①矿区环境治理自 1958

年建成以来，先后复垦排土场 366 万 m²，形成了亚洲最大硬岩绿化复垦生态林。
2012~2020 年土地复垦工作分两期进行，到 2020 年使土地复垦率达到 80% 以
上。大冶铁矿现已复垦面积达 4.55km²，占可复垦面积的 68.89%，每年可吸收
二氧化碳约 16.6 万 t，释放氧气 12 万 t，有效改善了矿区乃至铁山区的空气质
量，矿区二级空气质量优良率达 89%。为确保尾矿库闭库的稳定，对库区
0.67km² 荒滩全部进行绿化复垦，形成了环绕矿区的生态防护林。此外，大冶铁
矿共整治水土流失面积 183417.6m²，共拦蓄弃渣 69.72 万 m³，占运营期弃土石
渣的 100%。采取植物措施面积 181216.59m²，植被恢复系数达到 98.8%，植被覆
盖率达到 20% 以上，植被的增加改善了当地的小气候，使湿度进一步加大，地下水
位有所提高。②绿色开采工艺，采用承重抗滑链，局部灌浆加固分层回填、土地垦
复与搬迁避让相结合对采空区地面变形地质环境进行治理。井下采矿作业采用尾砂
胶结充填工艺，对地下采出资源的空间进行充填，实施矿山"无废"开采，有效
避免了地表塌陷等地质灾害的发生，保持了矿山原有的地形地貌及生态原貌，保证
了矿山公园的"旅游功能"，实现了"采矿"与"看矿"的有机结合。③矿山公园
开发。大冶铁矿自筹资金 1 亿多元，建成全国第一家国家级矿山公园，被国家选定
为第二批绿色矿山试点单位，实现了工业生产与工业旅游的协同发展（图 2-16）。

图 2-16　黄石国家矿山公园

大冶铁矿深部开采工程 2019 年 5 月投入试生产。在试生产之前，大冶铁矿曾委托相关机构做过环境影响、生产过程和地质灾害安全风险等分析，若投产后采取环保措施，项目运营期间对本区生态环境质量影响较小。

2014 年，湖北省政府批准黄石市磁湖风景名胜区规划范围扩大（其中包括矿山公园核心景区）。2018 年 7 月根据《省人民政府关于发布湖北省生态保护红线的通知》和《省环保厅省发改委关于印发湖北省生态保护红线划定方案的通知》文件的精神，将磁湖风景区正式划入生态保护红线范围。按生态保护红线要求，大冶铁矿将面临停产、破产的局面，将导致以下情况：①造成国有资产闲置和流失。若因采矿停止必将导致国有资产的全面闲置。②造成国家资源损失和浪费。深部探明的 2300 余万 t 优质矿石资源将无法开采，损失产值约 100 亿元。③造成社会不稳定。如果深部开采停产，大批职工面临失业，他们和家属失去生活来源，将给社会带来极大的不稳定因素。④进口铁矿量增加，增加进口必将对我国经济产生负面影响。因此，大冶铁矿是否应被划入生态红线范围需要从多方面考虑。党的十九大报告在谈到加大生态系统保护力度时就提出，完成生态保护红线、永久基本农田、城镇开发边界三条控制线划定工作。这三条控制线旨在推动经济和环境可持续与均衡发展。而且，一个重要的事实是矿山公园能纳入磁湖风景区，并不是因为其具有生态红线范围所赋予特殊的重要生态功能（如自然保护区、国家级水产种质资源保护区等生态功能极重要区和生态环境敏感区），而是开采活动造成生态环境改变，形成的规模宏大类似自然界鬼斧神工般的"天坑"。

3. 典型循环产业链

湖北省矿产资源开发利用循环产业链包括以矿业为龙头的工业共生、以煤炭为核心的联产形势、各种金属矿业的共生以及生态工业园发展模式。

1）以矿业为龙头的工业共生

矿石采掘、选矿及冶炼三个环节的衔接，可以形成矿业的共生模式，即矿石采掘、选矿、冶炼之间构成一条"食物链"，该链条与其他行业生产企业之间存在较广泛的"食物网"关系，形成一种工业共生模式。

湖北省磷矿资源以及磷矿的生产、加工能力位居全国前列，形成了以荆襄化工集团公司、黄麦岭化工集团公司、国投原宜实业公司、湖北兴发化工集团公司为主体的磷肥及磷化工产品生产基地。湖北黄麦岭磷化工集团公司依托磷石膏制硫酸，形成磷铵配套硫酸，化肥共生模式。利用生产磷铵排放的磷石膏废渣制造硫酸，硫酸又返回用于生产磷铵。既有效地解决了废渣磷石膏堆存占地、污染环境、制约磷复肥工业发展的难题，又开辟了硫酸新的原料路线，减少了温室气体的排放。同时建成全国首套利用硫铁矿废渣生产球团矿的装置。

2) 以煤炭为核心的联产形势

不少煤炭企业（集团）制定并实施了新的发展策略，以煤炭资源为核心，选择先进适用技术，通过洁净煤利用和转化技术的优化集成，实现能源化工的联产、洁净。形成了煤-电、煤-电-化煤-电热-冶煤-电-建材等发展模式，有效提高了资源利用效率，降低了成本，从而达到经济和环境效益的最佳。由于湖北省煤炭资源有限，所以此类企业主要是利用型，而不是开采型企业。

3) 各种金属矿业的共生

以黑色冶金矿业生产为例，矿石采掘到冶炼的"食物链"为：铁矿石采掘-选矿-烧结-炼铁-炼钢。矿石采掘、选矿、烧结、炼铁、炼钢及与其他行业间的横向"食物网"关系：烧结、炼铁和炼钢的除尘灰均可作为烧结生产的原料；在保证高炉冶炼质量的前提下，增加冶金废物-钢渣、含铁尘泥、瓦斯灰和轧钢铁皮等的使用量。在矿山采选、冶炼加工、化工产业形成具有循环经济特点的循环圈，并由此构成了矿产产业大循环圈，具有代表性的是大冶有色金属公司。

4) 生态工业园发展模式

湖北省生态产业园模式的代表是大冶有色金属为核心的生态产业园，其五条关键的产业链如下。

(1) 矿石-铜精矿-冰铜-粗铜-阳极铜-电解铜-铜材加工产业链。作为大冶铜生产的传统产业链，也是主产业链。目前大冶有色已经完全具备了从精矿到铜材的生产能力，但从产业链的两头来看，为了增强铜产业抗风险能力，进一步提高铜产业的生产效能和经济效益，应该增强作为产业链补链企业的矿石和铜材加工环节的能力。

(2) 矿石-铜精矿-阳极泥-金银提取-分铜液净化渣-铂、钯、硒、锡提取产业链。本产业链为铜冶炼过程中产生的阴极泥处理和资源化的产业链。该产业链的形成不但提高资源的循环利用率，而且取得了可观的经济效益，并有助于园区环境的改善。随着稀贵金属应用范围的扩大和市场的不断开拓，这条产业链在园区的发展中将发挥越来越重要的作用。

(3) 矿石-铜精矿-烟气-浓硫酸-磷胺复合化肥产业链。本产业链为铜冶炼过程中废气处理和资源化的产业链。该产业链的形成，既可以减轻环境污染，又能利用烟气中回收技术生产浓硫酸，为企业创造新的产值。

(4) 矿石-铜精矿-烟气-砷滤饼-三氧化二砷。本产业链为废气制酸过程中废物处理和资源化的产业链。该产业链的形成不但解决目前砷滤饼对环境污染的问题，而且每年可从含砷废渣中提取高品质的二氧化二砷，创造了很好的环保效益和社会效益。

(5) 烟气-废热锅炉回收余热-蒸汽-余热发电。这是园区的能源供应和使用链条。铜冶炼过程中产生的烟气通过废热锅炉回收余热，产生的蒸汽用于发电，电力再用于园区的生产环节。

由于湖北交通的便利，应将湖北省优势产业囊括在内，发展包括其他行业和产业在内的区域循环，构建区域循环网络，形成虚拟的空间网络结构，在时空观里并存和发展，形成矿产资源开发利用的大循环。

4. 生态化转型对策

矿产资源开发利用应按照生态开发、保护优先、节约利用、绿色发展的原则进行布局安排，严格矿产资源开发生态空间管控、转变矿产资源开发方式、加强矿山地质环境保护、促进矿产资源节约集约利用、全面建设绿色矿山与矿业集群发展，形成绿色矿业开发格局。

（1）矿业转型升级与绿色发展，首先开发利用结构调整，严格矿山最低开采规模标准，调整规模结构。整顿关闭非法违法开采、不具备安全生产条件、污染破坏生态环境以及工艺技术装备落后、不符合产业发展政策的各类小矿山。加强产业链的延伸、拓展和耦合，优化产品结构。加大技术投入，加快技术创新，大力开发铜、金红石和稀土等矿产资源及其深加工产品，合理利用银、钒、铌稀土、钛、锂等资源，延伸有色金属加工产业链。依托重大项目，兼顾精准扶贫，推进结构调整。其次，矿产资源节约与综合利用。鼓励高效综合采选，提高矿山"三率"水平。推进资源化利用，减少矿山"三废"排放。加快再生资源回收，提高金属再生比例。推广先进适用技术，健全科学标准与考核体系。健全激励与约束机制，强化监督考核。最后，绿色矿山与绿色矿业发展示范区建设，推进矿产资源绿色开采和清洁利用。

（2）矿山地质环境保护与治理恢复及矿区土地复垦。首先，矿山地质环境保护，加强矿山地质环境调查与监测。完善源头管理与过程监管，强化保护预防。强化矿山地质环境保护政策支持。其次，矿山地质环境治理恢复。明确矿山地质环境治理恢复主体责任，创新矿山地质环境治理恢复模式与机制。最后，矿区土地复垦。严格实施土地复垦制度，采取有效措施，最大限度地减少矿业活动破坏土地面积、降低破坏程度，建立土地复垦监测和监管制度，努力实现边开采、边保护、边复垦。

（3）建设一些重大工程。首先，矿产资源开发利用与保护工程，如铁铜金等紧缺重要矿产，磷、盐、饰面用石材等优势特色矿产，优质石墨、铌稀土、钛等战略性新兴产业矿产。加强鄂西高磷赤铁矿和银钒矿的选冶技术攻关，稳定大中型矿山生产能力。其次，建立矿产资源节约与综合利用示范试点，并加强推广应用。最后，建立矿产资源绿色开发与收益共享工程，推进绿色矿业发展示范区建设。

（4）矿产资源管理改革。首先，完善矿产资源产权制度改革。健全矿产资源资产产权制度，完善矿产资源有偿使用制度，完善矿业权竞争出让制度。其次，构建矿产资源开发收益共享机制。项目向贫困地区倾斜，实施一批地质灾害、矿山地质环境治理项目，改善贫困地区地质环境质量。在有条件的贫困地区，支持开展历史遗留工矿废弃地复垦利用试点。开展矿产开发收益共享试点。选择部分贫困县开展矿产资源绿色开发、收益共享、精准扶贫、整县推进试点。最后，健全矿产资源开发利用监管体系。推进矿业权审批制度改革试点。完善矿产资源勘查开发监管网络。创新矿产资源开发利用监管方式，实行矿产资源勘查开采年度信息公示制度、随机抽查和举报受理制度、实地核查和结果公示制度，实行矿业权人失信行为联合惩戒和信用分级监管制度。

（五）磷化工行业

1. 产业发展概况

十年来，湖北省磷化工产业合理开发和利用磷矿资源，积极推进应用新技术，大力发展循环经济，延伸产业链，实现了磷矿资源整合与磷化工产业发展齐头并进的良好局面。全省磷化工产品的产值也由"十五"末的70多亿元增加到"十一五"末的300多亿元，年均增长率超过30%。

发展磷化工首先从治理磷矿开采乱象开始。湖北省政府为此专门制定出台了《湖北省磷化学工业2006—2015年发展规划》《湖北省磷矿资源规划》，旨在加大中低磷矿资源开发利用力度，提高磷资源加工利用效率，鼓励企业贫富兼采，禁止私挖滥采、采富弃贫，使磷矿资源进一步向大型重点磷化工企业和优势企业集中。同时，加大磷矿准运管理力度，严格限制磷矿石出口，合理调节磷矿产品流向，对现有磷矿开采企业进行清理与整合，为全省磷化工可持续发展提供资源保障。

据湖北省磷化工市场管理委员会办公室主任、湖北省磷化工协会秘书长黄文俊介绍，近年来，通过资源整合，全省矿山总数由整合前的146家减少到88家，磷矿资源开发小、散、乱现象有了明显改善，矿产资源开发利用水平得到提高，全省磷矿开采回采率由60%提升到80%。

为了支持磷化工的发展，在政策上也提供了保障。《关于加快全省化肥产业结构调整促进转型升级的意见》《关于印发湖北省化肥产业结构调整和转型升级工作实施方案的通知》等政策接连下发，鼓励开发中（微）量元素肥料、缓控释肥、生物化肥等高端化肥品种，适度发展硝基肥料、熔融磷钾肥料等多元肥料品种，严格控制新建磷铵、普钙、低浓度复混肥等化肥项目。

有了政策的保驾护航，湖北一批优势骨干磷化工企业迅速成长壮大，企业的整体实力和创新竞争力明显增强。主营业务收入过百亿元有湖北宜化，30亿～

100 亿元企业有兴发、洋丰、东圣、三宁等，10 亿～30 亿元企业有鄂中、祥云、华强、黄麦岭、新都、大峪口，过亿元的企业数达 200 家。

其中，湖北三宁化工股份公司利用华中师范大学湿法磷酸精制技术建设的一套年产 1 万 t 规模工业化装置，自 2011 年 11 月投运以来效果良好，日产精制磷酸 40～43t。该项目主要以中低品位磷矿石为原料，生产的工业级 85% 磷酸质量完全可与热法磷酸媲美，而综合能耗只有热法工艺的 50%、成本仅为热法工艺的 80%。该技术的成功应用，打破了国外公司对湿法磷酸精制技术的垄断。

作为全国磷化工领军企业的兴发化工集团依托优势资源，大力发展精细磷化工，积极开拓国内外市场，形成了产品、市场、资源三位一体的组合优势。兴发还在湖北兴山、保康、神农架、宜昌以及云南、广西、重庆、江苏等地建起了规模化生产基地，年生产能力 150 万 t，50% 以上的主导产品出口亚、欧、美、非等 35 个国家和地区，同多家世界 500 强企业建立了战略合作关系①。

湖北省磷矿资源储量、磷化工产品产量均居全国第一，是国家确定的磷复肥基地、精细磷化工基地。"九五"以来，湖北省磷化工产业快速发展，在合理开发和利用磷矿资源、积极推进应用新技术、大力发展循环经济、提高产品附加值等方面取得了较好的成绩，为湖北省经济腾飞做出了重要的贡献。

1）磷矿储量及开发现状

湖北省磷矿资源储量大，截至 2017 年 1 月，已探明磷矿储量超过 60 亿 t，占全国磷矿总探明储量的 25%。湖北省的磷矿资源分布于宜昌、荆门、襄阳、神农架、恩施、十堰、孝感、黄石及黄冈等地，主要集中在宜昌、荆门、襄阳、神农架 4 个地区，这 4 个地区的磷矿资源储量约占湖北省磷矿资源储量的 95%。

目前，湖北省磷矿核查区有 95 个，保有资源储量约 50 亿 t。其中大型磷矿核查区 19 个，占 20%；中型磷矿核查区 40 个，占 42%；小型磷矿核查区 36 个，占 38%。其中大型磷矿核查区集中分布在宜昌、荆门、襄阳、孝感及神农架。湖北省磷矿资源的平均开发强度为 35.5%，开发强度高于平均水平的有 4 个地市，其中荆门开发强度最高，达到近 80%，神农架达到 70%，黄冈达 42%，襄阳为 39%。宜昌的磷资源储量居湖北省第一，开发强度仅为 22%，将成为湖北省磷矿资源开发的主要地区。

2）磷肥产业现状

2016 年湖北省磷肥产量 P_2O_3 602 万 t。除湖北黄麦岭磷化工有限责任公司（简称黄麦岭）、湖北祥云（集团）化工股份有限公司（简称祥云）及武汉中东磷业科技有限公司外，其他磷肥企业主要分布在宜昌、荆门、襄阳等地。湖北省

---

① 来源：环球塑化网。

仍保留少量过磷酸钙及钙镁磷肥生产厂家，总产量为 P_2O_3 150 万 t/a 左右，主要分布在荆门、钟祥地区。湖北省现有磷铵生产装置 24 套，P_2O_3 30 万 t/a 以上装置 8 套，15 万~30 万 t/a 的装置 14 套，生产能力 15 万 t/a 以上的装置的占湖北省的 91.7%。2016 年，湖北省磷酸一铵（实物）总产量 950.9 万 t，同比增长14.7%。其中湖北新洋丰肥业股份有限公司（简称新洋丰）、祥云、襄阳泽东化工集团有限公司、湖北鄂中化工有限公司、湖北三宁化工股份有限公司（简称三宁）产能位列全国前十。2016 年湖北省磷酸二铵（实物）产量 4886 万 t，同比增长 6.2%，湖北大峪口化工有限责任公司、黄麦岭、祥云、湖北六国化工股份有限公司、湖北东圣化工集团有限公司（简称东圣）、湖北宜化肥业股份有限公司（简称宜化肥业）、湖北楚星化工股份有限公司、宜都兴发化工有限公司湖北宜化松滋肥业有限公司（简称宜化松滋肥业）、三宁为主要生产企业，其中湖北大峪口化工有限责任公司磷酸二铵（实物）产量 100 万 t，占湖北省磷酸二铵总产量的 20.5%。另外，2016 年湖北省过磷酸钙、钙镁磷肥总产量为 PO 325 万 t左右。

湖北省年消费磷肥 P_2O_3 60 万 t，占全省磷肥产量的 10%，其余磷肥产品供应国内其他地区和出口。湖北省是我国磷肥出口的主要地区之一，2016 年祥云和新洋丰磷酸一铵（实物）出口量分别为 35.1 万、18 万 t，分别占全国总出口量的 174%、89%；宜化肥业、宜化松滋肥业、宜化化工共出口磷酸二铵（实物）65 万 t，占全国总出口量的 96%。

3）磷酸盐产业现状

湖北省磷酸盐产业生产能力、产品品种和质量均居全国领先地位，主要产品有黄磷、热法磷酸、三聚磷酸钠、六偏磷酸钠、有机磷农药等，其中，三聚磷酸钠、六偏磷酸钠、次磷酸钠、有机磷农药产品的规模和产量均居全国第一。湖北兴发化工集团股份有限公司（简称兴发）是我国磷酸盐的主要生产企业，其生产的磷酸盐品种和规模居全国前列，部分技术在国内处于领先地位；武汉无机盐厂的工业级、食品级磷酸盐具有一定优势；南漳龙蟒磷制品有限责任公司饲料级磷酸氢钙产品规模居湖北省第一。湖北省是我国工业磷酸钠盐的主产地，其中三聚磷酸钠、六偏磷酸钠产品产量均位居全国第一，近年来由于市场消费变化，产量有所下降。2014 年，湖北省共生产工业磷酸盐 41 万 t，其中 75% 的是钠盐产品，在钠盐产品中食品级钠盐占 2.5%。2014 年湖北省出口工业磷酸盐产品 14万 t，占总产量的 34%。湖北省磷酸盐产品出口量占全省磷化工产品出口总量的6.15%，占全国磷酸盐出口总量的 10.45%，出口额占全省磷化工产品出口总额的 12.87%，占全国磷酸盐产品出口总额的 14.98%。从湖北省的磷酸盐出口品种来看，主要为钠盐产品，且钠盐产品出口量占全国钠盐出口量的 37%；钙盐出口量占全国钙盐出口量的 6.7%，磷酸及其他产品的出口量占全国磷酸及其他产品出口量的 2.7%。湖北省在钙盐的出口上具有一定的优势。

4）湖北磷化工产业存在的问题

（1）磷矿石总体品位偏低，开采成本增加。湖北省已探明的磷矿资源储量中，中低品位磷矿多，最高品位为 $v(P_2O_3)$ 37.45%，最低品位为 $u(PO_3)$ 10.32%，平均品位为 $v(PO_3)$ 20.54%，磷块岩中品位 $u(PO_3)$ 大于30%的储量仅为该类矿床保有资源储量的8.1%。由于有害杂质多，磷矿开采难度大，再加上技术落后，磷矿资源采富弃贫现象严重，磷矿品位日渐下降，选矿技术研发与开采成本加大。

（2）基础磷化工产能过剩，产业结构亟待优化。基础磷化工技术与装备在湖北省逐年推广和应用，造成产品同质化严重，其中磷肥、三聚磷酸钠、饲料级磷酸氢钙等产能严重过剩。2014年湖北省共消耗磷矿石约2100万t，其中磷铵生产耗磷矿900t，磷肥生产耗磷矿占磷矿总消耗量的90.5%。功能性、专用化高端精细磷化工产品欠缺，磷化工行业整体呈现出低端过剩、高端不足的结构特点。

（3）环境保护压力大，资源综合利用有待加强。随着国家提出长江流域"共抓大保护，不搞大开发"的建设思路，湖北省实施了《推进长江经济带生态保护和绿色发展的决定》，沿江1km内严禁布局重化工企业。湖北省磷化工企业多在沿江地带，在黄磷尾气处理、回收磷泥中元素磷、磷石膏堆放及综合利用等方面面临严峻的环保形势。

2. 生态化转型主要做法及成效

湖北宜昌磷化工企业多、分布广，业务以磷矿开采或低层次化工产品销售为主。磷化工企业之间竞争压力大和现有产品附加值低的问题成为宜昌磷化工产业集群发展的重要制约因素。丰富的磷矿资源，让宜昌拥有了我国最早的磷酸一铵和黄磷生产企业，形成了磷化工产业链，化工产业也成为宜昌首个产值过千亿元的产业。与此同时，当地生态环境出现恶化，环境治理任务不断加重。

宜昌市决定实施《化工产业专项整治及转型升级三年行动方案》，提出在2019年底长江及其支流岸线1km范围内所有的化工企业装置'清零的目标，实现1km"留白"。2017年，宜昌市化工产值占工业比重，由2016年的30.6%下降到了19.8%。

宜昌市政府坚定地认为，在面临生态环保这个突出短板的严峻考验时，必须把保护放在优先位置。"清零"背后，不是对化工企业一关了之、一搬了之，而是规划建设宜都、枝江两个高标准专业化工园区，引导产业集群集约发展，推动企业向高精尖、向绿色循环化转型升级。

化工产业转型升级，不仅带动宜昌产业格局变化，生态状况更是明显改善。宜昌白洋断面，长江在这里拐了一个S形弯。2017年长江、清江等重要河流，宜昌水域国考断面水质全面达标，该市环境空气质量优良天数，提高了 3.2%。宜昌正以长江一级支流为主体，推进 11 条 187km 黑臭水体综合整治，取缔长江干线及支流非法码头 151 个，修复生态岸线 41km，关停沿江排污口 26 个。

兴发集团是全国最大的精细磷化工企业。近两年，兴发关停了临近长江的 22 套总价值 12 亿元的生产线，腾出了 900 多米长江岸线。厂房虽在拆，发展并未停步。兴发的产业结构由单一磷化工向盐化工、硅化工延伸。兴发集团充分利用磷、硅、盐等化学产品间共生耦合关系，使每一道工序的产品和副产品都能成为下一道工序的原材料，有机硅原材料就源于生产草甘膦的副产品氯甲烷，同时生产有机硅的副产品盐酸也将回炉用于生产草甘膦。通过循环化改造，目前园区内企业固废综合利用率达 100%，尾气综合利用率超过 98%，工业水重复利用率达 90%。

兴发集团的嬗变只是宜昌狠抓长江大保护、实现经济高质量发展的一个缩影。围绕长江经济带发展"辩证法"改革指引，宜昌市正确处理"质和量、产和城、内和外、发展和民生、发展和保护"的关系，打出理念、动能、结构、效能、机制"五个加速转换"组合拳，做好"加减乘除"法，加快产业转型升级、新旧动能转化。

宜昌设立 10 亿元化工产业转型升级引导基金，引导企业实施技术改造，全力搞好员工转岗安置和社保接续工作。一年来，全市强力推进 134 家化工企业"关改搬"，首批依法关停 25 家化工企业。关闭矿山等 206 家，关停规模以上磷矿开采企业 29 家，压减磷矿产量 70 万 t。企业内实现小循环，区域产业链实现大循环。宜昌编制出台《化工产业绿色发展规划》《化工产业项目入园指南》，分类整治 10 多个化工园，当地还引进中国化工集团，将姚家港化工园区一次性建成智能化花园工厂，产业链大循环已见雏形。

与此同时，宜昌还出台了《长江大保护宜昌实施方案》，全面推进长江宜昌段生态修复和绿色发展。化工产业转型升级和长江生态大保护带动宜昌产业格局悄然变化，生态状况明显改善。

目前，宜昌正聚焦制度创新和产业发展，力争在政府职能转变、投资环境、法治建设等领域寻求更大突破，其中宜昌磷化工产业集群依托宜昌化学工业园、夷陵区化工园、宜都化工园和枝江化工园和兴山、远安县的磷化工产业条件，充分利用宜昌丰富的磷矿资源，鼓励"采选加工"联合体模式，稳步发展高浓度磷复肥，大力发展磷精细化工，突破性发展有机磷精细化工，形成较为齐全的磷矿采选、高浓度磷复肥、工业级、食品级、医药级、电子级磷精细化工产业集群。届时将建成全国重要的高浓度磷复肥和精细磷化工生产集中区。

3. 典型循环产业链

位于宜昌市东部的猇亭磷化工产业园拥有湖北宜化集团、兴发集团（宜昌精细化工园）和湖北三新磷酸公司等一批经济特色突出、规模效益良好的磷化工企业，是国内最大的磷化工产品基地（磷化工业园）之一。园区主要以磷矿为原料，生产磷酸和磷酸盐，尤其是六偏磷酸钠和三聚磷酸钠等多功能性的应用比较广泛的磷化工产品。其中，规模较大的特色磷化工产品包括食品级磷酸、磷酸钙盐、磷酸钠盐和焦磷酸盐等，可以作为营养强化剂和品质改良剂，满足食品加工产业需要。以黄磷为原料，开发有机磷工业助剂、有机磷农药和含磷药品等高附加值精细磷化工产品，也是该园区磷化工产业改造与发展的方向之一。磷化工产业在新型功能材料产业同样具有良好的应用前景。由于磷系化合物的结构多样性和广泛的应用性，使其在新型功能材料等高新技术产业的发展中扮演着越来越重要的角色。2007 年底，宜昌经济开发区被国家发改委等六部委批准为循环经济试点园区[①]。

1）园内企业以磷化工为主线的资源耦合与循环

（1）兴发集团宜昌精细化工园的"猇亭魔环"

兴发集团宜昌精细化工园始建于 2004 年，总投资 40 亿元，建成了年产 7 万 t 草甘膦、10 万 t 三氯化磷、万 t 亚磷酸二甲酯、5 万 t 甘氨酸、8 万 t 有机硅单体、1.5 万 t 110 硅橡胶、15 万 t 离子膜烧碱、1 万 t 漂粉精、5 万 t 片碱、3 万 t 电子级、食品级磷酸及 1.5 万 t 特种磷酸盐等项目。为了实现企业内部资源综合利用，企业对磷化工产业链进行了改造：以离子膜法烧碱生产过程中的主要产品氢氧化钠和热法磷酸技术制取的食品级磷酸为原料，生产六偏磷酸钠、三聚磷酸钠等食品级磷酸盐，磷酸钠盐与氟化钠进一步反应生产特种磷酸盐——单氟磷酸钠离子膜法烧碱生产中的副产物氢气和氯气作为电子级盐酸的原料同时氯气用于生产三氯化磷；氯气与乙酸反应制取氯乙酸；氯水与三氯化磷反应生产三氯氧磷；三氯氧磷与乙醇进一步反应生产磷酸三乙酯；三氯化磷与甲醇进一步反应得到亚磷酸二甲酯和氯甲烷；氯乙酸通过氨解法生产氨基乙酸；以亚磷酸二甲酯、多聚甲醛、氨基乙酸及烧碱工艺副产的盐酸等作为原料生产草甘膦；草甘膦和亚磷酸二甲酯的副产物氯甲烷和本地丰富的硅石用于生产有机硅。

兴发集团宜昌精细化工园以磷化工为主线，对企业内的产业链进行了改造，形成了以草甘膦、氯化磷、亚磷酸二甲酯和特种磷酸盐为主要产品的精细磷化工

---

① 程正载，王洋，龚凯，等. 磷化工资源耦合和循环利用——宜昌猇亭磷化工产业园循环化改造（国家）示范试点解析 [J]. 化工矿物与加工，2013，42（08）：34-38.

资源耦合与循环利用（图2-17），通过主、副产品的资源耦合，形成了独具特色的物质、能量梯级利用和产业共生耦合的循环发展体系，被国内专家和同行称之为"猇亭魔环"。

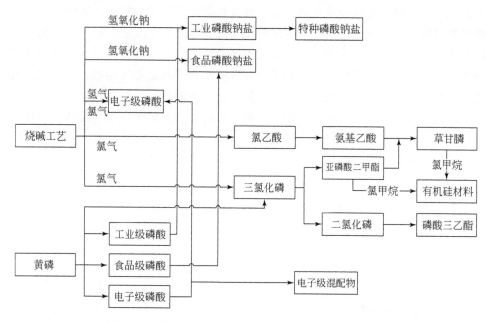

图2-17　兴发集团宜昌精细化工园磷化工资源耦合与循环利用

（2）湖北宜化的磷化工资源耦合与循环利用

湖北宜化是湖北省最大的化工企业，全国三大磷复肥生产基地之一。企业围绕循环经济的基本特征，充分依托现有合成氨、硫酸、磷酸的产能优势和磷矿采选技术优势，实现"煤、磷、盐"三大产业间的共生耦合，形成了以磷化工产业链、煤化工产业链、盐化工产业链为主链，副产品综合利用产业链为副链的"一主三副"循环经济产业链。

宜昌磷矿品位以中低品位居多，富矿较少，绝大多数是含硅钙镁的胶磷矿型矿石，选矿技术难度大。为解决磷资源开采、选矿、磷化工和固体废物处理等生产过程中的技术难题，通过自主研发的宜昌胶磷矿双反浮选选矿技术，改写了宜昌胶磷矿不能生产磷酸二铵的历史，大大提高了磷矿的利用率，从源头节约了资源。宜化集团以磷矿粉为原料，与硫酸反应。得到湿法稀磷酸经过浓缩后与氨发生中和反应，并通过多次浓缩提纯、干燥、筛分、冷却等工艺得到磷酸一铵和磷酸二铵；以尿素、碳酸氢铵、氯化铵、硫酸铵和液氨为氮肥原料，以过磷酸钙、重过磷酸钙、磷酸铵、磷酸二铵为磷肥原料，以硫酸钾和氯化钾为钾肥原料生产氮、磷、钾复合肥（NPK），年产量达到了10万t。磷精矿与硫酸制得磷酸。再与煤化工领域的合成氨生产磷酸一铵、磷酸二铵，还生产磷复肥。复合肥的氢钾工段副产的盐酸经盐酸解析产生 HCl，用来生产聚氯乙烯。磷酸生产中的磷石膏被送至水泥厂或其他建材厂用来生产水泥、水泥缓凝剂、石膏灰浆配料、石膏胶黏剂和石膏板材等石膏建筑材料。除充分发挥磷矿采选优势和湿法磷酸技术的产能优势以外，湖北宜化还对企业内部磷化工产业链进行了改造，对磷化工副产品以及废气、废热进行再利用；通过技术创新和设备更新，开发了三气回收技术和串级脱硫技术，建立了余热回收和发电装置，实现了高热能气体的回收利用，降低了一氧化碳、氮氧化合物、二氧化硫等有毒气体的排放。湖北宜化投资建设了三峡地区最大的污水处理站，达到了国家一级标准，实现了污水零排放。形成较为完善的磷化工产业链（图 2-18）。

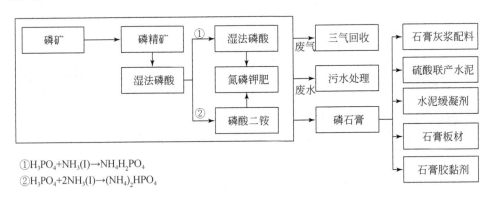

①$H_3PO_4+NH_3(I){\rightarrow}NH_4H_2PO_4$
②$H_3PO_4+2NH_3(I){\rightarrow}(NH_4)_2HPO_4$

图 2-18　宜昌磷化工资源耦合与循环利用

2）企业间磷化工资源耦合与循环利用

猇亭园区充分发挥磷矿资源优势和磷化工产业相对集中的优势。推进企业间资源和能源的有效利用，对磷化工产品及其副产品的产业链进行了延伸，以磷矿资源为连接点，结合园区内新洋丰肥业、兴发集团、湖北宜化和湖北三新磷化公司完成了企业间的磷化工产业链的构建，并实现了副产磷石膏在土壤改良剂、水泥缓凝剂、水泥和石膏板等产业的综合利用，使园区内二次资源得到了有效闭路循环和高效利用。有关物料平衡与物质流向示意见图 2-19。

从图 2-19 可以看出，湖北三新磷酸公司采用节能效果较好的窑法磷酸技术生产电子级磷酸和食品级磷酸，并以磷矿为原料，添加一定量的磷酸进行高温烧结脱氟，生产脱氟磷酸钙。兴发集团以磷矿为原料，生产电子级磷酸和食品级磷酸，食品级磷酸通过与纯碱中和、脱水、煅烧等工艺制取食品级焦磷酸钠、六偏磷酸钠、三聚磷酸钠。兴发集团另外一种中间产品三氯化磷，主要用于生产亚磷酸二甲酯和三氯氧磷。亚磷酸二甲酯与氨基乙酸进一步反应生产低毒除草剂草甘膦。三氯氧磷与苯酚进一步反应制取无卤阻燃剂磷酸双酚 A 四苯酯（BDP）。湖

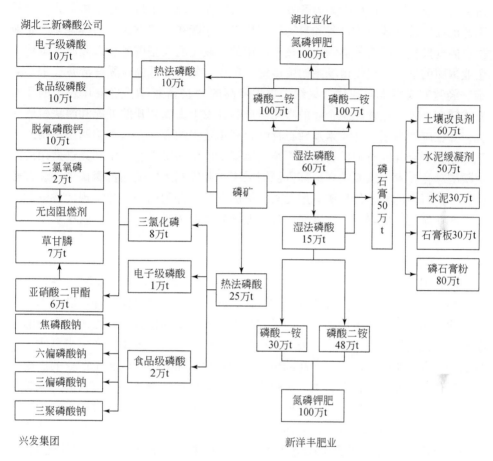

图 2-19　猇亭磷化工产业园磷化工资源耦合与循环利用

北宜化集团和新洋丰肥业都以磷矿为原料，采用湿法磷酸技术生产磷酸，磷酸进一步与液氨反应生产磷酸一铵和磷酸二铵，生产氮磷钾复合肥（NPK）。

4. 生态化转型对策

1）进一步提高产业集中度

湖北磷资源产业通过整合重组提高产业集中度，是构建"有序有偿、供需平衡、结构优化、集约高效"的磷资源开发利用新格局的先决条件和基本保障。政府只有在通过进一步提高行业企业的规模、技术、环境治理以及产业链的对接等市场准入条件的基础上，才能在磷矿的采选上广泛应用以信息技术和高效安全为特征的大型化、自动化、数字化、智能化的矿山设备和先进开采和选矿技术、方法；研究与推广磷矿资源开采后的采空区复垦绿化技术和采空区的二次开发利用研究，才能在磷矿选矿上大力开发应用高效环保药剂、多种流程结构形式、多种工艺流程以及高效节能设备和自动控制技术，才能在经营方式上助推磷化工企业生产的规模化、经营的集约化、技术应用的集成化的大型磷矿、磷复肥、磷化工企业集团的形成；促使市场结构由传统、粗放、集中度低的"采富弃贫，采易弃难"经营方式逐步向现代、集约、集中度高的"贫富兼采，全层开采"的经营方式转变，才能在磷化工企业的净化与产品开发上提高装置的产能和湿法磷酸净化，并在副产品氟、硅元素及磷石膏综合利用技术的方向发展下游的湿法磷酸加工工艺；研究开发对磷矿石适用于杂质范围更广的加工工艺技术和先进适用的湿法磷酸净化技术。从而实现提高资源回采率、开发利用中低品位磷矿采选，综合回收磷矿石中的共、伴生矿有用元素，提高资源综合利用率，并实现优势资源向优势产业聚集、优势生产要素向优势企业聚集资源配置导向，提高磷深加工产品的科技含量和附加值。

2）加快产业链的深化与广化

随着国家"循环经济、低碳经济"的发展，湖北磷资源开发利用将向集群化、循环化、精细化、高端化发展和产业链的横向扩展及纵向延伸。磷化工产业的深化就是产业链向上游和下游的延伸，产业价值链的提升主要受矿产资源的储备量、规模经济、生产工艺、技术和产品加工程度等生产要素成本因素制约，体现的经营方式是规模经济、产品的单一性和资源的循环化。磷化工产业的广泛化就是磷化工产业链的横向扩展。磷化工产业链与其他如煤、电、钢铁等产业链的融合发展，产业价值链的提升主要受知识、技术和磷矿伴生矿种等因素制约，体现的经营方式是范围经济、产品的多样性和生产绿色化。目前国际产业间的竞争正在由企业"孤岛"式的单一竞争逐渐转入产业链的横向和纵向一体化竞争。磷化工产业链上游延伸可以在一定程度上解决日益紧迫的资源约束瓶颈和生产原材料供给价格的稳定预期；磷化工产业链下游延伸可以解决产业发展所需资本的来源。凭借磷矿资源的储备和深度加工产品所带来高附加值，磷化工产业链可以在劳动密集型和资本密集型发展阶段取得纵向一体化竞争优势。但是随着磷矿资源的短缺和成本的上升，产业竞争逐渐体现为技术之外的伴生矿的综合利用以及产业间的融合与发展。伴生矿的综合利用，一方面可以开发新产品，形成产业链特色，另一方面可以提高矿石的综合利用率，减少要素成本。产业间的融合可以降低企业运输成本、交易成本和技术开发成本，提高企业的核心竞争力。

因此，湖北磷化工产业必须进一步尽快通过产业集聚，完善与延伸磷化工产业链，实现规模经济和循环经济，同时也必须通过技术开发与合作（兼并、收购和参股），加大对湖北磷矿伴生矿的开发与利用，形成特色产业，发挥范围经济优势，形成多产业体系构成的立体产业结构磷化工基地。

3）继续鼓励产业技术创新

技术是第一生产力，磷化工产业的技术创新不但可以加深产品加工度，提高产品附加值，而且可以提高磷矿资源综合利用率，减少环境污染；还可以提高磷矿回采率和采空区的矿山治理，延缓矿山开发周期；同时也可以形成行业进入壁垒，提高市场集中度。因此，在湖北建设资源节约型、环境友好型的背景下，磷化工产业的技术创新地位彰显得异常重要。

"九五"计划以来，湖北社会各界十分重视磷化工产业的技术创新，取得了突破性的进展。但是从湖北磷矿品位、伴生矿和共生矿特征，以及选矿、净化和已开发产品种类技术水平来看，与国外发达国家相比仍有较大差距。湖北磷化工产业在今后一段较长时期必须针对不同磷矿石种类，特别是针对湖北大部分是中低品位的胶磷矿的特性，按照"从低附加值向高附加值升级、从高能耗高污染向低能耗低污染升级、从粗放型向集约型升级"的原则，制定磷化工产业技术创新战略，大力研究开发以下产业链环节的技术。在磷矿的采矿环节，按照"以技术创新驱动转型升级、以培大扶强引领转型升级、以重大项目推进转型升级、以节能减排保障转型升级"的原则，确定湖北省磷矿采选、磷复肥行业、精细磷化工行业的重点发展方向。遵循优先整合磷资源，提高中低品位磷矿及伴生资源利用率；大力推进废物资源化利用，实现清洁化循环生产；严格市场准入，稳步发展新型磷复肥。提高技术创新能力，优化资源配置，以兼并、重组、联合来提高产业集中度，走资源节约、环境协调的可持续发展道路。在磷矿的选矿环节，一是要研究开发选择性高、专属性强、环境友好的高效浮选药剂；二是继续开展正反、反正浮选工艺的再研究和双反浮选工艺的研究与产业化；三是研究和应用磷矿选矿新型大型设备和成套设备集成技术；四是组合应用多种流程结构形式；五是联合应用多种选矿方法和工艺流程；六是重视和发展磷矿选矿深度杂质脱除技术；七是研究与开发低品位磷矿选矿和尾矿二次开发利用的技术。在磷矿的净化和新产品开发环节，应以发展精细磷化工产品及有机磷化工产品为主，开发以黄磷和热法磷酸为原料的深加工产品，加快发展阻燃剂、增塑剂、有机磷化工产品等，提高磷深加工产品的科技含量和附加值。同时，重点发展精细磷化工系列产品，如食品级磷酸、电子级磷酸、无机磷酸盐等，延伸产业链。支持湿法磷酸精制技术开发与利用；分级利用热法磷酸，逐步替代热法磷酸生产。

（六）建材行业

1. 产业发展概况

1）2017年全省建材工业经济运行特点

（1）生产增速明显放缓。2017年，全省建材行业增加值同比增长2.6%，低于全省工业4.8%，低于全国建材行业平均水平1%，增速处于"十二五"以来的最低点。

（2）产品产量有增有减。主导产品水泥产量1.11亿t，同比微增0.7%，略高于全国平均水平0.5%，产量位居全国第12位，较去年同期下降3个位次；水泥熟料产量5660.2万t，同比增长11.2%。平板玻璃产量8764.9万重量箱，同比增长4.5%，高于全国平均水平1%，产量位居全国第3位，下降1个位次。水泥排水管、夹层玻璃、玻璃纤维纱、花岗石和石膏板产品产量保持较高增速，分别增长8.9%、20%、10.5%、13.5%和11.4%，而石灰石、水泥电杆、钢化玻璃、卫生陶瓷产量则出现较大幅度下降，分别为-7.3%、-7.3%、-20.9%和-25.9%。

（3）主导产品价格大幅回升。2017年，全省建材产品均价同比上涨。其中水泥价格涨幅明显，12月底，以鄂州为代表的鄂东地区，强度42.5和32.5普硅（矿渣）水泥吨价分别为520元和460元，达到近三年最高水平，比年初分别上涨65.1%和61.4%。平板玻璃价格稳中有升，8月以来连续上涨，据瑞达期货发布的信息，武汉长利5mn浮法玻璃，12月28日现货报价1697元/t，达到全年最高峰，比年初上涨13.6%。

（4）经济效益稳中向好。2017年，全省建材行业完成主营业务收入同比增长6.6%，低于全国平均水平1.4%；实现利润同比增长10.3%，低于全国平均水平7.7个百分点。其中，水泥、平板玻璃行业利润同比增长50%以上。混凝土与水泥制品、技术玻璃、玻璃纤维及制品、非金属矿制品等行业效益也均表现良好。

（5）能效水平需进一步提高。2017年，全省规模以上建材工业消耗1070万t标准煤，同比增长4.73%，单位主营收入能耗同比下降1.8%。但水泥、平板玻璃行业为实现达标排放，增加投入环保设施和保障运行，产品单耗指标有所上升，其中，吨水泥综合能耗上升1.1%，每重量箱平板玻璃综合能耗上升10.3%。

2）供给侧结构性改革工作深入推进

（1）化解过剩产能持续推进。2017年，水泥和平板玻璃行业积极化解产能过剩矛盾，重点企业运行情况良好，产品价格回升，经济效益大幅增长，成效显著。一是设立产能顶板。经过摸底排查，湖北省经信委、发改委、环保厅、质监局和安监局联合开展了全省水泥和平板玻璃生产线情况排查，公开了全省水泥和平板玻璃企业生产线情况清单，设立产能顶板，接受社会监督。二是推进重点产业改造升级。淘汰拆除京兰水泥公司钱场水泥熟料生产线和武汉长利玻璃公司白沙洲两条浮法平板玻璃生产线，化解水泥熟料低效产能45万t、平板玻璃775万重量箱。在化解过剩产能的同时，积极推进水泥和平板玻璃行业骨干企业结合兼并重组、装备升级、新产品开发和退城入园开展产能置换，建设结构调整项目。公告了沙洋弘润建材有限公司建设日熔化量350t的先进汽车技术平板玻璃生产线、华新水泥新一代技术万吨水泥生产线、京兰集团公司配套协同处置和危废处理的新型干法水泥熟料生产线的产能置项目。三是严格执行能耗限额标准。在全省水泥行业开展能源消耗审核，依据能耗限额标准，在水泥行业执行阶梯电价，对12家能耗超标或未能提供原始生产能耗数据的水泥企业下达限期整改通知，对综合能耗超标的6家水泥企业执行阶梯电价。四是推行错峰生产。落实《国务院办公厅关于促进建材工业稳增长调结构增效益的指导意见》［国办发〔2016〕34号〕、《省人民政府办公厅关于促进全省建材工业稳增长调结构增效益的实施意见》［鄂政办发（2016）84号〕以及《关于进一步做好水泥行业错峰生产的通知》［工信部联（2016）351号〕工作要求，在全省水泥行业全面推行错峰生产。据不完全统计，2017年，全省53条水泥窑线累计停窑3500余天，测算减少熟料产量1221万t，减少燃煤消耗167万t。

（2）石材和陶瓷产业在倒逼中转型提升。受外部约束日益趋紧和产业内部结构调整需要，湖北省石材和陶瓷产业在倒逼中逐步由粗放式经营向绿色发展转型提升。石材工业加大矿山综合整治力度。从矿权整合、矿产资源节约与综合利用、环境保护、矿地和谐着手，把矿山污水整治、尾矿治理和复绿工程作为矿山整治的工作重点，建设绿色矿山。2017年全省花岗石产量4686万 m^2，较上年同期增长13.5%；大理石产量2530万 m^2，较上年同期持平。其中，麻城石材产业园已初具规模，并有望建设成为继福建水头之后国内最大的石材产业加工园。

陶瓷工业加强与国内外优势企业对接合作，加强节能减排，加快技术改造和质量品牌建设，行业技术水平和竞争力有较大提升。锦汇陶瓷与航天科工四院万峰公司合作，成功对陶瓷生产线进行智能化改造；与山东义科公司合作推广陶瓷干法制粉新技术的应用。目前，全省陶瓷行业拥有名牌产品已有18个，著名商标15个，有力地提升了全省陶瓷品质形象。全省陶瓷企业全部通过了环保部门的检查验收，企业产品单位能耗也稳中有降。以湖北豪山、润长佳陶瓷为代表的企业大胆尝试碳排放交易收到良好效果。同时，湖北当阳建筑陶瓷工业园在国内外考察论证的基础上，拟采用先进清洁煤制气技术，对陶瓷工业园集中供气。

（3）行业技术进步不断提升。水泥工业已全面普及新型干法熟料生产技术，高效粉磨、大布袋收尘、余热发电等先进技术及装备得到广泛应用，单线平均规模大幅提升。平板玻璃行业已基本普及浮法玻璃生产技术，全氧燃烧、余热发电、脱硫脱硝等先进生产装备广泛应用。先进的陶瓷薄板、功能陶瓷和高性能精确砌块等生产线投产应用，先进的轨道圆盘锯矿山开采装备、高效的绳锯、砂锯在湖北省石材开采和加工行业得到推广。

全省水泥和平板玻璃等重点行业，新型干法水泥熟料生产线和浮法玻璃生产线均建有余热发电机组, 57 条水泥熟料生产线和 16 条浮法玻璃生产线实施了脱硫脱硝技术改造工程。全省建材工业年利用和处理固体废物 5000 万 t, 约占全省工业利用量 80% 左右, 已运行和在建的水泥窑协同处置城市和社会垃圾生产线共计 26 条, 年处置能力达 400 多万 t。建材工业已经成为处理城市和社会生活垃圾、固体废物的重要支撑。

(4) 绿色建材产品推广应用取得进展。以节能门窗、节水洁具、保温材料等产品为切入口, 在全省砌体材料、保温材料、预拌混凝土、预拌砂浆、建筑节能玻璃、陶瓷砖、卫生陶瓷等类别开展绿色建材标识评价认定工作。健全信息采集、共享制度, 建立绿色建材产品动态管理目录, 不定期发布绿色建材评价标识、试点示范等信息, 普及绿色建材知识, 疏通建筑工程绿色建材选用通道, 引导绿色消费。截至 2017 年 12 月底, 已备案绿色建材评价标识评价机构 9 家, 申报绿色建材评价标识的生产企业 41 家, 获得绿色建材评价标识证书的企业共 11 家, 为绿色建材产品的推广应用发挥了积极作用。

(5) 优势骨干企业开拓国际市场成效显著。华新塔吉克斯坦亚湾水泥工厂、柬埔寨 3000t/d 水泥熟料生产线已投产; 华新水泥塔吉克斯坦胡占德项目、葛洲坝水泥哈萨克斯坦 2500t/d 水泥熟料生产线项目正在建设过程中, 华新丹加拉项目拟开工建设。

3) 存在的主要问题和困难

一是结构不优, 建材工业增长乏力。湖北省传统产业比重过大, 受市场和政策的限制增长有限, 建材新兴产业规模太小, 发展不够, 不足以支撑建材工业的持续快速增长, 造成 2017 年湖北省建材行业增长速度低于全省工业和全国建材工业的平均水平, 湖北省建材工业结构调整和新型产业培育的任务艰巨。二是生产要素成本上升, 行业竞争力偏弱。2017 年, 全省工业生产者购进价格同比上涨 8.3%, 增幅高于全国 0.2%。煤炭、天然气、纯碱等大宗燃原料价格上涨明显, 公路运输治超、长江沿线非法码头整治推高物流成本, 大量矿山关停砂石供不应求价格上涨, 造成湖北省建材企业生产成本上升, 竞争力下降。三是能源供应日益趋紧, 节能减排压力加大。湖北省建材工业能耗总量占全省工业能耗的 13.5%, 环保排放标准不断提高, 监管和督查力度不断加大, 建材企业作为高能耗和重污染行业面临节能减排压力不断加大, 企业投资和生产运营压力增加。

湖北建材工业发展持续向好主要得益于该省基础设施建设投资的强劲拉动。近年来, 湖北省凭借地处华中“天元”位置的地理优势, 抢抓国家实施中部崛起和长江经济带战略的发展机遇, 持续发力加快基础设施建设, 一大批铁路、公路、通用机场、桥梁、港口、地铁、城市综合管廊等重点工程项目陆续上马, 极大地刺激了水泥、砂石等建筑材料的市场需求。

另一方面, 水利“补短板”工程也成为带动湖北建材工业增长的重要因素。

据湖北省水利厅有关负责人介绍，近3年来，该省已先后投入近500亿元用于堤防、病险水库的整治工程和泵站建设。今年前5个月，该省水利"补短板"已累计完成投资139.5亿元。

除了上述几大因素，以房地产和其他制造业为主的产业投资增长也在一定程度上拉动了建材工业的增长。统计数据显示，2019年一季度湖北省产业用地出让数量共计1231宗，面积突破4万亩，缴纳土地出让金265.56亿元。从行业来看，制造业、房地产业的拿地面积居前两位，工业建筑和房地产领域的建材需求仍然旺盛。

2. 生态化转型主要做法及成效

1) 供给侧结构改革

近年来，湖北省建材工业不断深化供给侧结构性改革，以淘汰落后过剩产能和环保整治为主要抓手，着力提升和优化全省建材产业结构，大力发展新型绿色建材。截至目前，湖北省水泥、玻璃行业的落后产能已全部淘汰完毕，水泥工业全面普及新型干法熟料生产技术，所有新型干法水泥熟料生产线均建有余热发电机组。随着环保、节能政策的深入贯彻，水泥、预拌混凝土、干混砂浆、新型墙材等建材工业的固体废物综合利用量大幅增长，占湖北省固废资源利用总量的80%以上。水泥窑协同处置生活垃圾和污泥技术日益普及，湖北省已运行和在建的水泥窑协同处置生产线可为近2000万人提供废物无害化处置服务。

装配式建筑是助力湖北建材工业迈向高质量发展阶段的又一推手。2016年以来，湖北省政府先后出台了《关于加快推进建筑产业现代化发展的意见》和《关于大力发展装配式建筑的实施意见》，明确提出到2020年武汉装配式建筑面积占新建建筑面积比例达到35%以上，襄阳市、宜昌市和荆门市达到20%以上，其他设区城市、恩施土家族苗族自治州、直管市和神农架林区达到15%以上。为了满足日益扩大的市场需求，一大批预制混凝土部品部件企业迅速成长起来①。

2) 科技创新推动传统建材转型升级

湖北是传统建材大省，水泥、玻璃、陶瓷、墙材、石材等大宗建材在全国占位一直靠前，但主要市场长期局限在本省范围。党的十八大以来，湖北省引导建材工业坚持五大发展理念，不断加大科技创新力度，促进传统建材绿色转型，取得良好成效。以华新、葛洲坝水泥、长利玻璃、鑫磊矿业、磊源石业等为代表的湖北建材企业纷纷出省布局，甚至借船出海落子海外，产品也远销到国内外广大市场。

---

① 湖北建材工业稳步迈向"高质量发展阶段"［J］. 建材发展导向，2019，17（08）：23.

中国葛洲坝集团水泥有限公司是我国水泥行业的"特种兵",是全国最大的特种水泥生产企业,在 20 世纪 70 年代初因葛洲坝水利枢纽工程而诞生。近年来,该公司充分发挥自身优势,一边在大坝水泥的基础上,加大力度研发油井水泥、海工水泥等新产品,不断拓宽特种水泥产品系列;一边着力改进生产工艺和技术,积极推进磷石膏、城市生活垃圾等固废资源的综合利用,不仅为社会解决了环保难题,还有效缓解了水泥混合材资源匮乏的局面,降低了水泥生产综合成本。

华新水泥是湖北最具规模的建材工业企业。近年来,该公司在利用水泥窑协同处置生活垃圾和污泥方面取得的成果令人瞩目。2017 年 1 月,由该公司领衔完成的"水泥窑高效生态化协同处置固体废物成套技术与应用"成果荣获了国家科学技术进步奖二等奖。除此之外,该公司还成功研发出路面铺装系统、建筑结构系统、轻质保温系统、超高性能混凝土系统、防渗宝系统等新型绿色建材产品。

湖北神州建材有限责任公司是该省建材行业科技创新的又一标杆。作为一家新型墙材生产企业,该公司研发生产的"河砂蒸压加气高性能混凝土砌块"首开了我国墙体材料自保温先河,为提升我国建筑节能水平做出了突出贡献。

3)科技创新催生和壮大新型绿色建材

在推动传统建材转型升级的同时,湖北省因势利导,大力扶植新兴企业发展绿色建材,尤其注重依托本地资源优势和科技优势发展多功能、高性能的生态复合材料。目前,该省已初步形成木塑材料、化学建材、森工建材、功能性装饰装修材料等新型绿色建材产业集群。截至 2016 年底,该省新型建筑材料和无机非金属新材料产值比重提高到 50%。

"藻钙板"是湖北格林森绿色环保材料股份有限公司研发的一款具有呼吸、调湿、抗菌、吸音降噪、防火阻燃、去甲醛、增加负氧离子等多种生态功能的绿色建材专利产品。作为一款主打生态环保概念的装饰装修建材,自 2011 年问世以来,藻钙板在全国医疗、学校和家庭装修领域大受欢迎。据不完全统计,目前已有上千家大中型医院采用了藻钙板集成装修。目前,格林森公司的"藻钙"产品已由最初的装饰板材拓展到"藻钙涂料""藻钙装饰画"和家用净化空气的"藻钙颗粒""藻钙净水器""藻钙空气净化器"等数十款专利产品。2017 年下半年,该公司成功挂牌新三板。最近,该公司又研发出一款生态装饰石材产品,并已着手布局海外市场。

锦坤陶业本是一家传统烧结建材企业,但该公司瞄准户外建筑装饰和古建市场,以科技创新为利器,开发出页岩烧结景观砖、透水砖、古建砖、装饰陶板等优质绿色建材,产品行销全国,供不应求。

湖北是农业大省和人工造林大省,农作物秸秆、速生木材等生物资源丰富。

该省荆门、孝感等地引导建材企业大力发展禾香板、OSB 精木板及其深加工产品，目前已成为颇具规模、全国知名的生物质板材生产基地。

与水泥、陶瓷、复合板材等产业相匹配，湖北还涌现了武大有机硅新材料、新蓝天新材料、湖北启利等一大批颇具实力的化学建材企业。而依托本地的石墨、云母等资源，宜昌新成、平安电工等一批无机非金属新材料企业也快速成长起来。

4）科技创新促进建材建工产业大融合

科技创新推动湖北建材工业加快转型升级，更为当地建工建材一体化发展提供了契机。湖北省是全国有名的建筑业大省，拥有中建三局、中铁大桥局、中交二航局、中铁十一局、葛洲坝股份、中国一冶、中国十五冶、中国五环等一批国字号重量级建筑施工单位和山河集团、新七、新八、新十、远大等一大批民营施工企业，还有中南建筑设计院、铁四院、中南电力设计院、中交二航院、中交二公院、中信武汉院等一批全国知名的建筑设计单位。无论是民用、工业建筑领域，还是市政、交通建筑领域，湖北建筑大军的实力都是响当当的。

随着我国装配式建筑产业的发展，建筑建材加快了融合的步伐。湖北一批有远见的建材人主动出击，抓住机遇率先与建筑设计、施工企业联手，大力发展装配式建筑部品部件产业。目前，该省已建成和在建的 PC 构件基地有 7 家，集成建筑钢构生产基地 10 余家，木结构装配式建筑产业基地 5 家，其他建筑部品部件生产基地 2 家。这些装配式建筑产业基地有力地拉动了当地混凝土预制品、石膏建材、生物质建材、金属建材等产业整体升级，促进了建材建工产业大融合。

湖北省政府研究室的一项调研成果表明，该省建材建工产业的融合，使一大批建材生产企业搭上了"一带一路"的顺风车，加快了"走出去"的步伐。中建三局、中铁大桥局、中交二航局、葛洲坝股份、湖北电建等一批驻鄂施工企业很早就打开了海外建筑市场，而建材企业正好可以为它们弥补了材料供应的缺口。作为一种更加高效、更加节约的建筑方式，装配式建筑将在更大范围得到推广，此举无疑将进一步加快建工建材的一体化融合[①]。

3. 典型循环产业链

建材工业是重要的基础原材料工业，也是典型的资源、能源消耗型工业。建材工业对其他许多相关产业发展循环经济，起着非常重要的互补、互动的"链接"作用。建材产业除了处理工业和建筑废弃物外，还可以处理相当部分的社会生活垃圾，甚至部分有毒有害废弃物都可以在水泥回转窑等建材工业窑炉得到有效的消纳和利用，显示出比其他处理方式更为优越的特性。循环经济建设应充分

---

① 来源：能源世界。

发挥建材行业的补链作用，通过新型建材行业对工业废渣、粉煤灰、煤矸石、建筑垃圾等充分回收利用（图2-20）。

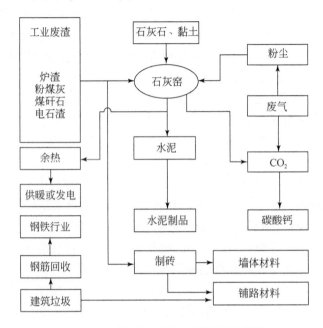

图 2-20　建材行业循环经济产业链设计

主要产品链为：石灰石、黏土→水泥→水泥制品；工业废渣（炉渣、粉煤灰、煤矸石等）→水泥→水泥制品；工业废渣→墙体材料、铺路材料。

主要废物链为：废气→CO_2→碳酸钙；废气→粉尘→水泥；余热→供暖；建筑垃圾→铺路材料；建筑垃圾→回收钢筋→钢铁。

水泥生产中的大量废气，其中含有粉尘、CO_2等。经除尘器处理后回收的粉尘可重新回用到水泥生产过程，CO_2被净化后可直接排放或用于制造碳酸钙。石灰窑运行过程中产生的余热可用于供暖或发电。

在水泥制品和混凝土行业，利用工业废渣作掺和料进行生产，已经得到了较为广泛的应用。开发直接有益于生态环境的生态混凝土更为混凝土行业的发展提出了新的思路。在墙体材料工业中，可以大量消纳和利用工业废渣替代天然资源，制造环保利废型墙体材料，如粉煤灰砖、煤矸石砖等产品，显著节省资源和能源，保护环境。

随着城市建筑垃圾的堆存量越来越大，建筑垃圾利用是建材行业未来发展循环经济的一项重要内容。建筑垃圾大多为固体废物，经处理后可作为再生资源重新利用，如砖石、混凝土等废料经破碎后，可以代替砂和骨料，用于生产砂浆、混凝土和其他建材产品。其中的钢筋可以挑选出回炉，达到资源多层次循环利用的目的。

典型建材行业循环经济产业链为：构建工业生产—废渣—建材，建筑废弃物、路面材料—建材，水泥、玻璃生产—余热—发电，水泥—粉尘—水泥，玻璃—废玻璃—玻璃，陶瓷—废陶瓷—陶瓷，石材—废碎石、石粉—人造石、砖，复合材料—废复合材料—复合材料等产业链[①]（图2-21）。

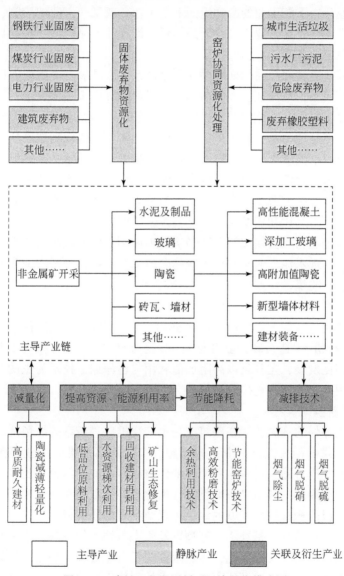

图2-21 建材工业发展循环经济基本模式图

---

① 来源：国务院关于印发循环经济发展战略及近期行动计划的通知。

4. 生态化转型对策

1）实施循环经济

建材行业实施循环经济的模式包括小循环、中循环和大循环。小循环是指企业内部下游工序的废物返回上游工序，以及水和其他消耗品的循环。中循环是指企业之间的循环，下游工业的废物返回上游工业，或某一工业的废物、余能送往其他工业。大循环是指企业与社会间的循环，即工业产品经使用报废后，其中部分物质返回原工业部门。

企业内部要建立起产品的回收循环利用体系，废玻璃、废陶瓷的回收再利用体系，提高利用率；在保证性能的前提下，尽可能降低天然原料消耗；优化生产工艺，提高废料循环率；对矿产资源进行合理开发与综合利用，实行原料标准化；实现水泥低品位石灰石、尾矿，玻璃低值燃料，陶瓷低品位原料的高附加值利用；研究应用水泥玻璃余热发电等窑炉余热梯级利用技术，余热烘干、窑体散热回收利用技术，力争对建材生产的余热吃干榨净；提高产品质量，延长使用寿命。企业应该从源头上减少生产、流通、消费各环节能源资源的消耗和废弃物的产生，大力推进再利用和资源化，促进资源永续利用。

企业间及企业与社会间实施循环经济必须做到：发挥水泥工业消纳其他工业固废的特长，实现水泥工业与其他工业的联产耦合；用各种工农业废弃资源，如矿渣、煤矸石、粉煤灰、尾矿、工业副产石膏、建筑废弃物和废旧路面材料等，生产高附加值的新型建材制品；建设废弃建材资源再生和利用产业体系；构建建材循环经济产业链，如工业生产–废渣–建材，建筑废弃物、路面材料–建材，石材–废碎石、石粉–人造石砖，复合材料–废复合材料–复合材料等产业链；推动利废建材规模化发展，尤其是以高附加值利用与精深加工技术为主的利废资源利用；推进利用大宗固体废物生产建材。

2）发展新型建筑材料

随着绿色环保的理念逐渐在建筑工程中广泛推广，新型的绿色建筑材料也成了当务之急。我国正在进行产业结构调整，高耗能高污染的产业逐渐被淘汰出局，建筑行业在进行施工过程中所使用的建筑材料一般资源投入比较大，而且在制造过程中对于周围的环境染影响巨大，因此有必要限制在建筑工程中使用高耗能高污染的材料，积极推广新型的绿色环保节约型的建筑材料。

新型的绿色建筑材料是环境友好型以及生态节约型的材料，在材料制造的过程中主要采用清洁无污染的工艺，尽量减少对于自然资源的利用，这样可以大大减少自身制造过程中污染以及所面临的严重的固体废物的污染，实现建筑材料的无毒以及无污染，同时能够促进建筑材料的回收和利用，有利于居住者的身体健康以及对于生态环境的保护①。因此在建筑领域应用新型环保材料具有十分重要的现实意义与社会意义。在应用绿色建筑技术中，新型绿色建筑材料的选择具有关键性影响，我国正在大力推行绿色建筑产业，就是指建筑的全生命周期之内，用各种手段来最大限度地对于资源进行节约，包括节水、节电、节地、节能，尽可能保护周围的环境，减少环境受到的污染，这样才能给居住者提供舒适和健康的生活环境，合理地使用建筑空间，使得建筑与周围的环境和谐共生。

四、新兴战略产业生态系统培育

湖北地区的高新制造业增长情况如图 2-22 所示：高新制造业主要包括四个行业：电子信息、先进制造、新材料、生物医药与医疗机械的行业增加值均呈现逐年增长的趋势，其中对高新制造业增加值贡献最大的行业是先进制造业，其次是新材料。全省高新制造业的增加值自 2001 年的 227.8 亿元增加至 2017 年4862.16 亿元，增加了 20.3 倍，可见经过十几年的时间，湖北地区的高新制造业得到了大幅度的增长。从全省高新制造业的增加值的增长趋势可以看出，高新制造业增加值的增长逐渐步入速度放缓的新阶段。

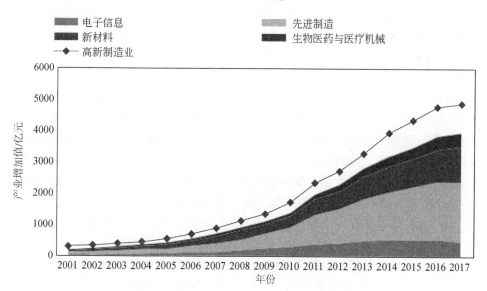

图 2-22　高新制造业增长情况（2001～2017 年）

---

① 时兴邦. 新型建筑材料的应用与发展趋势探讨 [J]. 河南水利, 2005, (8): 39.

（一）新一代信息技术产业

1. 产业发展概况

自《"十二五"国家战略性新兴产业发展规划》发布以来，新一代信息技术领域的"宽带中国工程""高性能集成电路工程""新型平板显示工程""物联网和云计算工程""信息惠民工程"等5项重大工程项目均取得了明显效果，新一代信息技术涉及的下一代信息网络、电子核心基础、高端软件和新兴信息服务等四大产业实现了较好发展，产业结构调整不断深化和加速。在"十三五"期间，我国经济"新常态"的大环境下，随着"信息化与工业化深度融合""互联网+""中国制造2025"等一系列国家战略的推进，由新一代信息技术推动形成以互联网为核心的新平台，将不断催生大数据、云计算、物联网、移动互联网等新的应用模式，将不断推进信息技术与传统产业的加速融合。快速发展的智能制造将为新一代信息技术产业带来新的巨大发展空间。

湖北省发改委印发的《湖北长江经济带产业绿色发展专项规划》［鄂发改工业（2017）542号］中明确提出在"十三五"期间需要加快推进新一代信息技术产业的硬件、软件、平台和服务的一体化发展，按照突出特色、强化带动、巩固优势、迈向高端的思路，重点发展集成电路及新型显示、信息通信设备及智能终端、物联网、云计算及大数据等产业，努力扩大新一代信息技术在经济社会各领域的综合应用。

2017年年底，省委十一届四次全体（扩大）会议暨全省经济工作会议上提出"一芯两带三区"战略，其中的"一芯"，即指发展以集成电路为代表的高新技术产业、战略性新兴产业和高端成长型产业，培育国之重器的"芯"产业集群，将武汉、襄阳、宜昌等地打造成为综合性国家产业创新中心、"芯"产业智能创造中心、制造业高质量发展国家级示范区，加快形成中心带动、多极支撑的"心"引擎，加快形成高质量发展的"新"动能体系。

新一代信息技术是国家确定的七个战略性新兴产业之一，包括下一代通信网络、物联网、三网融合、新型平板显示、高性能集成电路和高端软件，不仅涵盖集成电路、无线通信等信息技术的纵向升级，更直指信息技术的整体平台和产业的代际变迁。5G、智能制造、无人工厂、无人驾驶、柔性显示等产业新潮流，都离不开新一代信息技术。新一代信息技术，牵一发而动全身，特别是随着5G的加速到来，产业格局将发生颠覆性变革。

显然，抢占新一代信息技术，就是抢占制胜未来的战略高地。作为传统工业大省，能否培育起支撑未来发展的新一代信息技术产业，关系着湖北在全国区域竞争中的格局与地位。抢滩前沿产业，刷新产业结构，才能更快实现高质量发展。新年伊始，省级层面聚焦新一代信息技术，把脉问诊，高位谋划，整合力量，行棋落子，意义深远。眼下，以移动互联网、智能终端、大数据、云计算、高端芯片等为特征的新一代信息技术产业的发展，用"兴旺蓬勃"来形容正当其时。

目前，湖北省已形成光通信、集成电路、新型显示、智能终端、软件和信息服务等"多点支撑"的新一代信息技术产业发展格局。省经信厅提供的数据称，2018 年全省电子信息产业主营业务收入由 2013 年的 3048 亿元增长到 6403 亿元，年均增速 16%。目前聚集在湖北省的信息产业的企业有长江存储、华为、联想、长飞、京东方、华星光电、天马、华工科技、天喻信息、武汉深之度等，都是闪耀着星光的业内佼佼者。还有中国信科、高德红外等业内拥有话语权的重点级企业。这些企业，分布在信息产业的产业链上中下游，形成了较强竞争优势。

在基础设施领域，作为国家工业互联网五大顶级节点，武汉节点于 2018 年 11 月率先开通，成为工业互联网中智能化生产、网络化协同、个性化定制的重要基础设施。

芯片方面，以国家存储器基地为载体，长江存储为龙头，还拥有高德红外、中国信科、光迅科技、台基股份等一批有实力的特色企业；上游材料，宜昌南玻硅材料有限公司已着手进军电子级多晶硅，湖北芯片产业链前端材料空白即将填补。其中"芯屏端网"是新一代信息技术产业的重要领域，谋划培育"芯屏端网"世界级产业集群是湖北省高质量发展的重点工作。近年来，在省委省政府的正确领导下，湖北省"芯屏端网"世界级产业集群建设得到较快发展。主要体现在 5 方面：①产业体系逐步健全。全省已形成芯、屏、端、网全覆盖的生产企业和产品，产业链逐步完善，上下游配套能力逐步加强。②产业规模不断壮大。目前，全省拥有"芯屏端网"相关企业近 400 家，产业规模 3000 多亿元。③产业集群效应逐步显现。全省涌现出长江存储、武汉新芯等一批拥有自主知识产权的研发生产企业；京东方、华星光电、天马、华为、小米、联想等知名领军企业云集湖北，集聚发展趋势明显。④产业创新能力不断提升。全省现已集聚了一批国内一流的大学和院所，拥有大批外资和本土企业研发中心，成长和引进了一批高水平的创新创业人才，科技创新成果丰硕，100G 硅光收发芯片研制成功并量产。⑤产业集群发展模式得以探索。以"基金+项目"的模式，争取国家大基金投入，吸引社会资本参与重大项目建设模式卓有成效。

在信息传输领域，作为全球光纤光缆行业的领先企业，长飞公司连续 3 年保持"全球第一"的市场地位，烽火科技、华工科技、锐科激光等也实力强劲。

新型显示领域，武汉正崛起为全国高地。京东方、华星光电、天马汇聚武汉，武汉成为国内规模最大、技术最先进的中小尺寸显示面板基地。今后，手机、汽车、电视及穿戴设备上的显示屏将有越来越多的"汉产"。

大数据、云计算也在不断积累优势。在华为武汉研究所，5000 名研发人员围绕光产业、终端（笔记本和平板）和智能家居展开研究。未来，华为还将在湖北持续加大 5G 研发投入。联想武汉产业基地被联想集团定位为"全球移动互联战略总部"。而湖北获批国家信息光电子制造业创新中心和数字化设计与制造创新中心，将进一步强化湖北在新一代信息技术上的研发能力。

地域分布上，主要依托武汉东湖新技术开发区，建设国内一流光通信技术研发基地、新型显示基地、光纤光缆生产基地、国家网络安全人才与创新基地等，辐射带动荆州、鄂州、潜江等地区。其中武汉一枝独秀，襄阳、宜昌也在加大发力，襄阳正联合中国信通院共建国家互联网标识二级节点，向工业互联网、智能网联汽车发力；宜昌力争未来几年在半导体材料、微电子材料领域，打造省内集成电路产业链中的重要一环。

产业竞争，风起云涌。近几年，许多省不约而同地瞄准新一代信息技术产业，纷纷发力。长三角，大数据、云计算、人工智能、工业物联网、集成电路全国 100 强/50 强企业，数量领跑全国；北京，顶级院所云集，巨头聚集，中关村爆发力十足；深圳，以华为为代表的新一代信息技术产业势头强劲；安徽，量子通信已经初长成。

2018 年，湖北省安排近 2 亿元技改资金，并累计争取国家 20 多亿元专项资金，支持电子信息产业发展。但面对标兵快跑、追兵迫近，新一代信息技术产业发展还存在一些亟待解决的问题：产业发展不充分，产业总体规模仅占全国比重 3% 左右；产业结构不优，软件和集成电路等核心基础产业的比重亟待提升，龙头骨干企业比较欠缺；创新能力不强，物联网、云计算、下一代互联网、高端通用芯片等新一代核心技术亟待突破①。

2. 信息化引领和带动绿色化

信息技术作为关联性最强的高新技术对绿色发展具有难以取代的巨大推动作用，以信息化推动绿色化成为绿色发展的重要趋势。信息是影响经济发展的重要因素，信息技术能够有效提高资源和能源的利用效益，经济社会信息化是形成绿色发展方式和生活方式的有力举措。绿色发展涉及清洁能源、节能减排、低碳技术、循环经济等一系列绿色产业的结构优化调整。这需要以新理念整合物质流、能源流、信息流，绿色发展离不开融合技术，需要贯穿全产业链的技术，而信息技术能打通生产、流通、消费、垃圾循环利用以及能源利用全过程。运用移动互联网、物联网、大数据、云计算等信息技术，推动人工智能同绿色发展深度融

---

① 来源：湖北日报。

合，促进科技创新与生态文明建设有机结合，形成以"互联网+绿色技术"为核心的绿色技术支撑体系，以信息化引领和带动绿色化，绿色发展理念才能更好落地生根。

1）以信息化引领产业绿色化

信息技术发展日新月异，其广泛应用遍及经济社会发展各个行业、各个领域，凭借其信息开发应用及传输的革命性变化，可以有效降低全社会的运行成本，在大幅提高效率的同时极大地促进节能降耗，为绿色发展提供有力支持。研究表明，在不增加整体能源消费的前提下，仅仅推广应用信息技术就可以降低碳排放量13%~22%，明显提高绿色发展指数。运用信息化手段改造传统产业，利用绿色技术驱动产业转型升级，在产品开发之初就将环境因素考虑在内，在产品生产过程严格保护环境，在产品使用过程重视环保效应，在产品使用后成为垃圾阶段留有环保后手，实现整个产业链条的底色转向绿色。运用大数据智能化改造提升制造业，立足以信息化促进绿色化，培育大数据、人工智能、智能硬件、软件服务、物联网、区块链等智能产业链，促进制造业向数字化、网络化、智能化发展，形成智能制造、智能产业、智能化应用"三位一体"发展格局。搭上"互联网+"平台，建立绿色产业大数据库，打造绿色低碳循环产业体系和智能消费体系，形成产业绿色生态价值链。推广"大数据+智能终端""大数据+智能制造""大数据+现代物流"等应用，构建新能源汽车、高端装备、新材料、生物医药、节能环保等战略性新兴产业集群，形成绿色发展的关键技术、新兴业态以及新商业模式。此外，运用信息技术提高可再生能源发电利用率，创新电力系统技术，其中包括分布式电网技术、储能技术以及电网运行控制技术、柔性输电技术、智能用电技术等，提高电力系统的绿色发展指标。

2）以信息化带动环保智能化

运用信息技术发展智慧环保，由传统的末端治理转向绿色初始治理，绿色技术从末端走向循环，体现信息化、循环化、效益化原则。利用智能技术建立全国范围内的环境大数据网络、信息系统和环境平台，整合资源环境要素集成，提高动态监测能力，加强生态环境保护数据监测、搜集、整合以及反馈能力建设，增强生态环境保护大数据开发、分析及决策服务能力，提升整个资源与环境管理效率。运用"互联网+"手段，打造"互联网+大气"的大气管理系统、"互联网+水"的水资源管理系统、"互联网+土壤"的土壤管理系统，实现环境质量和环境监管的精准化、自动化、智能化。利用智能监测设备和移动互联网构建全天候、多层次的智能多源感知体系。建立污染物排放在线监测系统，完善环境预警和风险监测信息网络，提升重金属、危险废物、危险化学品等重点领域的风险防范水平和应急处理能力，发挥智能监测设备和移动互联网作用，提高污染物排放监测系统的智能化水平。整合企业环保数据的采集与发布工作，将企业环保记录纳入国家统一信息平台。建立环境信息数据互联共享机制，推进区域性污染物排放、空气环境质量、水环境质量等信息公开。制定完善的生态环境信息数据交互共享机制，实现通过移动互联网在线查询和定制服务。

3）推动信息产业自身的绿色发展

推进绿色发展，需要强有力的信息技术支持，尤其是高性能集成电路、基础软件、应用软件、新型平板显示器、计算机存储芯片、移动通信专用芯片、数字音视频处理芯片、信息安全芯片、数字化仪表专用芯片、汽车电子专用芯片、卫星导航系统芯片、物联网感知与信息识别芯片等核心技术。由于芯片应用遍及经济社会发展的各个领域，其能耗整体水平十分可观。据统计，仅信息产业的能源消耗就占全社会的 10% 左右。鉴于信息技术对绿色发展的巨大关联、引领和带动作用，以信息化推动绿色发展要大力发展信息产业，因而要十分重视从低能耗芯片的源头抓起，首先实现信息产业自身的绿色发展。要大力发展低能耗芯片，诸如节能主板、节能电池、节能机箱、节能显示器等，从技术的研发、智能化应用到产品的绿色制造和信息服务的升级转型整个产业链，充分利用云计算的共建共享、统筹规划等优势，突破制约产业发展的关键核心技术，推动信息产业向节能、高效、低碳转型，在做大做强集成电路、新型显示器、应用软件等核心基础产业的同时，构建绿色信息产业平台，实现信息产业资源节约和效益最大化。要布局人工智能研发创新平台，结合新一代信息技术产业创新工程的实施，集中力量突破一批支撑新一代信息产业发展的关键技术，为绿色发展奠定必要的技术装备基础[1]。

3. 生态化转型对策

1）构建"多极支撑"产业格局

通过统筹重大项目建设来带动全省信息技术产业在地区间、其他产业间的相互提升和互补协同发展的联动发展的局面。市场主体是关键，在现有基础上，湖北省将重点培育和引进一批具有国际竞争力的企业和专精特新的中小企业，形成骨干企业领军、中小企业配套共同发展的良好企业生态体系。

打造"多极支撑"新一代信息技术产业格局，形成核心支柱产业（集成电路、新型显示、软件和信息服务业）、特色优势产业（光通信、激光、新型电子材料）、智能终端产业、新兴产业（北斗导航、物联网、应用电子）等四大产业体系。

2）培育特色园区，提升产业集聚承载能力

2017 年武汉依瑞德医疗设备新技术有限公司在光谷生物城投资建设一个脑

---

① 来源：学习时报。

科学主题产业基地，成为全国独一无二的信息技术产业基地。特色鲜明，正是湖北省信息技术产业发展的最大亮点。

根据湖北省经信委对外公布《湖北省新一代信息技术产业发展行动计划》，在区域集聚方面，湖北省将打造武汉城市圈、"宜（昌）-荆（州）-荆（门）"鄂西南地区和"随（州）-襄（阳）-十（堰）"鄂西北地区的多点支撑产业布局，培育一批特色鲜明的产业园区。

新一代的信息产业技术的生态化转型需要围绕各地区发展优势和发展重点来做文章，在继续做大做强现有产业功能区基础上，应积极培育建设新的产业功能区，提升产业集聚承载能力。

3）出台鼓励政策，引进"外智"来鄂兴业

一是加强行动计划的贯彻落实，争取各方面对产业发展的支持；二是引导各类资源向产业重点发展方向聚集，推行普适性税收优惠政策；三是加强人才培养和服务，依托重点企业和高校机构建立实训基地；四是鼓励企业参与国际合作与竞争，加大力度引进海外华侨华人技术人才来湖北创新创业。信息技术产业是工业强省的重要突破口，作为科教大省，湖北省信息技术人才资源丰富，必须抓住机遇，勇于探索创新驱动产业发展的有效途径。

目前，湖北信息技术产业"低、小、散"结构性矛盾突出，主要是集成电路、软件和信息服务等核心基础产业比重较低，产品主要处于价值链中低端，缺乏知名品牌。

（二）生物产业

1. 产业发展概况

湖北是科教和人才资源大省，在生命科学领域，特别是在合成生物学方向优势突出，急需打造长江经济带智能生物制造创新中心，瞄准合成生物学的基础和应用研究，积极抢占国际合成生物学研究战略制高点。湖北生物产业发展基础良好、势头迅猛，应该高度统一思想，抓住机遇，打造从基础研发到应用的全产业链融合发展新模式。目前，湖北省初步建立"一区八园"产业发展格局。以武汉国家生物产业基地品牌效应和对全省生物产业辐射带动作用为龙头，宜昌、荆门、十堰、天门、黄石、仙桃、黄冈、鄂州8个区域性生物产业园为支撑的"1+8"联动发展格局，各园区之间发展特色鲜明、产业功能互补、生产布局差异化，形成了生物产业蓬勃发展的"湖北模式"。其中天门、黄冈、鄂州、荆门生物产业园区总产值超过100亿元。

生物产业已经成为全省增长最快、特色最明显、主体最活跃、平台最完善、人才最集聚的战略性新兴产业。按照"十三五"生物产业发展规划目标，2017

年全省生物产业完成工业总产值 2287.25 亿元（不包括生物农业），同比增长 15.9%。2018 年前 8 月，全省生物产业实现工业总产值 1700 亿元左右，保持着"十三五"以来的快速增长态势，接下来还将为全省经济持续发展做出重要贡献①。

湖北省发改委印发的《湖北长江经济带产业绿色发展专项规划》[鄂发改工业（2017）542 号] 中明确提出为了顺应对生物技术产品、医疗健康服务消费需求大幅提升的趋势，发挥湖北生物资源和技术人才优势，巩固发展生物医药、生物制造产业，培育生物农业加快发展。

1）生物医药产业发展

（1）产业发展环境不断优化。在我国经济进入新常态背景下，湖北省高度重视高新技术产业发展，目前拥有 9 个高新技术开发区，数量位居中部第一。在生物医药产业园区建设方面初具规模，形成以武汉国家生物产业基地为龙头，宜昌、荆门、十堰、天门、黄石、仙桃、黄冈、鄂州、恩施 9 个区域性生物产业园为支撑的"1+9"联动发展格局，高新生物产业园区为生物医药行业发展提供了良好的集群基础。湖北省积极响应国家医改政策的实施，2018 年出台《关于促进中医药振兴发展的若干意见》，对全省提高中医医疗服务能力、提升产业高质量发展水平，推进科技创新、繁荣中医药文化、加强中医药人才队伍建设等方面给予指导，并召开全省中医药振兴发展大会，编制《湖北省中药产业振兴发展五年行动方案（2018—2022 年)》，制定了中医药产业发展目标和措施，为全省中医药产业发展提供政策保障。

（2）产业发展效益稳步提升。效益是评判产业发展最直接的标准。湖北省医药产业自开始发展以来，一直保持较快增长，发展效益和质量近年明显提高。自 2015 年湖北省医药主营业务收入突破千亿大关以来，医药经济的增速一直保持快速发展，2018 年医药工业主营业务收入达到 1252.3 亿元。与此同时，湖北省医药单品种销售收入也不断增加，2018 年医药单品销售收入过亿数量增至 37 个，新的药品和技术不断被研发，医药销售市场从国内延伸到东南亚，部分产品出口欧美，在提升效益的同时扩大了我国医药产业影响力。虽然医药产业整体发展迅速，但是生物医药中各类的发展速度各不相同，高端医疗机械、生物医药类发展速度跟不上医药产业整体发展速度。在没有盈利的情况下，高新技术生物制药的研发仍需要大量的资金和人才的投入②。

（3）生物医药产业园区建设提速。根据湖北省经信厅公布的 2018 年湖北医

---

① 来源：湖北省科技厅。

② 徐伟鹏，匡欣怡，司航. 生物医药产业集群升级模式探讨——以湖北省为例 [J]. 特区经济，2019，(08)：149-151。

药产业发展情况，全省 2018 年度新增恩施生物医药园，形成了以武汉国家生物产业基地（光谷生物城）为龙头，宜昌、荆门、十堰、天门、黄石、仙桃、黄冈、鄂州、恩施 9 个区域性生物产业园为支撑的"1+9"联动发展格局，医药产业的供给侧改革成效显著。

2）生物制造产业发展

生物制造是指应用现代生物技术和工程技术以生物体机能进行大规模物质加工与物质转化、为社会发展提供工业商品的产业，是以微生物细胞或酶蛋白为催化剂进行化学品合成或以生物质为原料转化合成能源化学品与材料，促使能源与化学品脱离石油化学工业路线的新模式。工业生物制造的发展对于应对资源紧张、能源短缺、环境恶化等严峻挑战，建设低碳循环、绿色清洁的可持续经济体系具有重要战略意义。目前，生物制造已经能够用于生产多种基础化学品、高分子材料、工业酶制剂以及生物医药中间体和农用生物产品①。目前湖北省甚至国内的生物制造产业都还处于起步阶段，尚未形成规模化的产业集群和成熟的产业链。

湖北省发改委印发的《湖北长江经济带产业绿色发展专项规划》[鄂发改工业（2017）542 号]中明确了未来生物制造产业的发展方向，加快提高酶工程、发酵工程、工业生物催化技术等生物制造技术水平和应用能力，促进清洁生产和循环经济发展，促进湖北生物制造业的升级换代和规模化发展。强化对现有酶种、菌种及发酵工艺的改造和升级，加快发展新型生物基产品、发酵产品的产业化与推广应用，重点提升氨基酸、维生素、核黄素等大宗发酵产品的产业自主创新能力和国际化发展水平。提升绿色生物工艺应用水平，大力推进在食品、化工、轻纺、能源等领域的应用示范，有效降低原材料、水资源及能源消耗，减少污染排放。

2. 生态化转型对策

1）推动医药产业转型升级

以提升药物品质为目标，加快推广化学原料药绿色制备和清洁生产，积极推进化学仿制药一致性评价，不断提高原料药和制剂产品质量技术水平，推动产业从原料药出口向终端产品出口的转变，持续推进中药技术标准化，提升中药质量及全产业链的规模化协调发展，开展基于"互联网+中药材种植养殖"平台建设，推广中药材无公害种植和综合利用、中药质量溯源检定、中药工业先进制造技术、中药健康产品制造技术和药材废渣利用，提高中药产品质量和安全水平。

---

① 刘斌. 生物制造产业发展势头强劲 [J]. 生物产业技术，2014，（04）：1-2.

2) 推动生物制造规模化应用

提高生物制造产业创新发展能力, 推动生物基材料、生物基化学品、新型发酵产品等的规模化生产与应用, 推动绿色生物工艺在化工、医药、轻纺、食品等行业的应用示范。

以生物催化剂的发现和工程化应用为核心, 构建高效的工业生物催化与转化技术体系, 大幅提高工业酶和蛋白质的催化效率、工业应用属性, 显著降低生产成本。建立甾体激素、非天然氨基酸手性化合物、特殊氨基酸、稀少糖醇、糖肽类等生物催化合成路线, 推动规模化生产与应用示范, 实现化学原料药、食品添加剂、农药中间体、生物乳化剂等化工中间体的安全、清洁、可持续生产; 突破生物合成、生物纺织、生物采矿、生物造纸等绿色生物工艺的关键技术和装备, 推动绿色生物工艺在化工、医药、农业、轻纺、能源、生态环境等领域的全面介入和示范应用, 显著降低物耗能耗、工业固体废物产生和环境污染物的排放, 初步建立生态安全、绿色低碳、循环发展的生物法工艺体系。

经过 12 年产业生态孕育, 光谷生物产业迎来上市潮, 明德生物、嘉必优、科前生物相继上市。2020 年上半年受疫情影响, 在多个产业遭遇波及的情况下, 大批生物企业一边昼夜生产防疫药品、承担第三方检测, 一边组织研发攻坚、实现科技突破, 发挥了我省战略性新兴产业的强劲定力。

9 月 22 日, 武汉科前生物股份有限公司登陆上交所, 在科创板上市。作为院士创业的代表, 中国工程院院士陈焕春已带领这家生物企业, 在兽用生物制品研发、生产、销售及动物防疫技术服务领域, 埋头创新 19 年。

上半年, 科前生物营收 3.55 亿元, 实现利润 1.8 亿元, 利润同比增长 34%。在科前生物的背后, 光谷生物城上半年规模以上工业总产值增幅达 38.13%。

2008 年, 全球金融危机寒流弥漫, 光谷支柱产业光电子, 一度受创。为了不把鸡蛋放在一个篮子里, 光谷在荒烟蔓草的二妃山下播下了另一颗新种子——生物医药。

12 年后, 新冠肺炎疫情肆虐全球, 多个产业被迫停摆。作为科学防疫的中坚力量, 光谷生物军团 24h 投入检测试剂盒、抗病毒药品、防护消杀产品、医疗器械等疫情急需物资的生产保供, 主动承接第三方检验检测。

当年生于"忧患"的那粒种子, 在这场暴风中, 再次爆发出惊人的生命力。

五、生态工业园区建设与改造升级

湖北已经建立起以工业园区为主要载体的发展体系, 共计 103 家, 其中省级开发区 83 家, 国家级开发区 20 家 (含经济技术开发区、高新区、海关监管区)。目前, 以园区循环化改造为重点, 通过上下游产业优化整合, 实现土地集约利用、废物交换利用、能量梯级利用、废水循环利用和污染物集中处理, 构筑链接循环的工业产业体系。2018 年 4 月, 湖北省政府发布《湖北省工业经济稳增长快转型高质量发展工作方案 (2018—2020 年)》, 其中明确提出工业绿色转型的发展目标: 到 2020 年, 打造和培育 50 家绿色示范工厂、5 家绿色示范园区; 积极发展循环经济, 加大工业园区循环化改造力度, 完善园区水处理基础设施, 推动磷石膏、冶炼渣、粉煤灰、酒糟等工业固体废物综合利用, 鼓励有条件的地方推动水泥窑协同处置生活垃圾。然而, 湖北目前还没有国家级的绿色工业园区, 需要在长江大保护背景下, 加速工业园区的绿色转型升级。

(一) 工业园区管理政策及发展现状

2016 年 9 月, 湖北省政府印发《湖北省工业 "十三五" 发展规划》, 明确提出为了推进工业的绿色转型, 需要大力发展绿色园区, 以湖北青山经济开发区、孝感高新技术开发区、黄石黄金山工业园区等三个国家低碳示范园区, 以及宜昌国家级循环化改造示范试点园区、襄阳谷城资源循环利用国家级新型工业化示范基地为切入点, 推进工业园区产业耦合, 实现近零排放, 进一步提升各园区产城融合紧密度。以工业园区、工业集聚区等为重点, 通过上下游产业优化整合, 实现土地集约利用、废物交换利用、能量梯级利用、废水循环利用和污染物集中处理, 构筑链接循环的工业产业体系。

为了推进传统产业的优势改造需要从分散发展向集聚发展转变。引导企业向园区集中, 走园区化、集聚化的发展路子。沿长江、汉江建设生态型、科技型化工园区, 推进非园区化工项目及企业搬迁入园。发挥产业园区市场主体培养功能, 充分利用国家新型工业化示范基地、国家高新技术园区、国家级经济开发区等产业聚集区, 加速新兴产业市场主体培育。在产业环境发展优化方面, 规划提出推动各市州规范产业集聚区管理模式, 进一步扩大经济管理权限, 引导工业企业和项目向工业园区和产业集聚区集中; 加快全省各市州主要园区的光纤网、移动网络、无线局域网建设, 提升园区企业宽带接入能力, 保障信息传输, 加快产业园区的物流配套设施建设, 注重开发区和重点产业园区的基础设施建设。

2018 年 7 月, 湖北省政府发布《省人民政府关于印发湖北长江经济带绿色发展十大战略性举措分工方案的通知》, 其中提及湖北省国家级开发区和省级开发区共计 103 家, 其中省级开发区 83 家, 国家级开发区 20 家 (含经济技术开发区、高新区、海关监管区)。截至 2018 年 7 月, 全省共有 4 家国家级开发和 17 个省级开发区启动了园区循环化改造工作。为深入推进园区循环发展, 建立循环经济统计评价考核机制, 实施武汉市青山工业区等 5 家国家级循环化改造示范试点园区和重点支持园区改造。实施宜都工业园等 9 家省级园区循环化改造。提出力争到 2020 年，推动 75% 的国家级开发区和 50% 的省级开发区开展园区循环化改造。

2019 年 2 月，湖北省发改委在发布的《关于 2019 年全省国民经济和社会发展计划的报告》中明确近期发展目标：加快推进 17 家在建国家级循环经济示范试点建设，新确定一批循环化改造重点支持园区，力争全省 50% 的国家级园区和 40% 的省级园区实施循环化改造。

通过对湖北省政府网站的政策文件调研发现，虽然目前省政府公布的工业发展规划及相关规定里都会提及促进工业园区的发展，但是还未出台针对工业园区的具体管理政策文件，关于开发区及工业园区的管理体制还未建立起来。根据国家工信部公布的前四批绿色园区公示名单，湖北地区目前还没有国家级的绿色工业园区。湖北省的生态工业园区方兴未艾，在生态文明建设以及长江大保护的大背景下，湖北省的工业绿色转型离不开工业园区的发展，促进园区的绿色化开展是必经之路。

(二) 典型生态工业园区案例

1. 宜都兴发生态工业园区

宜都绿色生态产业园是兴发集团继宜昌新材料产业园之后建设的又一个大型综合性磷化工产业基地，也是一个集精细磷化工、饲料肥、磷复肥、中低品位磷矿综合利用于一体的生态工业园。位于湖北省宜都市枝城镇，园区规划占地 12900 亩，员工近千人。2011 年，园区被国土资源部、财政部联合授予"全国矿产资源综合利用示范基地"。

截至目前，园区累计完成投资 41 亿元，建成了 80 万 t/a 硫酸、30 万 t/a 磷酸、100 万 t/a 磷铵、200 万 t/a 选矿、30 万 t/a 普钙、10 万 t/a 湿法磷酸精制、10 万 t/a 缓控释肥、2 万 t/a 无水氟化氢等项目，基本形成了"矿肥结合、肥化结合、磷化工与氟化工协同发展"的良好产业格局，成为全市乃至全省飞地经济发展的样板工程。园区主要有宜都兴发化工有限公司、湖北瓮福蓝天化工有限公司、宜昌星兴蓝天科技有限公司等多家成员企业。

"吃"进矿石，吐出高端的氟基、硅基新材料产品；产业链环环相扣，变废为宝，实现最低排放；园区绿树成荫，空气清新。宜都兴发生态工业园区充分利用宜都、兴山两地资源和优势，成为新的煤、磷资源深加工枢纽。园区利用不同产品间的共生耦合关系，通过各工艺之间的物料循环，使每一道工艺的产品和副产物都成为下一道工艺的原材料，所有物料在园区内首尾衔接，形成循环往复的循环经济产业链条。自主研发的我国第一套高传热效应的热管余热汽包工业装置，回收磷酸余热生产饱和蒸汽，实现废热 100% 回收利用；草甘膦连续化生产及副产物回收利用关键技术获石化行业技术发明奖三等奖。2016 年公司通过招商引资引进力达科技公司建成 30 万 t 磷石膏综合利用项目并顺利投产，磷石膏资源化利用迈出实质步伐。

2. 随州高新技术产业园区

作为国家级高新区，随州高新区坚持绿色发展和"产城一体"的发展理念，在近 100km² 的面积内，科学规划、合理布局产业和人居，建设生态景观，发展生态农业，打造绿色工业，走出了一条产城融合的特色发展之路，正在成长为一座产业之城、生态之城、宜居之城。

走进随州高新区，这里不仅有星罗棋布的企业，更有众多的生态景观，如随州文化公园、滨河体育公园、回龙寺公园，一河两岸风光带、新 316 国道景观带等，它们是随州高新区生态建设的典范，打造生态宜居之城的脊梁。

随州文化公园以其文化和生态交融的神韵气质，成为城市新名片。走进公园，只见各种花卉、乔木、草灌等交相辉映，丰富多样的生态绿化景观令人赏心悦目；炎帝神农、季梁、编钟、餐霞楼等随州重要历史文化符号在此一一彰显，让人不仅享受到城市生态绿肺的滋润，更体验到随州深厚的文化底蕴。

随州文化公园总占地近 1000 亩，工程建设总投资近 5 亿元。公园 2014 年 1 月 1 日建成开放，使城区增加绿地 60 多万 m²，城区人均增绿地 1.2m²。沿府河打造一河两岸景观带、沿漂水河打造郊野湿地公园是随州高新区推进生态建设、打造宜居新城的又一点睛之笔。长约 10km 的风光带，绿带上因地制宜建造了许多公园广场。如滨河体育公园、回龙寺公园、白云湖健康主题公园等，一个个公园广场绿树成荫，芳草茵茵，还配有各种健身场馆、游步道等。站在府河大桥、编钟大桥上，一河两岸风光尽收眼底。绿带与水交融，与两岸的高楼相得益彰，犹如一幅水景交融、生态宜居、自然和谐的山水园林画卷。目前，高新区正在实施府河生态环境综合治理工程，将把一河两岸风光带向高新区淅河镇延伸，让更多的群众享受绿色福利。

3. 宜昌姚家港化工园区

姚家港化工园区正对标全国一流化工园，坚持高起点规划、高标准入园、高水平服务、高智能监控、高效率管理，以壮士断腕的决心和魄力，推动化工园区扩规升级和化工产业高质量发展，打造国家循环经济示范区、长江经济带绿色化工示范区、宜昌开放创新试验区。同时，按照一流的环保安全、一流的工艺装备、一流的入园企业、一流的循环利用、一流的园区管理、一流的社会贡献"六个一流"标准，构建以化工新材料为主体、高端精细化工、高端农用化工为两翼的产业格局。力争经过 5~8 年努力，将园区建成国际一流绿色循环化工园。

姚家港循环经济示范园现有规模化工企业 19 家，年产氨醇 130 万 t、酸 230 万 t、复合肥 230 万 t、已内酰胺 13 万 t、乙二醇 20 万 t，烧碱和糊树脂 6 万 t，高纯锰和对苯二酚 3 万 t，化工产业已初步形成"以煤化工、磷化工为主体，盐（氯碱）化工、材料化工、精细化工为补充"的发展格局。

近年来，姚家港循环经济示范园累计投入 40 亿元，以循环化改造为抓手，完善园区基础设施。①公路。园区对外公路主要有沪渝高速、宜张高速、G318 国道、S225 省道；园区内已形成"三纵三横"路网格局，建成主干道 27km、次干道 25km。②铁路。焦柳铁路设有枝江站，为三等货运站；紫云地方铁路直达园区，配套建有货运站场、水陆联运码头。③港口。现有水运码头 9 个，其中集装箱码头 1 个、危化品码头 1 个，年货运吞吐量 1300 万 t。④供水。园区实行生产生活双管道供水，建有日供水 15 万 t 的生产用水水厂、日供水 1 万 t 的生活用水水厂各 1 座。⑤排水。园区严格实行雨污分流，建成污水收集管网 34km，实现建成区全覆盖。⑥供电。现有变电站 4 座，其中 110kV 变电站 3 座、35kV 变电站 1 座，实现双电源六回路供电。⑦供热。建成综合管廊 20 多 km，实现集中供热，每小时可供应 0.5MPa 蒸汽 20t、2.5MPa 蒸汽 40t。⑧供气。园区实现中石油、中石化双气源供气，年可供气 1.2 亿 m³。⑨污水处理。园区建有专业化工污水集中处理厂 1 座，日处理能力 2.5 万 m³（远期规划 15 万 m³/d）；污水处理已达国家一级 A 排放标准。⑩危废处理。已委托宜昌市危险废弃物集中处置中心负责园区危废处理，已与北控集团签订园区危废处理项目。⑪应急管理。园区设有安监分局、环保分局，配备专业人员 6 名；建成事故应急池 8000m³；建有专业消防站 1 座，配备专业消防车 4 辆，现有各类专兼职安全员、环保员、消防员 300 余人。2018 年 7 月 20 日，中国化学工程集团有限公司与枝江市政府签订姚家港化工园产城融合项目合作协议。项目总投资约 152.49 亿元，主要包括姚家港化工产业园、城市功能拓展区两大区域，将通过 F+EPC 的模式进行开发建设。

4. 洪山生态科技产业园

该项目位于湖北洪山区青菱工业园南郊路，长江之南、青菱河滨，距离三环线约 5km，距离青郑高速入口约 6km，是武汉市中心城区仅剩的最后一片都市工业开发区。占地面积 200 亩，总建筑规模 30 万 m²，预计总投资 15 亿元。该项目定位产业综合体，主要建设标准厂房、科技创业中心、研发中试楼及配套服务设施，结合洪山区大学集聚人才集中的智力优势，整合区域内重点实验室等科研机构、高新技术企业、金融资本、产业基金，重点引进电子信息、生物医药、高端装备制造等科技型企业，建设符合区域发展辐射华中乃至全国的创新科技及高端制造产业基地，打造武汉市产业集聚、企业集群、土地集约、人才集中的标杆示范项目。

据统计，2019 年 1~5 月洪山区招商引资情况招商情况，截至 4 月底，固定资产投资同比增长 10.9%，投资完成情况位居全市前列；亿元以上投资项目 143 个，新开工项目 36 个，新入库项目 29 个。招商方面：1~5 月，全区招商引资完成总额 260.3 亿元，完成全年目标值 44.1%，亿元以上签约项目累计 11 个，金额 551.2 亿元，涉及产业为商住一体、创新创业园区、物流、医药制造及旧城改造。

（三）生态工业园区建设战略

工业园区本质上是一个由产业发展、基础设施建设和土地开发三位一体构成的具有严格时序和定量依存关系的有机体。发展良好的工业园区一般都具有配置合理的产业链、健全的基础设施体系和适宜的风险管控体系。对于工业园区而言，其生态化进程也是需要建构在这一有序的协同演进体系中。

生态工业园区具有四大特点：①在园区中所有工业均应大力推动清洁生产；②在不同工业中建立共生代谢关系，即利用一个工厂的废料做其他一个、两个甚至三个工厂的原料，达到节约资源消耗、减少污染排放的目的；③在不同企业中实现资源和能源的梯级利用链条，实现资源、能源利用效率的最大化；④园区做到公共设施特别是环保公共设施的共享。为高质量建设生态工业园区和加速促进园区循环化改造，本研究提出如下四条对策建议。

1. 建立湖北省省级工业园区生态化评价指标体系

依据国际生态工业园区框架所设定的维度和结构，吸纳国家在生态工业示范园区、绿色园区和园区循环化改造等指标体系，建立湖北省级绿色园区评价指标体系。具体建议如下：

在园区管理层面，应推行工业园区的第三方管理，可以涵盖园区的运营、监测、管理等多方面业务；同时应加强工业园区的基础设施共享，即在生态工业园区评选时需要将这两方面纳入其中。

在环境表现方面，需要补充加强的评价指标，包括环境能源检测系统、能效管理、温室气体排放控制、最终工业固体废物的填埋量等。

在社会价值方面，应加强社会管理体系的建设，包括职业健康安全管理体系、申诉管理、应对骚扰和女性权利等具体方面；另一方面，应使区内基础设施由内向外延伸服务，同时还使城市基础设施由外至内拓展服务；最后，园区的建设应积极鼓励公众参与，实现园区经济、环境和社会的和谐发展。

在经济绩效方面，注重工业园区对于当地经济发展的连带推动作用，以及对于当地人口福利的社会经济影响，例如有关带动当地居民就业以及为当地中小型企业（SME）创造发展机遇等要求。

2. 建设园区生态化发展动态监控系统

引导全省园区推进智能制造，打造智慧园区、绿色园区，加快推进智能化、绿色化发展；探索开展管理信息化试点，支持试点园区建设工业园区信息网络服务平台，利用信息化技术提升园区管理和服务水平。围绕省级园区生态化评价指标体系，建设每一项指标的动态监控系统。同时，在有条件的园区，启动智慧园区建设。大力推进园区信息基础设施优化、开发管理精细化、功能服务专业化和产业发展智能化，着力建设一批公共信息通信网络高速泛在、精细管理高效惠企、功能应用高度集成、智慧产业高端集聚的智慧园区。

3. 强化综合评价

依托上述省级工业园区综合信息服务平台所建立的动态监控系统，汇总各项指标数据，与国际框架、国家绿色园区和省级绿色园区指标进行对标分析，看园区绿色发展的程度以及存在的主要问题。预期得到的评价结果包括：①湖北工业园区的整体绿色发展程度如何；②哪些园区已经达到了国家或者省级绿色园区的标准，哪些达到或接近了国际框架标准；③有哪些园区存在比较大的提升潜力，预期可以通过世行资助能够达到相关的绿色园区标准。同时，围绕园区管理、企业服务、产业发展等板块，突出园区管理信息化、企业管理咨询对接、产业供应链配套、零担货源集散等主要功能。

4. 建立长效机制

按照循环经济和产业生态学原理和绿色园区建设要求，进行政策和管理创新，建立绿色园区发展的长效机制。具体包括：

（1）建立绿色园区领导小组和工作小组。成立以省长为主任、主管工业副省长为副主任，省发改委、省工信厅、省商务厅、省科技厅、省生态环境厅、省国土资源厅和省财政厅等部门负责同志作为成员的领导小组。依托省发改委园区处成立绿色园区工作小组，建立有效的组织架构，责任分工明确。

（2）建立一体化发展的政策体系，推动土地开发、产业发展，基础设施建设、平台要素等全方位协作的政策体系。实施环境景观化、企业环保化、生产安全化、产业循环化和管理智能化的同时规划和同时落实。

（3）发挥工业园区综合信息服务平台和智慧云平台的作用，建立工业园区绿色发展大数据，对招商引资、企业退出、项目评价和奖惩政策落实等实施智能辅助决策，推动智慧管理和科学决策。

（4）建立园区绿色发展的创新创业生态系统。建立绿色发展基金，成立绿色发展专家库，与海内外园区建立战略合作关系。

第三章　湖北省生态农业发展战略研究

一、湖北省生态农业发展现状

（一）湖北生态农业发展的成效

1. 农业绿色化水平稳步提升

湖北省秉承"绿色、生态、安全"理念，坚持在挖掘潜能、提高质量、产品增值、品牌增效上谋求农业可持续发展，大力支持与培育了一批品牌农业、特色农业、加工农业、休闲农业、绿色农业以及"互联网+农业"等现代农业绿色发展新模式新业态，推进与工业和服务业深度融合。特别是以绿色食品、有机食品、无公害农产品和农产品地理标志（简称"三品一标"）为主要抓手，转变农业发展与经营方式，调整产业结构，推进湖北省农业绿色发展和生态位提高，提升农业绿色化发展水平①。近年来，湖北积极引导龙头企业、合作社、家庭农场等新型农业经营主体积极申报绿色食品、有机食品；鼓励优质农产品深加工、畜禽和水产企业申报无公害农产品、绿色食品；经过多年努力，截至 2018 年年底，全省"三品一标"总数达到 4868 个，农产品质量监测合格率已经达到 97% 以上，连续 6 年处于全国前列。此外，通过对 2010～2018 年期间湖北省生态农业发展评价，发现其生态效益、经济效益、社会效益都呈现上升趋势（表 3-1）。特别是生态效益上升幅度要高于经济效益与社会效益，这也从侧面反映了湖北生态农业发展绿色化水平在逐渐提高。

表 3-1　2010～2018 年湖北省生态农业发展状况评价

年份	生态效益	经济效益	社会效益	综合效益
2010	0.142	0.126	0.152	0.40
2011	0.187	0.149	0.175	0.511
2012	0.217	0.178	0.189	0.584

---

① 黄小飞. 推进湖北农业结构转型升级研究 [D]. 上海：华中师范大学，2018.

续表

年份	生态效益	经济效益	社会效益	综合效益
2013	0.235	0.211	0.197	0.643
2014	0.239	0.213	0.211	0.663
2015	0.273	0.218	0.227	0.718
2016	0.288	0.278	0.235	0.801
2017	0.292	0.289	0.274	0.855
2018	0.312	0.295	0.294	0.901

2. 农业生态保护力度进一步增强

党的十八大以来，湖北省按照中央与国务院要求，加大了农业生态保护力度，通过以林业生态示范县、绿色生态示范乡（村）、美丽乡村建设等为重要措施，大力实施天然林保护与修复、退耕还林、湿地保护与恢复、湿地公园建设、三峡库区防护林工程、林业防林工程、鄂北岗地防护林带建设工程、江汉平原湖区、丘陵地区农田防护林带、天然林保护工程、矿区植被恢复工程、沙化荒漠化治理、石漠化综合治理工程、水土保持、道路绿化等一系列重大工程和补助政策，不断加强农田、森林、草原、湖泊等主要生态系统保护与建设。此外，农业生态安全值的变化很大程度上反映了湖北农业生态保护的持续加强。如表 3-2 所示，湖北农业生态安全从 2012 年的 0.886 后逐年上升，在 2018 年达到 0.985，这说明湖北农业生态安全持续向好，这得益于近年来湖北不断加大对生态保护的投入。

表 3-2　2012～2018 年湖北农业生态安全值

年份	2012	2013	2014	2015	2016	2017	2018
农业生态安全值	0.886	0.923	0.936	0.948	0.962	0.973	0.985

近年来，湖北连续出台《湖北省水污染防治条例》《关于农作物秸秆露天禁烧和综合利用的决定》《湖北省土壤污染防治条例》《关于大力推进长江经济带生态保护和绿色发展的决定》。连续 4 年，4 部地方性法规的相互衔接，既为保护蓝天、碧水、净土提供了法理依据，同时也共同织密农业生态保护的"法治网"，以先行先试的原则出台了农业绿色发展的制度保障机制。此外，湖北积极推进"一建三改"，畜（禽）—沼（气）—农（粮、果、茶、鱼）循环利用模

式被广泛接受①；实施稻–虾②,③、藕–虾套养；利用蜂传媒方式，大力发展蜂产业；利用农、林剩余物探索繁殖食用菌；对庭院实行多种经营方式，建立起种养结合、相互依存、方式多样的庭院经济模式。

3. 农业生态文明建设同步展开

湖北在不断加大农业生态保护力度的同时，推进生态农业发展，加快农业生态文明的建设，出台了《湖北省"厕所革命"三年攻坚行动计划（2018—2020年)》《湖北省推进城乡生活垃圾分类实施方案》。在厕所革命上，在前期开展试点示范的基础上，已经全面推开农村厕所改造工作。截至2019年6月，全省已经累计完成农村户厕改建达198万座、县乡农村公厕1.4万余座。在农村垃圾分类回收上，湖北省已建成垃圾中转站1858座，其中乡镇1077座，并且绝大多数垃圾中转站已经基本具备生活垃圾中转能力。此外，湖北通过创新，使农村生活垃圾按照设施设备、治理技术、保洁队伍、监管制度、资金保障"五有"标准有效治理率超过90%，垃圾前端收集、中间转运、末端处理的链条式经营管理体系正逐步健全。

(二) 湖北生态农业发展的紧迫性

在湖北农业绿色发展取得巨大成就的同时，也引发了一系列的问题，过度开发农业生态资源、过量使用农业投入品、超采地下水以及农业内外源污染相互叠加等带来的诸多阻碍农业可持续发展的问题也日益显现。一方面，工业和城市生活垃圾与污水向农村地区转移排放，农产品产地环境质量存在下降趋势；另一方面，化肥、农药等主要农业投入品使用超量，畜禽粪便、作物秸秆和农田残膜等农业废弃物未得到合理处置，导致农业面源污染日益严重，加剧了土壤和水体污染风险。实现湖北农业健康可持续发展，确保全省农产品产地环境安全，不仅有利于确保粮食安全和农产品质量安全的现实需要，而且能促进省域农业生态资源高效可持续利用、改善农业生态环境。同时，农业作为高度依赖自然资源与经济资源条件，反过来又直接影响自然环境的产业，对实现全省农业绿色生态可持续发展，应充分发挥农业的生态服务与调节功能，把农业绿色发展作为美丽湖北的"生态屏障"，为加快推进湖北的农业生态文明建设做出更大贡献。因此，加快农业生态化建设，大力发展生态农业已经成为当下湖北农业转型发展的迫切

①　徐婷婷，马丹. 滨河湖区生态农业可持续利用模式设计——以湖北鄂州市梁子湖区为例 [J]. 法制与社会, 2007, (11): 666-667.

②　冯祖稳. 湖北宜城市的生态养殖建设 [J]. 渔业致富指南, 2018, (15): 21-24.

③　马达文. 湖北稻田综合种养开辟农业生产经营新业态 [J]. 中国水产, 2016, (03): 32-33.

需要。

二、湖北省生态农业发展的问题分析

(一) 农业生态环境污染问题突出，农业生态系统退化严重

长期以来，高强度、粗放式与无规制的农业生产方式致使农业生态系统结构严重失衡、功能呈现退化，农林复合生态系统恶化加重。湖泊、湿地、草地面积萎缩较大，农田生态服务弱化[①]。生物多样性受到严重威胁，濒危物种种类呈现增多趋势[②]。气候变化带来温室效应凸显，尤其是高温热害、暴雨洪涝、臭氧浓度增加等负面效应加大，生态农业绿色发展的不稳定性与不可持续性增强。一方面，生态环境污染使农产品数量与质量呈现下降趋势。由于耕地质量下降、黑土层变薄、土壤酸化、耕作层变浅等问题的出现，已经严重影响了湖北农产品产量与质量安全[③]。另一方面，生态环境污染问题的长期存在，影响了农民的健康与生活质量。湖北作为千湖之省，又依靠长江与汉江等大江大河，水资源丰富，但是由于农药化肥的过量使用，致使全省不少地区的水质下降，有些地方的地下水重金属超标，甚至出现了癌症村等问题，这加剧了农民的健康饮水问题。

近年来，随着工业化城镇化进程的加快推进，工业"三废"和城市生活废弃物与废水等外源污染逐渐向农业农村蔓延，镉、汞、砷等重金属不断向破坏农业产地和生产环境。农业面源性污染严重性明显增强，特别是农业投入品中化肥和农药利用率、农膜回收率、畜禽粪污有效处理率还很低，农田秸秆资源浪费现象严重。2018 年，全省农业源 COD 排放量超过 46.31 万 t，农业源氨氮排放量 4.88 万 t；全省播种面积亩均化肥用量 25.4kg，比全国亩均用量多 4.6kg；全省秸秆产出量 3600 万 t，资源化利用率低于 80%；全省有机肥资源总养分偏少，约 150 万 t，而实际有效利用不足 40%；其中，规模化畜禽粪便养分还田率仅为 50% 左右，低于东部大多数省份。农村垃圾与污水处理能力严重不足。农业生产中产生的这些问题，已经严重破坏了农业生态系统平衡，引发了生态环境问题，致使农业生态系统退化。

---

① 王宝义，张卫国. 中国农业生态效率测度及时空差异研究 [J]. 中国人口·资源与环境，2016，26 (06)：11-19.

② 程翠云，任景明，王如松. 我国农业生态效率的时空差异 [J]. 生态学报，2014，34 (01)：142-148.

③ 祝万伟. 基于因子分析的湖北省生态农业发展状况综合评价 [J]. 湖北师范学院学报 (哲学社会科学版)，2015，35 (06)：57-61.

（二）生态农业发展的体制机制不健全，制度性瓶颈依然存在

长期以来，制约湖北生态农业发展的制度因素是多方面的。一是农地产权制度的残缺性直接导致农地要素不能有效流转。产权作为市场中买卖双方进行平等交易的法权，激励和约束着相关产权主体的行为，影响着农地的有效配置，在农地流转过程中起到举足轻重的作用。由于我国农地是集体所有、家庭承包，产权未有效的明晰，导致村集体、农户与承租方在产权问题上存在纠纷，最终使传统农业向生态农业转型发展过程中的土地等生产要素无法得到有效保障。二是生态农业标准化体系建设滞后。生态农业的发展有别于传统农业，主要体现在农业生态位上。因此，传统农业的标准化体系已经不能适应其发展的需要。当前，湖北省依然没有出台有关生态农业标准化发展的实施意见，对如何发展好生态农业还缺乏统一的思想与思路。特别是对生态农业发展过程中，不同农产品生产、加工、包装以及生态技术的标准还没有做到全省统一，即使有部分企业有自己的企业标准，但是往往标准都比较低，只是在传统农业标准上适当修改一些指标而转化而来，与生态农业绿色发展的理念相差较大。生态农业标准化建设的落后，最终制约了湖北生态农业发展进程。三是支持生态农业发展的政策措施有待完善。生态农业作为一种全新的农业发展形态，仅仅依靠市场调节作用很难实现，还需要有特殊的政策支持方可有效地促进其健康可持续发展。但是由于生态农业提出的时间较短，湖北各地区对如何支持、在哪些方面支持还存在许多困惑，致使生态农业发展往往停留在口号上。特别是生态农业发展急需的绿色金融支持、市场主体培育、生态技术开发等方面的政策激励还比较弱，未能起到应有的效果。

（三）生态农业发展的新型市场主体缺乏，生态农产品品牌度偏低

生态农业发展需要有相应的市场主体推动并结合相应的产品品牌推广才能健康可持续发展。一方面，当前湖北的农业发展还是以家庭小农户为主与新型市场主体为辅的态势，家庭为主的经营单位不能使农业形成规模效应，甚至会浪费了大量的生产要素与生产资料，可能产生一系列的问题。特别是许多小农户由于自身知识水平有限，依然将土地作为"命根子"，不愿意将农地流转，怕土地流转后就失去土地。这直接抑制了农地流转的规模化作业。即使有些农户愿意将土地流转，但流转的时限比较短，多在3年以内，这也在一定程度上制约了生态农业的发展。另一方面，湖北生态农产品的知名度较低，品牌效应未形成。当前，以"三品"（无公害农产品、绿色食品、有机农产品）品牌度为例，即使不少品牌获得过农业农村部认证，但是在市场中知名度很低，不少湖北当地的百姓都未知晓过许多被认证多年的品牌。当然，湖北生态农产品品牌知名度低是由许多原因造成的，有的是企业对品牌建设意识低，也有政府对优质农产品品牌保护力度不

够，甚至由于市场缺陷，存在次品挤推良品的现象。

三、湖北省生态农业发展的原则与目标

（一）湖北生态农业发展的基本原则

（1）坚持农业绿色发展与生态资源环境可持续利用相融合。将"整体、协调、循环、再生"的生态经济学原理贯穿于生态农业发展的各环节，建立与生态资源承载能力、生态环境容量融合的生态农业产业布局与空间结构。

（2）坚持当前治理有效与长期保护改善相统一。从突出农业面源污染环境问题着手，区分轻重缓急，科学设计治理农业生态环境的实施步骤，优先解决区域农业水污染、土壤重金属等突出问题；合理划定生态农业空间和生态空间保护红线，整体保护、系统修复、综合治理，适度有序开展农业资源休养生息。

（3）坚持试点先行与示范推广相统筹。根据各县市资源禀赋与生态农业产业结构，统筹考虑不同区域不同类型不同产业的实际情况，探索建设不同区域差异化生态农业发展试验试点区，探索总结可复制。

（4）坚持政府引导与市场主导相促进。大力发展生态农业，关键是发挥市场与政府两者的作用。政府要履行好顶层设计、政策引导、资金支持、服务监管等方面的职责，形成生态农业发展的协调机制，构建绿色有机农产品产出、农业生态资源与环境保护修复为导向的农业生态补偿制度和农业绿色化发展长效机制。此外，按照"谁污染、谁治理""谁受益、谁付费"的要求，着力构建公平公正、诚实守信的市场环境。

（二）湖北生态农业发展目标任务

（1）绿色农产品产能明显提高。落实最严格的耕地保护制度、节约集约用地制度、水资源高效利用制度、生态环境保护修复制度，强化监督考核和激励约束，引导省内农业与农村走上生态、生产、生活"三位一体"良性发展道路，构建与生态资源环境承载力相匹配的生态农业发展新格局，持续提升农业绿色供给能力。特别是要在坚持保障粮食安全的基础上，不断提高绿色生态农产品比重，发展好优势绿色有机农产品，培育潜力较大的生态农业，发展新业态新载体，加大对绿色、有机农产品和地理标志农产品企业扶持力量，以期确保农产品供给更加优质安全，农业生态服务能力进一步提高。

（2）农业资源利用更加节约高效。按照减量化、再利用、资源化的原则，加快建立绿色生态循环农业产业体系，大力推进全省生态循环农业建设，促进农业资源高效利用和废弃物循环利用，保护和节约利用农业资源，努力实现耕地数量不减少、耕地质量不降低。同时，通过现代农业技术手段，推广使用滴灌、喷灌等节水措施，不断提升农业用水效率，减少水资源的浪费，提高农田灌溉水有效利用系数。

（3）农业生态系统更加和谐稳定。通过发展生态农业，构建绿色农业产业体系，建立种植业、养殖业以及水产业清洁生产结构与模式，建设各类农业污染排放综合治理与资源化利用工程，集成示范农村生活垃圾与污水治理技术，建设美丽宜居乡村，遏制农业面源污染，确保农业清洁投入、清洁生产、清洁产出，最终保护和修复农田生态系统，明显改善农业生态环境。

四、湖北省生态农业发展的实施路径

（一）转变生态农业生产方式

（1）加快推进农业标准化生产。建立健全适应农业绿色化发展、覆盖全产业链的农业标准化生产与管理体系，制定农业区域公用品牌、特色农产品品牌的省级农业生态技术规程和地方标准。支持生态农业规模化市场主体实行标准化生产、工业化加工，鼓励农业企业特别是龙头企业全产业链、成建制地推进农业标准化。同时，积极开展农业全程绿色标准化示范县（市）与示范基地创建，推进花卉园艺作物标准园、畜禽标准化规模养殖场（小区）、水产健康养殖示范场和生猪屠宰标准化建设，确实转变畜禽养殖高污染发展的态势（图3-1）。

（2）促进农业绿色化生产。通过实现化肥农药使用量负增长，加强农药兽药废弃包装物回收处置和农作物秸秆、畜禽粪污资源化利用，支持有机肥加工生产和推广应用，开展果菜茶有机肥替代化肥示范，推动水肥一体化，发展绿肥生产。推广健康养殖，建立病死禽畜无害化处理机制，支持发展循环生态农业。建立农业生态环境容量评价机制，积极稳步推进生态农产品产地分类划分和受污染耕地安全利用等级。探索开展农业绿色生态发展试点，推进农业生态循环示范区、农业绿色发展试点先行区建设。推广一批抗旱性明显提高、需肥量明显降低、抗病性抗虫性明显增强的绿色品种。

（二）加强农业生态环境保护与治理

（1）大力推进化肥农药减量化。通过运用生态技术与生态手段，支持湖北各县市深入实施化肥使用量负增长行动，选择一批农业生产大县（市）开展农药化肥减量化示范，强化对农药化肥生态技术集成创新，集中推广一批土壤修复、地力增肥、治理有效和化肥减量增效的生态技术模式。探索服务生态农业有效机制，运用生态技术在更高层次上陆续推进化肥减量增效，推广使用有机化

图 3-1　神农架世界地质公园红豆杉与茶混合种植科普示范基地

肥。同时，要通过建设一批病虫害防治基地、天然绿色防控融合示范基地、稻田立体综合种养示范基地，选择一批蔬果生产大县开展果菜茶病虫全程绿色防控试点，在总结经验的基础上积极推广一批行之有效简便易行的绿色防控技术，努力扩大全省农业绿色防控覆盖范围。推进统防统治减量，推行政府购买服务等方式，扶持一批农作物病虫防治专业服务组织与机构。推进低效高毒药械减量，示范推广高效药械、低毒低残留农药，引导农业生产主体安全科学用药。此外，推进有机肥替代化肥。选择在果菜茶优势产区与大县以及农产品核心产区和地标生产基地，探索全面实施有机肥替代传统化肥政策，集中打造一批有机肥替代化肥、绿色优质安全农产品生产园区，加快形成一批可复制、可推广、可持续的组织方式和技术模式。

（2）促进农业废弃物资源化有效利用。加强规模化养殖中畜禽粪污资源化利用；完善规模化养殖畜禽粪污资源化利用制度体系，推动完善畜禽粪污资源化利用用地政策、畜禽规模养殖场环评制度、碳减排交易制度。全面落实《畜禽粪污土地承载力测算技术指南》，指导湖北长江段、汉江合理布局畜禽养殖，规范畜禽养殖的粪污处理方式与可持续利用模式。在畜牧大县与主产区率先完成整县推进粪污资源化利用项目,推动形成畜禽粪污资源化利用可持续运行机制。通过开展畜牧业绿色生态环保发展示范县评比以及创建活动,从而示范引领畜禽粪污资源化利用工作全面展开。

(3)积极推进农作物秸秆资源化高效利用。按照属地原则,指导各地级市制定所属县域秸秆资源化高效利用实施方案,提高秸秆综合利用的区域协调统筹水平。坚持农用为主、工业为辅、五料并举方针,积极推广深翻还田、捡拾打捆、秸秆离田多元利用等资源化利用技术,科学创设秸秆还田离田高效利用的体制机制,大力培育与发展秸秆资源化利用龙头企业,推进秸秆产业化发展。

(4)推进农膜废弃物资源化回收利用。通过坚持源头控制、因地制宜、重点突破、综合施策,不断完善农膜回收网络。加大农用地农膜新国家标准宣传力度,加快推广应用加厚地膜。探索应用全生物可降解地膜。

(5)强化农村卫生设施的建设和管理。要强力实施好《湖北省"厕所革命"三年攻坚行动计划(2018—2020年)》的有关改善农村卫生设施的行动。加强在厕所及卫生管网设施规划、用地、用水、用电等方面的政策倾斜力度,积极引导社会资本、社会组织参与"厕所革命"。同时,积极奖励农户无害化厕所建改、污水处理和农村公共厕所建设,充分调动农户参与的积极性,推动政府、企业与农户形成合力,共同建设与管理好农村卫生设施。

(三)持续巩固和完善农村基本经营制度

由于我国的国情特殊性,农村基本经营制度依然是以公有制为主,特别是以家庭承包经营为基础的农村土地制度,不但赋予了农户长期而有保障的土地承包经营权,而且使农村土地承包经营权人合法权益得到有效保障,有力地促进了农业增效与农村经济发展以及农村社会长期稳定。实践证明,现有的农村基本经营制度符合当下国情。当然,我国的农村基本经营制度是不断完善的。特别是新修订的《农村土地承包法》实施以来,对农村土地经营制度进行了完善。从宏观层面看,随着我国工业化、城镇化、信息化的加速推进,对农业农村经济发展和农民持续增收提供了强有力支撑,但在土地、资金、劳动力等生产要素流动上,又对农业和农村经济发展提出新挑战。从农村内部看,随着农业现代化水平的持续提升,大量富余劳动力特别是新生代农民工转移到城镇就业,各类新型农业经营主体大量涌现,农村土地流转面积扩大不断加快,农业规模化、集约化水平也随之提高,导致农村土地经营方式呈现多元化格局。因此,为了维护好农民对土地的基本权利,促进生态农业持续健康发展,就需要持续稳定与完善农村基本经营制度。

(1)完善农村土地承包经营制度。当前,加紧制定第二轮土地承包到期后再延长30年的相关配套措施。在完成农村土地确权登记颁证基础上，要强化对现有数据的有效整合，强化确权登记数据信息化管理和综合应用，探索建立省、市、县、乡四级农村土地承包管理信息共享系统。同时，在坚持农村土地集体所有的前提下，促使承包权和经营权有效分离，形成所有权、承包权、经营权"三权"分置的格局；对进城务工人员，需要维护其落户后农村土地承包经营权、宅基地使用权、集体收益分配权保持不变，依法规范权益转让；有序推进农村承包地"三权分置"，依法维护农村集体、承包农户与经营主体的相关合法权益。此外，要加强工商资本与社会资本租赁农地的监管和生态风险防范机制建设，建立土地流转审查监督机制，制止和防止耕地经营"非农化"。建立完善土地承包经营权确权登记制度。

（2）放活农村土地经营权。按照依法自愿有偿原则，鼓励农民采取转包、转让、出租、互换、入股等方式自愿流转承包土地的经营权，积极探索土地信托、托管、股田制等新型流转模式，积极引导与鼓励有稳定非农就业收入且长期在城镇居住生活的农户自愿有偿退出土地承包经营权。尝试在有关县市探索开展农户承包地市场化资本化有偿退出试点。完善集体林权制度，引导流转主体规范有序流转，鼓励发展家庭林场、集体林场、股份合作林场等形式。允许承包方以承包土地的经营权入股和发展农业产业化经营，探索农地土地经营权融资担保。

（四）大力发展生态农业新业态新载体

培育生态农业新业态新载体是推进生态农业融合式发展重要途径。

（1）出台有关政策措施促进休闲农业与乡村旅游业融合协同发展。引导休闲农业与当地特色产业、资源环境、农耕文化等有效融合，促进产业提档升级。休闲农业①作为利用农业景观资源和农业生产条件，发展观光、休闲、旅游的一种新型农业生产经营形态，可以深度开发农业生态资源潜力，调整生态农业结构，改善农业生态环境，是增加农民收入的新途径。选择优势区域，实施国家休闲农业和乡村旅游精品工程，建设一批星级休闲农庄、休闲农园、森林人家、康养基地、乡村研学旅游基地、特色民宿、特色旅游村镇、星级乡村旅游区和精品线路，打造一批休闲观光农业示范点（村镇、园、农庄）。科学合理利用闲置农

---

① 休闲农业是以农业、农村和农民为背景，利用农业资源、农业景观和农村环境，以农林牧副渔生产和农村文化生活为依托，以休闲农场为载体，增进人们对农业及农村体验为目的，具有生产、生活、生态"三生一体"和一、二、三产业功能特性的新型产业态态。引自：范水生，朱朝枝. 休闲农业的概念与内涵原探［J］. 东南学术，2011，（02）：72-78.

我国休闲农业可划分十大业态，分别为市民农园、采摘农园、农业示范园、休闲农场、休闲林场、休闲牧场、休闲渔场、休闲农庄、民宿农庄、民俗村寨。引自：杨荣荣. 基于业态划分的我国休闲农业评价研究［D］. 哈尔滨：东北林业大学，2015.

房发展民宿、康养项目，发展农耕文化、农耕体验、农田艺术景观、阳台农艺等创意农业。大力发展生态旅游，打造多元化的生态旅游产品，培育生态科考、生态康养等产业，推进生态保护修复与生态产业发展深度融合。发展乡村特色生态文化旅游，实施好传统手工艺振兴计划，在少数民族聚集区推进具有民族和地域特色的鄂绣、鄂茶等传统工艺产品的提质发展。通过依托乡村文物保护单位，打造一批国家（省）级文化公园。树立全域旅游理念，构建武汉城市圈近郊乡村旅游圈、鄂西鄂东北生态文化和民俗文化休闲旅游带。

（2）着力培育具有湖北特色"农字号"小镇。打破传统的行政条块分布，探索突破行政区划发展理念，打造农业发展新业态和新模式，将优质农产品乡镇（基地）建设成特而优、聚而合、精而美、新而活的"农字号"特色小镇（基地）。在武汉城市圈周边村镇，要积极吸引高端要素集聚，发展现代农业服务业和新产业、新业态，建设产城有机融合、创新创业活跃的特色小镇；在其他地级市周边，重点建设自然环境秀丽村镇，充分利用山水林田湖风光，保持乡镇原真性、自然属性，发展乡村生态旅游、康旅运动、健康养生等产业，建设一批人与自然生态和谐共生、宜居宜游的特色小乡镇；在历史文化积淀深厚村镇，需要继承与延续文脉、持续挖掘文化内涵与特色，做强做优文化旅游、民族民俗体验、创意策划等产业，建设一批保护荆楚文化基因、兼具现代湖北地方气息的特色小镇。

（3）大力发展农村电商。通过实施户户通网工程，扶持农村电商发展，依托大型电商企业打造一批知名电商产业园区、电商特色乡镇（村）。同时，加强县级电商运营中心建设，支持供销社、邮政、快递及各类企业服务网点延伸到行政村，实现快递物流、村级电商服务站点覆盖所有村，推动特色和品牌农产品产地建仓、网上销售。积极推进国家级、省级电子商务进农村综合示范全覆盖，抓好宽带普及行动、电商物流通村行动、百万创客实训行动、百佳品牌培育行动、农村电商倍增行动、综合示范提升行动。

（五）健全生态农业市场体系

1. 培育新型生态农业经营主体

（1）培育全产业链龙头企业。通过政策倾斜支持，做大做强农业龙头企业，扶持一批标杆型龙头企业，建设标准化、现代化与规模化原料生产基地，鼓励和支持工商资本发展企业化经营的种养业、加工流通和社会化服务，组建混合所有制农业产业化龙头企业。逐步推广"标杆型龙头企业+家庭农场+基地+农户""标杆型龙头企业+农民专业合作社+农户"等模式。

（2）促进农民专业合作社规范可持续发展。强化农民专业合作社规范化管理与标准化建设，建立健全相关管理制度，提高内部自我民主管理水平，逐渐实现组织机构运转有效、产权归属明晰、运营事务管理公开透明。鼓励农民以农地、林权、资金、劳动、技术、产品等要素为纽带，开展各式各样的合作与联合形式，依法自愿组建联合社，积极探索开展互助保险和合作社内部信用合作试点。此外，需要强化农民专业合作社内部各项监管，积极引导优质合作社开展省市级示范合作社创建，要重点扶持一批规模较大、效益较好、运作规范、管理有效、带动力强的标杆型农民专业合作社。鼓励推广"订单收购+股份分红""土地流转+优先雇用+社会保障""农民入股+保底收益+按股分红"等多种形式的利益联结方式，带动小农户专业化生产，让农户分享产品加工、销售环节的各项收益。

（3）推动家庭农场做大做强。优先扶持发展具有特色、专业突出型种养大户和示范型适度规模家庭农场，鼓励发展种养相结合的生态家庭农场。探索实施"万户"工程，开展家庭农场示范县（市）和省级示范家庭农场评比与创建。

（4）发展新型农村集体经济组织。鼓励村集体领办创办各类服务实体，盘活村级闲置资源，支持村集体与供销社合作开展惠农综合服务。鼓励村集体以入股、参股、租赁或者流转等多种形式，发展现代设施农业、林下经济，建设特色农产品种养基地，发展乡村生态旅游休闲农业。

2. 健全农业社会化服务体系

健全农业社会化服务体系，是将科技资源、信息资源、人才资源与资本等现代农业生产要素有效植入生态农业产业价值链的重要保障，是发展生态农业的重要抓手。健全农业社会化服务体系，需要重点在培育与发展壮大新型农业服务主体、大力推进农业社会化服务能力建设、创新服务内容和模式上下工夫。

当然，大力培育与发展新型农业服务主体，能引导不同类型服务主体分工协作，实现优势互补。①切实落实政府相关扶持政策，用足用好财政扶持、信贷支持、税费减免、人才引进等支持政策，选择培育一批具备提供高端增值服务能力的农业服务主体，打造一支高技能专业化的服务人才队伍和新型职业农民队伍。实施好重大项目或专项行动，注重整合财政、税收、金融、审批等各种优惠政策，扎实推进农业社会化服务向价值链高端延伸。②强化县乡政府农业公共服务机构的支撑与引导作用，依据不同产业类型，做实做强做细农业生产、加工、销售等重点环节公共服务。同时对接经营性服务主体，引导其更好为农户服务。③明确不同农业服务主体之间分工协作，通过以资金、技术、服务等要素为桥梁，大力发展服务联合体、服务联盟等新型组织形式。

持续强化农业社会化服务能力建设，重点要加强农业生产、加工、销售等关键环节和薄弱环节的服务供给。①加大以农田道路、灌溉等关键基础设施为重点的农田增产增收能力提升建设力度。同时，对农业种植用地进行规模化与宜机化改造，大力推进农业全流程机械化生产服务能力建设。②扶持新型农业服务主体建设，通过充分利用政府财政资金奖补、利息补贴、信贷担保等三农扶持政策，着力解决制约服务主体建设中融资难、融资贵等突出问题。此外，鼓励农业服务主体通过搭建区域性农业社会化服务综合平台，为农业生产者与中间商提供"一站式"服务。③采用直接补贴、政府购买服务、定向委托等方式，充分发挥政府引导作用和市场配置资源的决定性作用，着重解决农户生产中起初投入大、技术公关难度高、短期效益低等现实问题。

3. 优化绿色生态农业发展的市场环境

（1）优化生态农业发展的投资环境。持续加大改革创新力度，着实推进"放""管""服""效"① 一体。逐渐减少有关生态农业企业审批事项、提高政府监管水平、改变政务服务信息滞后、涉农企业和农户办事难办事繁等问题。各级政府部门要从战略和全局高度充分认识深化优化生态农业投资环境的重要性和紧迫性，持续优化投资环境。

（2）优化生态农业发展的融资环境。资金是生态农业发展的重要制约因素。不少从事生态农业的企业往往因为融资困难而最终退出农业领域。因此，良好的融资环境将有效保障企业融资渠道畅通，资金充实，发展有盼头。优化生态农业发展的融资环境，需要结合省市县金融政策与生态农业发展实际，加大金融产品和服务方式创新，积极利用网络信息、大数据等新技术，创新企业融资渠道与融资方式，允许将耕地经营权等资产进行抵押担保融资，探索开发线上线下融合的金融产品。同时，通过积极搭建政府+银行+企业三方合作平台，协助企业和银行开展融资供需对接，重点鼓励金融机构为发展前景好、市场发展潜力大的农业企业提供信贷支持。

（六）着力推进品牌强农

通过培育、整合、宣传、保护生态农业品牌，构建以"三品一标"绿色农产品为基础、农业企业品牌为主体、地标品牌为龙头的湖北绿色农产品品牌体系，全面提升"鄂"字牌绿色农产品市场在全国甚至国际竞争力与知名度。

一方面，要着力打造一批"鄂"字号绿色生态农产品品牌。

（1）打造知名度高的区域公用品牌。通过立足各地资源禀赋、产业发展基础和传统农耕文化形态，结合发展各县市特色优势产业，以农产品地理标志为依

---

① "放""管""服""效"是指简政放权、放管结合、优化服务、提升效能。引自："放管服效"改革掀起一场效能革命 [EB/OL] . http：//www. cajcd. cn/pub/wml. txt/980810-2. html，2019-05-30.

托打造区域公用品牌，引入现代元素改造提升传统名优品牌。围绕"潜江小龙虾""蕲艾""罗田板栗"等区域公用品牌，擦亮湖北特色农产品名片。立足湖北省农业资源特色和产业发展基础，在创建省市级特色生态农产品优势区的基础上，积极申报与争创国家级特色农产品优势区，培育一批发展潜力大、产品质量过关的特色农产品，打造特色农产品品牌。具体来说，茶叶类应重点培育恩施硒茶、武当道茶、青砖茶等品牌；水果类应重点培育宜昌蜜桔、秭归脐橙、公安葡萄等品牌；蔬菜类应重点培育蔡甸莲藕、随州香菇、洪湖藕带、洪山菜薹等品牌；中药材类应重点培育罗田茯苓、英山苍术、房县虎杖等品牌；粮油类应以"湖北名优大米十大品牌"和"湖北优质菜籽油五大品牌"为引领，重点培育虾稻、有机生稻、浓香菜籽油等品牌，推进荆门高油酸菜籽油公用品牌建设。畜牧类应重点培育神丹蛋品、罗田和麻城黑山羊等品牌。水产类应重点培育香稻嘉鱼、荆州鱼糕、洪湖清水大闸蟹等品牌。通过打造特色优良的绿色生态农产品品牌，避免各县市恶性竞争，从而提高区域公用品牌的知名度。

（2）强化农业企业品牌建设。积极引导与支持同行业、同产品的农业类企业兼并重组，组建大型农业企业联盟集团，通过集团化运作做大做强农业产业化龙头企业。此外，主动对接资本市场，大力培育上市后备企业、种子企业。支持农业企业通过并购重组上市，在"新三板"挂牌。支持符合条件的国家（省）级农业产业化龙头企业或集团通过在境内外上市与发行企业债券等方式融资。

（3）打造特色农产品品牌。立足粮食、畜禽、蔬菜、茶叶、水果、水产、油茶、油菜、中药材、竹木十大特色优势农业产业，打造一批"鄂"字牌特色农产品品牌。加大"三品一标"农产品认证，积极创建"三品一标"农产品示范基地，通过建设绿色（有机）农产品示范基地，开展农产品出口品牌建设试点。加快地理标志农产品的品牌定位、生产方式和新品种开发，推动地理标志品牌与关联性农业产业协同发展。支持新型农业经营主体开展"三品一标"农产品认证和品牌创建。

另一方面，强化品牌推介与保护。

（1）强化品牌推介。当地政府要出台相关农产品商标注册便利化政策措施，大力推动当地优质农产品地理标志登记。积极开展区域公用品牌创建，办好各层级农博会，大力开展特色优质农产品产销对接活动。做好品牌宣传推介宣传工作，鼓励名特优农产品建立展销中心与平台、实体专卖门店。通过组织新闻媒体精心策划，深挖当地农产品品牌的核心价值与文化内涵，讲好"鄂"字牌绿色农产品品牌故事，提高影响力、认知度、美誉度和市场竞争力。

（2）加强管理与保护相统一。通过加快制定和完善农产品品牌权益保护规章制度，加强对特定农产品地理标志商标、知名农业商标品牌的重点保护。严格质量标准，规范质量管理，强化行业自律，维护好品牌公信力。将知名农业品牌纳入湖北名牌和企业质量诚信评价体系，加大对相关经营主体知识产权、品牌维护、品牌保护等培训力度，提高商标、品牌保护意识和能力。

五、湖北省美丽乡村发展战略

（一）美丽乡村建设的现状

截至 2018 年，湖北省常住人口为 5917 万人。其中，城镇人口为 3567.95 万人，乡村人口为 2349.05 万人，城镇化率达 60.3%。省域陆地面积为 17.66 万 km^2。其中，耕地面积超过 4800 万亩，水田占 60%，养殖水面为 1100 万亩，全省基本农田面积约 3.96 万 km^2，占全省土地面积 21.3%，因其处于南北过渡地带，属于亚热带季风气候，雨水较为充沛，且四季分明，是我国重要粮食主产区。

近年来，湖北农业农村发展成就辉煌，为实现湖北城乡高质量发展格局优化与乡村振兴奠定了深厚的基础。

1. 积极开展美丽乡村建设工作成效显著

美丽乡村建设是改善农村人居环境、加速城乡一体化进程[1]、落实全面脱贫、实现中部崛起的重要举措。湖北省共有 2.3 万多个行政村，图 3-2 显示了全省各地区农村委员会数量。全省遵循"群众为本、产业为要、生态为基、文化为魂"的"四位一体"现代乡村可持续发展理念，着力建设一批"投入少、效果好、能复制、可持续"美丽宜居乡村示范点，进一步提升全省美丽乡村建设整体水平。分别在 2016 年、2017 年、2018 年和 2019 年，美丽乡村试点建设了 199 个、262 个、285 个和 339 个。2018 年出台的《湖北省美丽乡村建设五年推进规划（2019—2023 年）》[2]，全省预计用 5 年的时间，建成 5000 个左右美丽乡村，实现农村人居环境整治全覆盖。每年确定 4000 个左右整治村，建设 1000 个左右示范村，优先将有基础的脱贫出列村纳入整治、示范村范围[3]，未纳入整治、示范的村，同步开展人居环境整治。

---

① 农村绝不能成为荒芜的农村、留守的农村、记忆中的故园。城镇化要发展，农业现代化和新农村建设也要发展，同步发展才能相得益彰，要推进城乡一体化发展。引自：习近平视察鄂州城乡一体化试点. 2013.07.22. http://www.chinanews.com/gn/2013/07-24/5076525.shtml.

② 湖北省委省政府. 湖北省美丽乡村建设五年推进规划（2019—2023 年）. 2019.05.17, http://www.hubei.gov.cn/zwgk/hbyw/hbywqb/201905/t20190517_1394193.shtml.

③ 湖北省农业农村厅. 湖北省美丽乡村建设 2019 年度实施计划. 2019.5.10, http://nyt.hubei.gov.cn/bmdt/yw/ywtz/tncshsycjc_9016/201910/t20191029_113364.shtml.

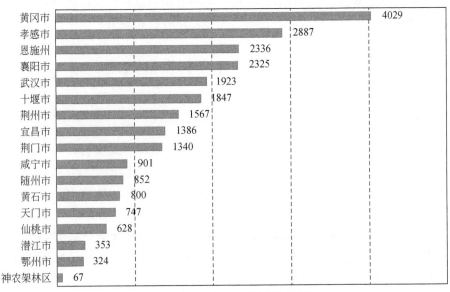

湖北省各地区农村委员会数量/个

图 3-2　湖北各地区农村数量①

2. 农业发展基础坚实，农业质量效益和竞争力增强

（1）2018 年粮食总产达到 567.89 亿斤（1 斤＝500g），连续 6 年稳定在 500 亿斤以上，为国家粮食安全做出了"湖北贡献"。油菜籽产量长期位居全国第一、淡水产品产量长期位居全国第一。蔬菜、水果、茶叶产量稳、效益增，较好地满足了城乡居民的多样化需求。茶叶、柑橘、蔬菜产量和生猪出栏量，分别居全国第 3 位、第 5 位、第 7 位、第 5 位。食用菌、蜂蜜、鸡蛋、小龙虾、河蟹等特色农产品出口全国领先。农产品质量安全监测总体合格率达到 98.6%，连续八年居全国前列。

（2）坚持质量兴农、绿色兴农，深化农业供给侧结构性改革，推进农业绿色化、优质化、特色化、品牌化，不断提高农业质量效益和竞争力。2018 年，全省优质水稻、小麦种植面积占比超过 77%，"双低"油菜种植面积占比超过 95%。全省规模以上农产品加工企业主营业务收入达到 1.25 万亿元，休闲农业综合收入达到 377.4 亿元，农产品加工业成为规模最大、发展最快、就业最多、效益最好和农民获利最多的产业。

---

①　湖北省统计局 . 2019 年统计年鉴 . 2019. 12. 31，http：//tjj. hubei. gov. cn/tjsj/sjkscx/tjnj/qstjnj/.

（3）农业物质装备水平和科技支撑能力不断提高。农产品地理标志拥有量全国第三、中部第一。农产品加工业"四个一批"工程深入推进，农产品加工业产值与农业总产值之比达到2:1。休闲农业、乡村旅游蓬勃兴起，年综合收入达到1920亿元。美丽乡村、绿色幸福村、旅游名村等建设稳步推进。农村电商快速发展，农副产品网销额达436亿元。完成各类农田水利工程34万余处，累计投资449.12亿元，新增旱涝保收面积120.8万亩，新建补建高标准农田343万亩。农业科技进步贡献率达到58.7%，主要农作物耕种收综合机械化水平达到69%。

（4）农村产业加快融合。传统单一的农业发展模式转变为农林牧渔协调发展，农林牧渔产值占湖北生产总值的比重虽然多年连续下降，但农林牧渔年度总产值平稳增长，2017年为6560亿元，比2012年增加约1800亿元（图3-3）。全省规模以上农产品加工企业主营业务收入达到1.25万亿元，同比增长8.5%；休闲农业综合收入达到377.4亿元，同比增长17.9%。工商注册农民合作社9.6万家、家庭农场3.5万个，同比分别增长15%、17.9%。农业品牌建设卓有成效，湖北名茶（利川红、恩施玉露等）、潜江龙虾等品牌的知名度进一步提升。

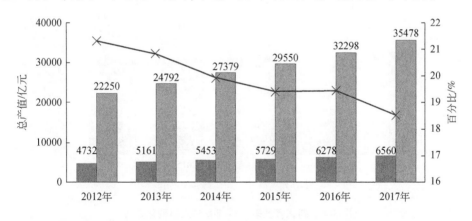

图3-3 湖北农林牧渔业发展情况①

3. 农村改革创新深入推进，农民收入和生活水平明显提高

（1）承包地确权登记颁证基本完成，"三权分置"改革顺利推进。宅基地

---

① 国家统计局统计年鉴. 2019. http：//data. stats. gov. cn/easyquery. htm？cn＝E0103.

"三权分置"改革启动试点。集体产权制度改革有序推进。农村产权交易体系建设步伐加快，建成市、县交易平台70个，武汉农交所与9个市州实现联网运行。耕地经营权流转1998万亩，占全部承包耕地的44.1%。"三乡"工程纵深推进，社会资本、技术、人才等要素返乡下乡积极性空前高涨，农村创新创业和投资兴业蔚然成风。新型农业经营主体发展壮大，在册的农民合作社、家庭农场分别达8.2万家和2.9万个。水权制度、集体林权制度等改革成效明显。

（2）湖北省新型城镇化步伐不断加快，城镇化率达到60.3%，城镇人口逐年增加，2017年达到3500万人，比2012年增加了408万人；农村人口数量逐年减少，2017年乡村人口数量为2402万人，比2012年减少285万（图3-4）。公共基础设施城乡连通、社会保障城乡贯通、公共服务城乡互通进程加快。农民工技能培训、就业指导等服务得到加强，农民就业领域持续拓宽，工资性收入占农民收入的比重、对农民增收的贡献率显著提高。农民分享到更多改革红利，农民人均可支配收入达到13812元，高于全国平均水平2.83%，增速连续高于城镇居民，城乡居民收入比缩小为2.31:1（图3-5）。

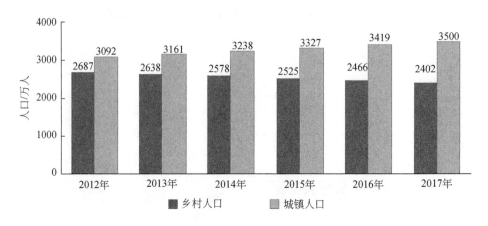

图3-4　湖北省城镇人口与乡村人口变化趋势

（3）农村消费能力持续增强，社会保障体系不断完善。全省城乡居民基本养老保险参保人数达到2260.1万人，城乡医保参保人数达到5622.2万人，参保率达到95%。脱贫攻坚取得决定性进展，近五年共有450万人摘掉贫困帽子。产业扶贫成效显著。通过建基地、育主体、强带动、助增收，稳定带动265.9万农村贫困人口，占全省有劳动能力贫困人口的80.6%。37个贫困县优质粮油和特色经济作物生产基地达到4685.45万亩。507个深度贫困村专业合作社实现全覆盖。累计派遣农业技术人员9872批次、2.3万人次，示范推广省级农业主推技术701项，关键技术到位率达到85%。

图 3-5　湖北农村与城镇人均可支配收入变化趋势

4. 乡村治理水平显著提升，生态环境持续改善

农村人居环境整治全面启动，村庄面貌进一步改观。全省绿色防控面积 2733 万亩，测土配方施肥技术覆盖率达到 92%，农药、化肥施用量保持负增长。畜禽养殖废弃物资源化利用率达到 70.8%，秸秆综合利用率达到 89%，农村生活垃圾治理率达到 85%。

乡村振兴开局良好。乡村振兴战略规划明确了路线图、时间表、任务书①。"三乡"工程、荆楚农优品工程、荆楚富美乡村建设工程、农村电商工程等"八大工程"进展顺利。农业综合开发取得新成效，争取中央财政农业综合开发资金 17.5 亿元，落实省级财政配套资金 7 亿元，安排省级农业综合开发扶贫专项资金 2.65 亿元。农垦事业发展势头良好，全省垦区生产总值达到 1268 亿元，同比增长 8.3%。农民收入稳步提升，全省农村常住居民人均可支配收入达到 14978 元、同比增长 8.4%，增速快于省 GDP 增速和城镇常住居民人均可支配收入增速，收入绝对值稳居中部第一位（图 3-6、图 3-7）。

（二）美丽乡村建设存在的问题

1. 随着农村城镇化和农村工业化的推进，区域农村的发展差距越发明显

湖北省 2.3 万个左右行政村，从整体上看，农村区域经济发展呈良好的态

---

① 湖北省委省政府. 湖北省乡村振兴战略规划（2018—2022 年）. 2019.5.17，http：//www.hubei.gov.cn/zwgk/hbywqb/201905/t20190517_1394193.shtml.

图 3-6　十堰市犟河流域综合治理示范段

图 3-7　十堰市犟河西部污水处理厂尾水水质净化工程

势，但各地区在发展水平、增长速度、产业结构、发展特色、发展路径等方面存在较大差异。武汉市、荆门市、仙桃市农村经济处于领先地位，而恩施州、十堰市、神农架林区的农村经济发展比较落后；区域上有紧临城郊的富裕村，也有处在"四大扶贫片区"中的贫困村，既有产业发展较好的村，也有产业基础薄弱的村，"空壳村"也不少。发展基础、发展条件、发展水平、发展阶段等差异，致使在发展模式上需因地制宜，不能一刀切、一个模式，要结合各村地理区位、资源禀赋、产业发展、村民实际需求等，对村庄进行梳理分类，制定差异化指导，而"样板化"与"千篇一律"的办法不可取。

2. 农业农村基础设施依然薄弱

农业生产设施方面，全省40%的农田不能保收，60%的农田只能抵御5年一遇的灾害，中低产田面积占耕地面积的 72%。由于历史欠账较多，农田水利设施老旧，50% 以上的排灌设施带病运行。随着社会经济的快速发展，农民对通组通户道路硬化、农村电网改造、土地整理、低产农田改造等方面需求与现状之间存在较大差距，迫切需要继续加大投入；农村基础设施方面，也急需改造和升级农村公路建设养护、供水、污水垃圾处理、厕所改造提升等设施。

3. 乡村产业竞争力还有待提升

大产业方面缺少价值链，例如湖北省淡水鱼产量连续 22 年稳居全国第一，但农业产业链整体价值水平不高。大企业方面缺少领头羊，大品牌方面缺乏招牌菜，缺少像双汇、三全、思念这样的全国知名企业和品牌。大融合方面缺乏闪光点，农村一、二、三产业融合发展不够。

4. 农业生产的环境负效应日益突出

农村耕地数量刚性减少、质量总体下降的趋势比较严峻，农业用水资源短缺，化肥、农药过量使用，秸秆综合利用率和农膜回收率偏低，农业面源污染比较严重，直接影响农产品质量安全，成为制约农业可持续发展的重要"瓶颈"。另外，随着畜牧生产的快速发展，农村养殖粪污治理压力增大，散养户逐步退出，规模养殖户增加，粪污还田能力不足，导致养殖粪污在一定范围内增多，特别是饮用水源地畜禽养殖对环境保护压力大。

5. 制约农村发展的资金瓶颈尚未破除

美丽乡村建设无论是基础建设还是环境整治以及长效管理都要投入资金。按照湖北省在今后 5 年的规划，共建设 2 万个整治村、5000 个示范村，参考浙江初期标准，每个美丽乡村示范村平均投入 1500 万元、整治村平均投入 600 万元，美丽乡村建设五年需要 2000 亿元左右，每年就是 400 亿元左右，如此庞大的资金，如何筹集？目前，融资担保、农村信用、农业保险体系有待健全，引导社会工商资本参与农业农村发展建设的体制机制有待完善，财政投入与乡村振兴的目标任务还不相适应。

6. 农村劳动力及人才匮乏亟待解决

农村人口老龄化，青壮年劳动力外流，农业科技人才"青黄不接"，农村大量青壮年劳动力外出务工，"空心化"日益严重，"谁来种地、怎样种地"的问题日益突出，特别是农村实用型人才十分稀缺，带领群众发家致富的能力不足。

7. 创新规划不足，需引导社会广泛参与

乡村建设规划不是城市规划，而是一个复杂的社会动员、社会过程和社会学习过程。乡村规划的编制过程需充分尊重农民意愿，以增强农民主体意识和农民对未来的信心，让广大农民有参与感、认同感、责任感和获得感。缺乏从一村一品的乡村产业发展来进行乡村产业规划，通过规划引领产业发展，释放产业发展空间和动能，有序引导社会力量参与美丽乡村建设。

(三) 建设荆楚美丽乡村发展战略

1. 基本思路

(1) 保护生态环境。建设美丽乡村必须将保护生态环境放在首要位置，实行严格的环境保护制度，科学统筹山水林田湖草系统治理，健全生态保护补偿机制，建立生态环境监管长效机制，修复和改善乡村生态环境，有效提升生态功能和服务价值。

(2) 发展绿色经济。绿色产业是美丽乡村建设的重要支撑，是实施可持续发展的必由之路。必须确立绿色发展的理念，积极探索促进生态农业发展的新途径。重点加强农业面源污染的集中治理，全面推进农业清洁生产，深化农业废弃物资源化利用，构建健康稳定的田园生态系统。

(3) 优化村镇布局。针对农村普遍存在的村落零散分布、居民点多面大、宅基地闲置和"空心村"等现象，必须采用统筹城乡发展、优化村镇布局的途径加以解决。根据气候条件、水文地理、自然资源、历史文化、民族传统、产业结构等实际，做好美丽乡村建设的规划设计工作。

(4) 改善安居条件。适度发展中小城镇，大力改善安居条件，打造新型农村社区，是建设美丽乡村的一项重要内容。引导农民从零星分散向环境优美、设施配套、功能齐全的新型社区集中，并提供城乡一体化的基础设施和均等化的公共服务①，不断提高农民的生活质量与幸福指数。注重保留不同地域、民族、宗教的传统建筑与民居特色，把农村打造成为"宜居宜业宜游"的幸福家园。

(5) 培育文明乡风。文明乡风是维系乡愁的重要纽带，是传承历史文化的载体，也是推进美丽乡村建设的动力。培育文明乡风，有利于提高农村社会的文明程度，要发挥文化育人的重要作用，大力培育乡村文明新风尚，共同建设生态美好、社会和谐的美丽乡村。

---

① 湖北省人民政府办公厅. 关于创新农村基础设施投融资体制机制的实施意见. 2018. 07. 31, http://www.hubei.gov.cn/govfile/ezbf/201808/t20180810_1329006.shtml.

2. 发展目标

第一阶段，到 2025 年是美丽乡村建设试点的关键期和攻坚期。主要做好与国家乡村振兴战略的对接，在巩固成果、深化改革、扩大试点三个方面下工夫，主动做好美丽乡村在全国村庄全面推开的准备和衔接工作。乡村振兴取得重要进展、走在中部地区前列，制度框架和政策体系基本形成，全面建成小康社会的目标如期实现。各地区各部门乡村振兴的思路进一步明确，政策举措逐步落实。

第二阶段，到 2030 年是美丽乡村建设深入发展阶段。美丽乡村建设与乡村振兴制度框架和政策体系进一步完善；农业发展水平进一步提升，现代农业产业体系建设取得突破，农业供给体系质量持续提高，农业绿色发展全面推进；农民收入水平进一步提高，精准脱贫成果进一步巩固；农村基础设施和公共服务进一步完善，城乡统一的社会保障制度体系基本建立；农村人居环境明显改善，生态宜居的美丽乡村建设扎实推进；农村文化进一步繁荣兴旺，乡村治理体系更加完善，推动全省新农村建设整体水平达到浙江"千万工程"现有水平。

第三阶段，到 2035 年是国家基本实现社会主义现代化的阶段，也是美丽乡村与乡村振兴战略取得决定性进展阶段。农村地区基本现代化的重要标志，就是美丽乡村的基本建成，农业农村现代化基本实现，美丽乡村建设水平与农业农村现代化水平相匹配、相适应。农业结构得到根本性改善，农民就业质量显著提高，相对贫困进一步缓解，共同富裕迈出坚实步伐；城乡基本公共服务均等化基本实现，城乡融合发展体制机制更加完善；乡风文明达到新高度，乡村治理体系更加完善；农村生态环境根本好转，生态宜居的美丽乡村基本实现。

3. 措施建议

1）创新乡村规划理念

乡村规划要坚持文化引领、生态优先的原则。乡村规划要坚持因地制宜、就地取材、乡土味道、尊重自然的基本思路，实现"投入少、效果好、能复制、可持续"的建设目标。乡村规划的编制过程要充分尊重农民意愿，增强农民主体意识和农民对未来的信心，让广大农民有参与感、认同感、责任感和获得感。通过规划引领产业发展，释放产业发展空间和动能，有序引导社会力量参与美丽乡村建设。结合乡村生产生活方式、民风民俗仪式、文化遗产传承样式，弘扬中华传统文化，挖掘乡村独特的人文价值，增强乡村可持续发展的动力。

2）明确责任共同推进

建立"政府主导、农民主体、社会参与"的工作机制，形成党委政府领导下群众广泛参与的工作局面。充分发挥市县政府和住建部门规划及实施的主导作用，发挥乡镇监督和推进作用，发挥村两委领导下的群众主体作用，发挥乡贤代表的榜样和引领作用，充分联系有实力的相关社会组织，引导社会资本、技术、生产、文化等支持美丽乡村建设。

3）科学制定综合评价体系

湖北省现有美丽乡村建设①考评体系，包括管理科学、产业发展、设施完善、村容整洁、乡风文明在内的5大项40小项考核指标。应根据党的十九大报告中美丽乡村新内涵，对相关指标进行增减改，使其更符合新时代中国特色社会主义理论要求。具体建议包括设置产业发展、生态环保、宜居宜业、乡风文明、生活富裕、治理有效6大项，明确化肥农药施用量、生态肥施用量、水体污染防治、土壤污染防治、绿色农业品牌建设、"三农"队伍建设等能凸显党的十九大要求的关键指标。

4）强化绿色农业产业发展

绿色农业是美丽乡村的产业支撑。根据城市居民对休闲农业、生态旅游、绿色农产品的需求增长，应以"标准化"加"信息化"为内核，多渠道多层面全面加速农业转型升级和绿色化改造，推进"三产"融合。通过标准化降低生产成本和交易成本，扩大市场规模。以严格的标准，包括准入、生产、认证和监管等，促进休闲农业、生态农业的标准化，进而实现规模化。同时借助"互联网+"农业，促进产品供需对接和质量监管，绿色农业发展才能进入快车道，成为支撑美丽乡村建设的产业支柱。努力培育"三农"创新创业队伍，鼓励农民创业、农业创业和农村创业，为"三农"创业提供政策、贷款担保、利率补贴和税收优惠，努力搭建"三农"创业保险平台。

5）加强生态环境保护与修复

坚定贯彻落实生态红线、耕地红线、水资源红线制度。在普查村庄生态环境状况的基础上，制定更为科学合理、系统高效的生态修复规划，要加大生态修复投入力度，保障农村、农业生态修复资金投入总额和分配合理性，要创新管理机制，实现社会力量的共建、共管、共享，要创新建设理念，推进村庄向"小规模、组团式、微田园、生态化"发展。采取更为严格的措施对山水林田湖草加以保护，实施山水林田湖草生态保护和修复工程，进行整体保护、系统修复、综合治理。大力推广测土配方施肥，减少化肥使用量；加强对剧毒、高毒农药管理，加快相关替代产品的研发推广；加快农业示范区建设，加强新品种新技术展示示范，大力推广节肥、节水、节药和清洁生产技术，逐步减少化肥、农药和农业用水总量。实施新一轮退耕还林还草工程，严格限牧限渔，加快推进种养结合。

---

① 湖北省财政厅，省标准化质量与研究院. 湖北美丽乡村建设规范. 2019.08.01，http：//www.gov.cn/xinwen/2019-08/04/content_5418481.htm.

6）建设新时代农村人才队伍

懂农业、爱农村、爱农民的新时代"三农"人次队伍是美丽乡村建设之根本。农村人才队伍建设既要继续教育工程，又要开展优质人才回流"种子工程"。应注重现有人才队伍思想学习和能力升级工作，应组织县乡村三级干部开展美丽乡村建设培训工作，深刻理解美丽乡村内涵，增强生态文明、乡村治理、环境保护、绿色农业技术、农业经济管理等方面的知识和能力，助力农村发展；优质劳动力回流，不仅是应对区域发展不平衡的良药，也是应对城乡发展不平衡的灵方。为了有效推动湖北省美丽乡村建设，实施"种子计划"，扶持具有农业、环境、生态、经济、管理等专业能力的青年创业，带动创新创业人才向广阔农村和绿色农业回流，以回流人才促进农村产业结构转型和非农产业发展，共同影响村貌村风，为美丽乡村建设提供长效机制。

第四章　湖北省生态服务业发展战略研究

一、发展生态服务业的意义

(一) 生态服务业的概念及特点

生态服务业 (eco-service industry) 是在生态学理论指导下，借助技术和管理的创新，按照服务主体、服务途径、服务客体的顺序，实现物质和能量在输入端、过程中和输出端的良性循环，将循环经济理念实践于长远发展中的新型服务业。生态服务业通过充分合理开发、利用当地生态环境资源，在总体上有利于降低城市经济的资源和能源消耗强度，发展节约型社会，是生态循环经济的有机组成部分，保障整个循环经济正常运转。近些年生态环境领域频频出现的关键词"山水林田湖草""国家公园体制改革"等都说明生态环境产业的变革序幕已拉开，生态服务业将成为生态环境产业未来的重要业态。生态服务业具有自身鲜明的特点。

1. 资源循环利用发展模式

传统服务业是一种典型的单向物料和服务流动的"资源—产品—污染排放"的经济模式；而生态服务业是一种可持续发展模式，强调服务业企业生产循环中的资源再生利用。

2. 经营理念生态化

传统服务业在产业关联层面上与第一、第二产业之间表现为密切的技术经济联系，强调服务业与第一、第二产业相互之间的供给与需求联系；生态服务业在此基础上，结合循环经济发展模式，促进生态农业与生态工业的建设，推动整个生态经济的发展。因此，生态服务业要以生态理论为指导，即其自身经营理念的生态化。

3. 过程绿色化

生态服务业的服务主体、服务途径以及消费模式的绿色化、清洁化。首先，服务业主体通过建设绿色市场、建立市场废弃物回收再生利用机制等清洁生产实践来推行绿色化，以实现服务主体生态化、绿色化。其次，服务途径清洁化过程要针对不同的服务行业的服务特点开展，这也是体现服务质量的重要内容。再次，生态化服务企业建设的重要标志是推行绿色消费，包括倡导消费者选择绿色产品、有机产品；在消费过程中注意环境保护，减少、降低消费过程中的环境破坏与污染；一方面提高消费者生活品质，形成崇尚自然、追求健康的新生态化消费观念，另一方面还要注重环保、节约能源资源，促进实现可持续消费。

（二）生态服务业与现代服务业的关系

现代服务业指以现代科学技术特别是信息网络技术为主要支撑，建立在新的商业模式、服务方式和管理方法基础上的服务产业，是伴随着信息技术和知识经济的发展而产生的，用现代新技术、新业态和新服务方式改造传统服务业，创造需求，引导消费，向社会提供高附加值、高层次、知识型生产服务和生活服务的新业态。现代服务业的发展本质上来自于社会进步、经济发展、社会分工专业化的需求，具有智力要素密集度高、产出附加值高、资源消耗少、环境污染小等特点。现代服务业已成为发达国家参与国际竞争的核心产业，更是我国从经济大国迈向经济强国的战略性产业。我国正处于工业化中期，面临着资源环境的较大约束，发展现代服务业是发展循环经济、建设节约型社会的必然选择，是推进发展方式转变的核心力量，是促进产业结构升级和提高国家竞争力的关键所在。

生态服务业是循环经济的有机组成部分，是一种正在兴起的现代服务产业，即为人们的生产和生活实现生态化发展提供有效服务的经济活动和产业形态。如企业节能减排的第三方治理服务，生产环境的评估、认证；生态环境治理的技术、信息、融资、保险及相关法律等服务；环境的净化、绿化、美化服务；生态农业技术、信息和管理的咨询、推介服务，农地、农业环境污染治理服务等。生态服务业也包括传统服务业的生态化或绿色发展，如生态商业、生态物流、生态旅游、生态金融等。现代服务业与生态服务业彼此交融、结合发展，现代服务业必须将生态–环保作为产业的底线与特色，不生态、不环保的服务业不能称之为现代服务业。

（三）发展生态服务业的意义

发展绿色服务业是缓解资源环境压力和提高城镇承载力的重要选择。从世界范围看，我国能耗强度与世界平均水平及发达国家相比仍然偏高，且一次能源消费对于煤炭的依赖性较大，有较大的改善空间。发展绿色服务业，既能缓解资源环境瓶颈和高能耗压力问题，也能为城镇创造更多的就业机会。经验表明，服务业的就业弹性系数远高于制造业。发展生态服务业，是拓展新领域、推广新业态，加快转变经济增长方式的必然选择。发展生态服务业，推动现代服务业转型升级，扩大信息技术、电子商务、研发设计、现代物流等高技术含量、高附加值、高带动能力的服务业新业态市场份额，是促进经济结构调整，加快转变经济增长方式，把生态服务业作为主导产业来全面建成小康社会的根本路径。

（四）生态服务业的设计思想

1. 服务主体生态化

服务业的服务主体即服务企业与制造企业一样，在服务产品与设施的设计和开发中需要消耗一定的资源和能源，不可避免地会产生废弃物。有研究者按照循环经济的要求，制定了一套服务企业的"绿化矩阵"，列举出服务企业可在日常经营活动中实施的绿色实践活动①。另外，传统服务业中的贸易市场、百货商场、旅馆饭店、运输企业等服务企业应该开展诸如工业企业中开展的清洁生产审计、ISO 14000 环境管理体系认证、环境标志认证、生态文化创建等企业生态化的措施，从企业自身层次上贯彻生态经济理念，实现物质循环流动并抑制污染发生。我国的《清洁生产促进法》是第一部以推行清洁生产为目的的法律，对于服务业领域实施清洁生产提出了原则性要求。在该法律的促进下，我国颁布了诸如《绿色市场认证实施规则》《绿色饭店评估细则》等相关行业标准，要求服务业主体开始清洁生产实践，例如大中型贸易市场或商场采取实施连锁经营、建设绿色市场、建立市场废弃物回收再生利用机制、扩大市场上商品中带有绿色标志或环境标志产品的比例、用可降解塑料袋替代长期使用的难降解塑料袋、推行包装简单化和绿色化、使用节能电器和节水器具等措施促进服务主体生态化建设。

2. 服务途径清洁化

服务企业通过一定的方式和途径为人们日常生活提供服务，如贸易市场通过市场建设和招商揽客连接起生产和需求；商场卖场通过各种形式的产品展示和宣传来销售各种生产和生活用品；餐饮企业通过膳食原料的采集、调配和烹饪等工序来满足人们的饮食需求；宾馆旅店通过客房布置、寝食安排、用具供给等为住客提供洗漱、餐饮、休息等生活服务；运输企业通过路线规划、行程安排、车辆使用等提供人员输送或货物配运等。由此可见，服务方式和服务途径的选择是服务企业展示服务质量的重要方面，也是服务企业创建服务品牌的重要内容，更是服务企业生态化建设的重要领地。因此，实现服务途径清洁化是服务企业实现生态化转向的重要标志之一。不同服务行业的服务途径清洁化过程不尽相同。在传

---

① 徐竟成，范海青. 论传统服务业的生态化建设 [J]. 四川环境，2006，(25): 75-77.

统强势服务行业中，批发零售贸易业可主要开展绿色营销、电子商务、开辟绿色采购通道、引导绿色消费等来创建清洁化的服务途径；在餐饮宾馆业中，开辟"绿色客房"、开设绿色餐厅、提供打包服务、按顾客意愿提供一次性用具等是清洁化服务途径的主要形式；在交通运输业中，可以通过发展轨道交通、合理规划行驶路线、使用电动车和混合动力车辆等形式的现代绿色交通工具来实现服务途径的清洁化。因此，必须根据不同的服务行业的服务特点开展不同形式的服务途径清洁化过程。

3. 消费模式绿色化

生产和消费是决定和反作用的关系。服务产品的开发和服务途径的优化在很大程度上受消费者的消费行为的引导。因此，服务企业可通过引导消费者改变传统消费模式，推行绿色消费来进行生态化建设。绿色消费主要包含绿色产品的选择、废弃物的无污染处置、健康消费观念的树立三方面内容①。倡导绿色消费过程中，政府是引导者，政府通过制定相关采购制度和认证制度，逐步提高政府绿色产品的比例。另一方面，政府制定一系列促进绿色消费的政策、制度以及监督、激励机制，鼓励开发、生产、引进绿色产品，不断扩大绿色产品的市场占有率。同时，企业应配合政府的决策和措施，自觉拓展绿色产品的营销渠道，合理制定绿色产品的价格，规范绿色产品的监督管理制度。另外，作为消费者，要从身边小事做起，自觉开展绿色消费活动，主动培养绿色消费意识。只有政府、服务企业、消费者三方的协同努力，才能促进绿色消费模式的形成，进而促进生态服务业建设。

4. 与其他产业生态耦合化

循环经济要求社会生产各组成部分构建最优化的产业生产链和物质、能量循环流动链。服务企业同样也要与其他产业进行资源、产品、能量的交错流动，这种耦合也是进行行业生态化必不可少的因素之一。例如，批发零售服务企业与工业、农业生产企业通过协议构建起物质循环链，即一方面市场或商场优先考虑采购和展销工农企业生产的绿色产品，并予以优先宣传和促销；另一方面，工农生产企业有责任和义务回收并再生利用市场或商场销售过程中产生的包装废弃物、破损物资等，以解决服务企业废弃物的出路问题，通过相互合作来共同促进生态化建设。对于宾馆饭店来说，可以利用周围电厂或有使用大型锅炉的工业企业产生的多余蒸汽或热水来作为热源，另外，宾馆饭店产生的食物残渣又可为养殖企

---

① 徐竟成，范海青．论传统服务业的生态化建设［J］．四川环境，2006，（25）：75-77．

业提供养鱼、养猪等所需饲料。总之，服务业的生态化建设必须加强企业间的合作，构建与工业、农业和其他服务部门之间的物质循环、废物利用、能源梯级利用等经济链，逐步形成三大产业循环圈，在宏观层次上实现循环经济的同时也促进企业自身生态化建设。

二、湖北省服务业发展现状及存在的问题

湖北生态优势明显，生态地位重要。湖北长江经济带拥有良好的生态保护基础，是维系国家生态安全的重要屏障。湖北具有明显的绿色发展优势，在发展循环经济、探索与建设生态示范省和"两型"社会上都走在了全国前列。国家统计局及湖北省统计局的数据表明，全国 31 个省、市、自治区（除香港、澳门、台湾）的 2019 年度 GDP 为 99.09 万亿元，湖北省 2019 年度 GDP 为 4.58 万亿元，比上年增长 7.5%，成功迈入"4 万亿俱乐部"，具备了相应的经济实力。

为了深入贯彻党的十九大关于绿色发展的精神，湖北把加快服务业发展作为调结构、转方式、促转型、惠民生的重要举措，坚持规划引领、着力优化结构、强化政策落实、突出试点示范、完善工作机制，全省服务业保持稳步健康发展态势，产业规模不断壮大，产业结构不断优化，产业贡献不断增强，服务业已经成为湖北经济社会发展的重要支撑。

（一）总量规模持续扩大，市场主体快速增长

全省服务业增加值保持快速增长，年均增速达到 10.8%，高于全省 GDP 平均增速。全省服务业市场主体快速增长，截至 2015 年，全省服务业企业达到 65.45 万家，比 2010 年增加 35 万家，其中，2014 年、2015 年服务业企业数量增长速度分别高达 21%、16%。

（二）服务业主要行业竞相发展，现代新兴服务业成为新增长点

全省商贸流通、现代物流、金融、房地产、旅游、文化等服务业重点领域保持高速增长，产业优势明显。商贸流通业快速发展，实现增加现代物流业蓬勃发展，邮政、快递业务量突破 5 亿件、直接从业人员接近 7 万人、营业网点超过 9000 家；金融服务体系日趋完善，2015 年底全省金融机构存贷款余额分别达到 41345 亿元、29514 亿元，全年实现增加值 1700 亿元；房地产业稳步增长，房地产开发投资连续五年居全省服务行业投资首 3 位，2015 年实现增加值 1136.72 亿元；文化服务兴旺繁荣，动漫、时尚创意产业发展较快、潜力巨大；旅游服务突飞猛进，5 年累计接待国内外游客 5.1 亿人次。电子商务、研发设计、软件和信息技术、服务外包、健康服务等服务业新业态、新模式蓬勃发展，增长势头强

劲，成为促进经济增长的生力军。2015 年，全省电子商务交易规模超 11000 亿元，软件和信息技术服务业业务收入达到 1339 亿元，国家地球空间信息产业化基地集聚服务业企业近 100 家，开发的具有自主知识产权的高端产品占据国内 50% 以上的市场份额。

（三）服务业对经济社会发展的贡献不断提高

服务业占 GDP 比重逐年上升，平均每年拉动 GDP 增长 4.2%，2014 年起服务业占比超过工业。服务业税收占全省税收收入比重和对税收增收贡献率逐年提高，2015 年服务业税收占全省税收比重达到 50.9%，比 2010 年提高 11.6%。在保障就业方面，截至 2015 年底，服务业从业人员 41420 万人，比 2010 年多 220.8 万人，年均增长 3.6%，五年来服务业新增就业占全省新增就业的 46.6%，已经成为吸纳就业的主渠道和全民创业的主战场。湖北省金融、物流、科技信息、现代商务等生产性服务业已占服务业总量的 41.5%，成为涵养工农业生产的重要支撑。另外，电子商务、商贸超市、家政服务、社区养老、体育休闲等与群众生活息息相关的生活性服务业蓬勃发展。

（四）服务业聚集发展势头明显

武汉市江汉区国家服务业综合改革试点区已经成为全省金融和现代商贸业集聚度最高的区域，服务业增加值占比、服务业税收贡献率均在 90% 以上。武汉东湖新技术开发区国家现代服务业试点区已经成为全省生产性服务业特别是高技术服务业的集聚地，全区亿元以上高技术服务业企业 175 家，10 亿元以上高技术服务业企业近 30 家。宜昌市西陵区等 25 家省服务业综合改革试点区服务业增加值占全省的比重超过四成，服务业占 GDP 比重达 54.9%，高出全省平均水平 11.8%；襄阳古隆中文化创意产业园等 45 家省级现代服务业示范园区集聚服务业企业超过 1.6 万家。

（五）服务业发展环境明显改善

充分发挥市场在资源配置中的决定性作用，加快转变政府职能，推进简政放权、放管结合、优化服务，扎实开展"负面清单"试点，全面推行"先照后证"等商事制度改革，服务业发展的内生动力不断增强。各地、各部门对服务业发展的认识进一步提高，组织领导明显加强，支持政策更加有力，工作机制健全完善，初步形成了齐心协力促进服务业发展的浓厚氛围①，但是，湖北省服务业的

①　湖北省服务业发展"十三五"规划，鄂政发〔2017〕4 号〔Z〕．湖北省人民政府，2017 年 2 月 4 日。

发展仍存在一些问题亟待解决：

（1）发展质量不高。服务业总体规模偏小，市场主体竞争力和品牌优势不明显。生产性服务业对工农业的涵养和支撑能力有待加强，生活性服务业对改善民生和满足供给的作用有待提高，服务业人才特别是中高端人才缺乏，服务业基础工作还有待进一步巩固①。

（2）内部结构不优。传统服务业仍占据主体地位，具有高人力资本含量、高技术含量、高附加值的现代服务业比重偏低、发展水平不高、投资相对较少②。区域之间、城乡之间服务业发展不平衡，具有各地特色和比较优势的服务业发展不够。

（3）产业融合不够。制造业发展过程中研发设计、市场营销、金融支持等服务业要素植入不足，服务业与制造业的内在关联较弱、融合度偏低。农业生产流通过程中依托互联网、大数据等现代科技手段与服务业对接不够，休闲、观光、旅游、生态等附加功能需进一步挖掘③。

（4）对外开放程度不足。湖北作为内陆省份，服务业的国际化基础相对较为薄弱，在开展国际合作和应对国际竞争方面经验不足，服务业整体开放程度偏低，产业渗透式发展不够，服务业"走出去"和"引进来"工作亟待加强。

三、湖北省服务业发展面临的机遇和挑战

"十三五"时期是湖北全面建成小康社会的关键时期，也是加快产业转型升级、转变经济发展方式的攻坚时期。加快发展服务业是打造湖北经济"升级版"的战略举措，是推进"四化同步"建设的重要抓手，是释放改革红利、推进供给侧结构性改革的重点领域，也是湖北实施"一元多层次"战略体系和推进"五个湖北"建设的重要内容④。

湖北省现阶段发展服务业所面临的机遇：一是宏观政策支撑为服务业发展带来崭新机遇。当前，世界经济艰难复苏，中国经济已进入新常态，大力发展服务业已成为推动供给侧结构性改革、扩大有效供给的必然选择和"补短板"、调结构的重要内容。近年来，国务院相继出台了一系列支持服务业发展的政策措施，

① 朱萌，王新华. 加速湖北现代服务业发展的对策研究 [J]. 武汉工业学院学报，2012，31（01）：100-105.

② 杨延昭. 湖北服务业发展特点及存在的问题与建议 [J]. 湖北省社会主义学院学报，2007，（06）：63-66.

③ 明庆忠，李庆雷，陈英. 旅游产业生态学研究 [J]. 社会科学研究，2008，（06）：123-128.

④ 湖北省服务业发展"十三五"规划，鄂政发 [2017] 4号 [Z]. 湖北省人民政府，2017年2月4日.

涵盖生产性服务业和生活性服务业多个方面，为服务业发展带来了重要的政策红利。国家与湖北省政府陆续出台系列环保—生态政策，这给生态服务业的健康发展提供了机遇。同时，"一带一路"、长江经济带、中部崛起等国家战略叠加实施，有利于湖北充分发挥长江"黄金水道"优势和武汉特大城市的枢纽带动作用，为服务业加快发展提供新契机。二是产业发展阶段为服务业发展提供了内生动力。湖北已经处于工业化中后期，强有力的制造业"底盘"和不断完善的交通、电信等基础设施为服务业特别是生产性服务业加快发展提供了重要的基础条件。三是新型城镇化和新兴技术应用为服务业发展提供了新空间、新方向和新内涵。"十三五"时期是湖北城镇化加速推进的时期，人口和产业的聚集效应进一步凸显，为服务业的发展提供新的空间。云计算、大数据、移动互联网、物联网等新技术的突破，给信息技术应用模式带来了深刻变革，为服务业发展提供了新方向、新内涵。新一代信息技术的运用和"互联网+"的快速发展，大力推动了服务业的产业创新和转型升级，极大地拓展了服务业辐射范围，同时催生了层出不穷的新兴服务领域和新业态，促进了服务业的智慧化以及经济附加值的增加①。

当前，湖北省服务业发展面临着创新、升级、开放等诸多挑战，需要进一步破除体制机制障碍，增强发展动能，优化要素资源配置，培育领军企业，提升产业竞争力②。发展湖北现代服务业，必须进一步提高思想认识，并增强发展现代服务业的使命感和紧迫感。发展现代服务业是调整经济结构的迫切需要。湖北目前正处在工业化的中后期，现有经济结构的典型特征是偏重的工业结构，经济增长主要依靠物质资料的高投入、高消耗，而湖北恰恰是一个缺煤、少油、乏气的省份，生产要素的制约日益凸显。要改变经济不合理结构，加快现代服务业发展是必然的选择。发展现代服务业是转变经济发展方式的迫切需要。发展现代服务业有利于突破国民经济发展的资源瓶颈的制约，有利于完成节能减排任务，有利于"两型"社会建设。

加快发展现代服务业是提升湖北制造业竞争力的迫切需要。虽然制造业的发展直接关系到经济的规模、质量和水平，但提升制造业发展竞争力的一个重要条件就是要以发达的现代服务业，特别是生产性服务业作为支撑。目前，湖北制造业正处于产业升级和结构高级化阶段，积极发展现代服务业，为制造业提供全面、完善的协作与配套环境，是提升湖北制造业竞争力、推进产业结构调整的前提和保证。

加快发展现代服务业是促进就业的迫切需要。服务业具有门类多、就业容量

① 赵静洁 . 湖北：新服务业勃兴　重点领域活跃［N］. 中国信息报，2018-08-13，（003）．

② 湖北省人民政府关于进一步加快服务业发展的若干意见，鄂政发〔2018〕10 号［Z］. 湖北省人民政府，2018 年 12 月 6 日。

大的特点,在三次产业中,服务业就业弹性系数最高(就业弹性系数是指就业增长速度与经济增长速度的比值),有较强的"带动劳动就业"和"拉动地方税收"的作用。

加快发展现代服务业是改善民生的迫切需要。改善民生是经济发展的出发点、落脚点和持久动力。湖北现代服务业虽然取得了很大发展,但与制造业相比,占 GDP 的比重仍然偏低,服务业尤其是生活性服务业,远远满足不了人民群众多样化的服务需求。随着湖北城市化进程的快速推进,构建和谐社会、小康社会,必须大力发展面向民生的商贸、旅游、家庭服务等生活性服务业,丰富服务产品类型,扩大服务供给,提高服务质量,加强公共服务体系建设,适应人民群众消费结构转型升级和精神文化生活不断丰富的需求。

加快发展服务业是湖北构建中部崛起战略支点的迫切需要。湖北明确提出了构建促进中部地区崛起"重要战略支点"的战略目标。要构建这一"重要战略支点",就要发挥"两通优势"(交通优势与流通优势),切实让时间缩短,让空间拉近,让流动加速,这就需要通过大力发展现代服务业来实现。

四、湖北省生态服务业发展战略思路

加快生态发展服务业是打造湖北经济"升级版"的战略举措,是推进"四化同步"建设的重要抓手,是释放改革红利、推进供给侧结构性改革的重点领域,也是湖北实施"一元多层次"战略体系和推进"五个湖北"建设的重要内容。

湖北省全面贯彻党的十九大报告中提出的必须推动绿色产品和生态服务的资产化,让绿色产品、生态产品成为生产力,使生态优势能够转化成为经济优势,全面落实创新、协调、绿色、开放、共享发展理念,深入实施服务业提速升级行动计划,促进服务业优质高效创新发展,加快形成服务业占主导地位的产业结构,建设中部服务业强省,打造长江中游服务业发展高地。提出了湖北省服务业的发展要坚持产业融合、绿色发展。推动服务业与农业、制造业更高水平的有机融合,促进服务业向制造业生产全流程、全产业链的渗透与融合,推进制造业服务化发展①。倡导绿色服务文化,制定绿色服务业标准和激励机制,推动服务业绿色发展。

---

① 刘卓聪,刘薪冈. 先进制造业与现代服务业融合发展研究——以湖北为例 [J]. 科技进步与对策,2012,29(10):52-54.

（一）优化生态服务业发展省内空间布局

抓住"一带一路"、长江经济带和中部地区崛起等重大战略机遇，依托湖北省一元多层次战略体系，发挥重点城市的引领作用，构建特色鲜明、优势互补、体系健全的现代生态服务业发展空间格局。

1. "一主两副"引领

加快武汉、襄阳、宜昌"一主两副"中心城市跨越发展，是实践科学发展观、统筹全省发展的重大战略决策，是发挥中心城市辐射带动作用、促进全省区域协调发展、加快构建促进中部地区崛起重要支点的工作载体和有利抓手。巩固提升武汉市现代生态服务业核心城市功能，建成中部地区现代生态服务业中心。在推动金融、软件信息、商务服务、科技服务，促进现代物流、现代商贸等流通服务转型升级过程中，在扩大文化服务、健康服务等社会服务有效供给中，在提高旅游、房地产等居民服务质量水平进程里，着力体现生态—环保特色，构建层次清晰、重点突出的产业体系。努力建设全国重要的现代生态服务业中心和产业创新服务中心。推动襄阳、宜昌两个区域性服务业中心发展提速升级，充分发挥节点城市的带动作用，推进现代生态服务业集聚区和特色功能区建设。

2. "两圈两带"协同

根据全省人口分布密度和经济社会发展的区位特征，充分发挥武汉城市圈和鄂西生态文化旅游圈的比较优势，实现两圈服务业协同发展，共同升级。依托"黄金水道"，利用中心城市枢纽作用，深入推进长江服务业经济带和汉江服务业经济带联动发展，形成"两江对接、两带共赢"的发展格局，打造长江中游服务业发展高地。

（1）推动武汉城市圈服务业创新协同发展。以武汉为中心，以建设全国创新型城市为导向，辐射带动黄石、鄂州、孝感、黄冈、咸宁、仙桃、天门、潜江等节点城市，推动"互联网+"、工程设计、软件开发、教育培训、创意设计等知识密集型高端服务业的发展。加速贯通武汉城市圈环线高速公路，推进武（汉）鄂（州）黄（石）黄（冈）"半小时同城圈"进程，形成区域性的旅游精品走廊、现代物流中心和金融大市场；支持黄石打造鄂东区域性金融中心、长江中游大宗进出口商品贸易中心、武汉城市圈运动休闲度假中心；支持鄂州与武汉融合发展，打造湖北国际物流核心枢纽、中部电子商务基地；支持黄冈打造大别山区域性现代服务业中心、中国重要的红色旅游目的地、国内外知名生态文化旅游胜地，以及长江经济带新兴物流基地；支持咸宁建设成为国家旅游业改革创新先行区、中部"绿心"健康养老服务业集聚示范区以及连接"中三角"的商贸物流中心城市；支持孝感积极推进以软件开发、信息服务和特色孝文化旅游为主的现代服务业，依托临空经济区，促进物流业发展；支持仙桃、天门、潜江重点发展商贸、休闲旅游和现代生态物流业，打造融贯"两圈两带"的重要节点城市。增强区域协作，促进生态服务业生产要素在区域间的流动和产业融合，推动武汉"1+8"城市圈生态服务业协同发展。

（2）实现鄂西生态文化旅游圈服务业绿色健康发展。发挥宜昌、襄阳的带动作用，充分利用铁路、公路、水运多式联运沟通南北的优势，重点加强商贸业、物流业、金融业、文化旅游业等服务业的发展。支持荆州重点发展文化旅游业、商贸物流和现代金融业，建成湖北文化旅游业重要基地和区域综合交通物流枢纽，打造荆楚文化产业发展示范区；支持荆门重点发展现代生态物流、通用航空、康养、旅游等产业，打造全国通用航空创意经济示范区、大健康产业城、全国运动休闲旅游目的地；支持随州重点发展休闲旅游业、汽车服务业及现代生态物流业，打造世界华人谒祖圣地；支持十堰大力发展文化生态旅游产业、健康养生养老产业、现代生态物流业及汽车服务业，以太极文化、道教文化和优质生态资源、旅游资源为依托，将武当山建成世界级旅游、休闲、养生目的地，全国生态服务业集聚区和鄂渝陕毗邻地区现代服务中心；支持恩施依托生态环境、地质奇观、民族文化发展生态文化旅游业，建设武陵山区休闲养生基地，创建国家全域旅游示范区；支持神农架林区加快发展生态旅游、健康养老和特色体育服务业，建设国家公园，打造世界著名的生态旅游目的地。

（3）把握长江经济带建设重大战略机遇，以"生态优先、绿色发展"为基本理念，调整产业结构，促进产业融合发展。积极推进武汉新港、黄石港、荆州港、宜昌港等港口集约化港区建设，统筹铁路、公路、航空、管道建设，加强各种运输方式的衔接和综合交通枢纽建设，建设服务湖北、辐射长江流域的现代物流网。大力发展特色旅游业，以长江三峡及三峡大坝、黄鹤楼、荆州古城等为核心旅游品牌，整合资源，打造国际知名旅游目的地。开展国家文化产业示范园区、基地创建，大力推进"武汉·中国光谷"创意中心、三峡·世界非物质文化遗产博览园、湖北武昌长江文化创意设计产业园、宜昌钢琴文化创意产业园等特色园区建设。加强沿线城市生态服务业发展的分工与合作，扩大湖北长江生态服务业经济带向东与江西、安徽等省份的覆盖，延伸至"21世纪海上丝绸之路"区域，提高生态服务业的对外开放程度，加速推进生态服务业提档升级；发挥智力资源优势，打造承接高端服务业的沿江城市群。

（4）积极推进区域战略和流域战略的有机融合，促进资源共享、优势互补、互利共赢、联动发展，将汉江经济带打造为推动湖北生态服务业快速发展的重要支撑。围绕沿汉江流域的汽车工业走廊，积极打造以汽车产业为中心的生态服务业功能带；依托汉十铁路，促进沿线区域旅游、房地产、商贸、物流等现代服务业发展；推动襄阳、十堰、随州和神农架林区等地发展生态休闲、养生养老、智慧健康等生态服务业；支持南水北调中线工程核心水源区（十堰）打造中西部乃至全国"候鸟式"健康养生养老基地和国际旅游休闲目的地；集成度假观光、民俗体验、民族文化艺术观赏、文化考察、健身娱乐等功能，不断推动汉江流域文化旅游业发展；完善汉江经济带的农业社会化生态服务体系，加强农业技术推广、农业信息化体系建设；加快生态物流园区建设；延伸生态服务业合作产业链，加强与西安、兰州等"丝绸之路经济带"沿线城市的合作，逐渐形成生产性服务业和生活性服务业融合发展的生态服务业功能带。

（二）完善城乡多层次服务体系

统筹兼顾，使城乡生态服务业协同发展。以武汉、孝感、仙桃、宜城等国家新型城镇化综合试点地区为依托，使中心城市（城市群）和区域性中心城市生态服务业的集聚辐射功能得到强化。围绕美丽乡村、"四化同步"示范乡镇试点和农村社区建设，根据农村特色，培育发展生态服务业，努力提升服务业发展层次和水平。加强城乡生态服务业承接网络建设，加快推动发展和形成全省重点突出、层次分明生态服务业网络体系。

全面提升城乡生态服务业发展水平。根据各地产业特色、人口分布、及城市类型，优化生态服务业功能分工和空间布局，构建特色鲜明、优势互补、体系健全的服务经济发展新格局，建成布局合理、层次清晰、功能完善、管理规范、便捷高效、覆盖城乡的生态服务业体系。

（三）建设生态服务业平台载体

积极搭建各类生态服务业平台载体。鼓励发展线上与线下结合、跨界业务融合的平台服务模式。推进生态服务业综合改革试点区和生态服务业发展示范园区建设，培育和引进具有特色的生态服务业项目，发挥生态服务业增长极的作用。

（四）推动生产服务业专业化发展

充分发挥我省人才优势和科教优势，以促进产业转型升级为导向，重点推动金融服务、研发设计和科技服务、节能环保服务、软件和信息服务、商务服务、检验检测认证服务等6个重点行业提档加速，为制造业发展提供支撑，促进全省产业逐步由生产制造型向生产服务型转变，推动生产性服务业向专业化和价值链高端延伸，提高产业综合竞争力。

1. 金融业

通过完善金融组织体系，推进金融改革创新，大力发展多层次资本市场，加快区域金融中心建设等措施，初步建成组织完善、创新活跃、功能齐备、服务高效的现代金融服务体系。

2. 研发设计和科技服务业

建设全国重要的研发设计基地，基本建成支撑湖北产业发展的研发设计服务体系和覆盖科技创新全链条的科技服务业体系。支持武汉创建"世界设计之都"和科技创新示范城市。提高研发服务水平，提升产业创新能力；增强工业设计能力，促进制造业创新升级；培育工程设计产业新优势，提升产业竞争力；大力发展服装、珠宝等时尚设计产业。

3. 节能环保服务业

节能环保产业包括：①环保设备（产品）生产与经营。主要指水污染治理设备、大气污染治理设备、固体废物处理处置设备、噪声控制设备、放射性与电磁波污染防护设备、环保监测分析仪器、环保药剂等的生产经营。②资源综合利用。指利用废弃资源回收的各种产品，废渣综合利用，废液（水）综合利用，废气综合利用，废旧物资回收利用。③生态环境服务。指为生态环境保护提供技术、管理与工程设计和施工等各种服务。要大力发展集评估、咨询、检测、设计、运营等服务于一体的节能生态环保服务业，在全省形成优势明显、各具特色的节能生态环保服务业发展格局。

培育发展节能服务业。积极培育节能评估、能源审计、项目设计、节能量审核和碳排放量核查等专业节能服务机构，提供咨询、设计、施工、运营维护、装备等综合能源服务，打造公益性节能服务平台。鼓励重点用能单位开展专业化节能服务。加快建立市场化的碳减排机制，完善全省碳排放权交易市场建设，加快建立"生态补偿""排污权交易"制度，将环境监测、环境信息处理业务（如环境容量、排污总量测算、排污指标的合理分配、区域之间生态补偿、排污权交易的测算分析）、完善环保—生态法治建设等工作等纳入生态环保服务业。

培育节能环保市场，提高节能环保产业的市场化程度。大力推行合同能源管理，建立合同能源管理网络服务平台，支持节能服务机构创新发展合同能源管理机制，实施合同能源管理项目。引导技术研发、设备生产和投融资机构开展节能服务，鼓励金融机构为合同能源管理项目提供融资服务。

加快发展生态环境服务业。随着人们对生态环境要求的提高，生态环境服务业随之兴起，并成为生态环保产业的重要组成部分，是现代服务业的重要内容和生态环保产业成熟的重要标志。推动生态环境服务业发展，是加快生态环保产业结构升级和经济发展方式转变的必然选择。因此，一要积极培育提供各类污染防治服务市场主体。二要在重点领域探索建立第三方治理机制，积极培育环保工程技术方案设计、施工、运营服务的大型工程总承包或项目总承包企业集团，推进污染集中治理的专业化、市场化、社会化运营。三要系统推进生态修复和综合治理，构建生态监测评估与预警技术体系，研究生物多样性、生态要素及生态功能等生态系统综合监测方法，研究建立不同类型区域生态承载力评价指标体系，研发生态安全阈值界定和承载力预测预警系统关键技术、建立重点区域社会经济发展和城镇化格局空间优化决策模型。四要研发国土空间生态系统修复关键技术，建立修复工程监测与绩效评估技术方法和国土综合整治生态建设技术规范。研发典型生态脆弱区、典型海洋生态系统保护模式和保护修复关键技术。突破区域地下水污染防控理论与关键技术。研究生态系统综合管控技术和方法，开展生态廊道与生物多样性保护网络构建技术研究，优化生态安全屏障体系。研发生态定量评价技术与方法，构建生态质量、价值、损害等评估技术标准体系。五要加强深海基因资源划区管理工具、环境影响评价等科学问题、规则和对策研究。加快转变对外贸易发展方式，采用"走出去"和"引进来"相结合的方式，提升环保服务产品的国际竞争力和影响力。

抓紧建立和完善废旧物资回收利用信息交换网络，推动构建废弃物逆向物流交易平台。结合循环经济示范城市（县）建设，完善废旧物资循环经济服务体系。支持专业化再制造公司提供个性化再制造服务。

构建地球系统科学核心理论支撑，全面增强对高质量经济发展和生态文明建设的科技支撑。加强科学前沿探索，从地球系统的科学基础、山水林田湖草生命共同体的科学意义、海洋空间和地理信息的科学规律等方面深化对自然资源的科学认知，发展自然资源科学理论，构建融合多学科的生命共同体科学知识体系[①]。提出要提升对重要生态系统和关键区域主要生态问题演变规律、生态退化机理、生态稳定维持的科学认知水平；充分利用天空地海遥感、物联网、大数据、人工智能等现代高新技术，进行技术与装备的集成研发，构建支持自然资源全要素调查监测的系列化、工程化、产业化的技术与装备体系，为全面摸清、实时掌握自然资源家底提供坚实技术支撑。建立耕地资源保护技术体系，建立地球关键带中耕地数量、质量、生态"三位一体"保护技术体系。研究耕地质量提升与生产力调控、耕地–人口–环境相互作用与影响的权衡协同、耕地质量关键要素时空变化规律及协同作用机制。

4. 软件和信息服务业

充分发挥湖北省科教文化优势，推动软件和信息服务业创新、融合、协调发

---

① 自然资源部. 自然资源科技创新发展规划纲要［Z］. 2018 年 10 月 16 日.

展，不断提升服务支撑能力，加快构建覆盖全省城乡的产业体系。

大力扶持优势领域，积极培育骨干企业，推动智慧化发展，推进软件产业园区建设。围绕现有产业基础，在基础软件、工业软件及行业解决方案、数字内容加工处理、嵌入式软件和 IC 设计、北斗应用及服务、云计算、大数据、移动互联、虚拟现实技术（VR）等领域重点突破，鼓励产业创新，带动产业发展壮大。引导软硬件企业加强合作，支持优势企业以资本、技术和品牌开展联合重组，以"智慧城市"建设为契机，扶持发展软件网络化服务、软件外包服务、电子商务、网络增值服务等新兴软件服务业态，不断拓展应用领域，提高应用水平。大力发展农业信息服务，推进智慧农业建设。鼓励信息服务业集聚发展，引导市州软件园区特色化发展，加强湖北省软件和信息技术服务业公共服务平台建设力度，形成覆盖全省、资源共享、互联互通的平台网络。

5. 商务服务业

通过丰富和完善企业管理咨询服务和法律服务内容，大力推动广告业发展，大力发展展览业，逐渐形成与国际接轨、布局合理、结构优化、功能完善、竞争有序、发展均衡、专业化程度高的商务服务体系，打造一批中西部领先、知名度高、影响力大的商务服务品牌。

6. 检验检测认证服务业

积极培育检验检测认证市场主体，优化检验检测认证产业布局，推进重点项目、重点园区、重点平台建设。

（五）促进流通服务业创新转型发展

依托湖北省自身区位优势和人口分布特点，重点推动现代物流、商贸服务、电子商务等三大流通服务业创新转型发展，优化城乡网络布局，提升流通信息化、标准化、集约化水平，增强基础支撑能力，以达到提高效率、降低流通成本的目标。

1. 现代生态物流业

进一步做强现代生态物流市场主体。围绕汽车、钢铁、石化、装备制造、光电子信息、生物医药、纺织、商贸等重点产业，做大做强与之联动的物流企业。鼓励物流企业运用"互联网+"和大数据创新思维，采用新技术与新装备，创新物流组织与服务模式，推进转型升级。提高物流企业社会化、规模化和专业化水平，着力培养、重组一批能够主导地区市场的大公司、大集团，着力引进一批国内外领军物流企业落户湖北，设立区域性总部。

进一步做实现代生态物流基础支撑体系。进一步完善立体交通运输基础设施建设，加强基础设施与物流枢纽的无缝衔接，加快集疏运通道建设，推进多式联运[①]。加强高速公路与普通公路连接线，加快农村公路网建设。加快构建全省现代生态物流统计制度与统计体系，构建并完善现代生态物流大数据平台和物流信息网络服务体系，加大现代生态物流标准的实施力度。

进一步优化现代生态物流业空间布局。依托京广物流大通道、二广物流大通道、沿江（长江）物流大通道、福银物流大通道"四大物流通道"，进一步完善"物流圈（带）—物流节点城市—物流园区—物流中心"物流网络体系，形成武汉（城市圈）物流圈、鄂西物流圈、长江物流带、汉江物流带等物流业"两圈两带"区域布局，进一步促进以现代生态物流核心节点城市（武汉、宜昌、襄阳等）的发展带动现代生态物流业"两圈两带"集聚发展。

进一步加强现代生态物流业开放合作。对接国家"长江经济带"和"一带一路"战略，促进现代生态物流业进一步对外开放。加强电子口岸建设，加强与沿海、沿边口岸通关协作，构建服务于全球贸易和营销网络、跨境电子商务的物流支撑体系。加快推进武汉长江中游航运中心建设，支持"汉新欧"等国际班列、航班、航线的发展和湖北国际现代生态物流核心枢纽的建设，构建国际现代生态物流服务网络。

积极推进农村现代生态物流发展。优化农产品现代生态物流企业供应链管理服务，提高农产品物流企业的信息化、智能化、精准化水平。大力推进"一点多能、多站合一、一网多用、深度融合"的一体化农村综合运输服务站建设。逐步完善以农村现代生态物流枢纽站场为基础，以县、乡、村三级物流节点为支撑的农村现代生态物流基础设施网络体系。完善农村现代生态物流服务体系，提升农产品流通服务水平。构建覆盖全省的农产品现代生态物流绿色通道，推进粮食"四散化"运输和整个流通环节的供应链管理。

推动快递业健康有序发展。加强快递枢纽建设，推动邮政、快递网络开放共享，加快快递下乡步伐，提升城市末端配送能力，完善快递业安全监管信息平台，推动快递业创新发展。鼓励快递服务企业技术创新，提升快递服务业竞争力，引导快递服务企业创新作业方式。推动城市配送车辆标准化、标识化，完善配送车辆便利通行措施，支持快递配送站、智能取件箱等设施建设。完善城乡配送网络体系，鼓励建设社区共同配送、连锁商业配送、电子商务配送等个性化、多样化和便利化的配送网点。推进快递业与制造业、电子商务等联动发展，支持快递服务企业在湖北省内设置服务总部。

---

① 李相林，田丽．绿色物流在国外的发展及我国的差距［J］．商业评论．2015，（10）：12-14.

2. 商贸服务业

大力发展现代专业和综合批发市场。以大型综合批发市场为龙头，以产地批发市场为核心，形成现代商贸业市场新格局。

加强市场主体培育。重点培育农副产品批发及冷链物流、专业、再生资源及新型贸工农一体化市场主体。培育多元化的市场主体，积极培育拥有自主品牌、突出主业经营、跨区域发展、在全国领先的大型商贸流通企业，支持中小企业发展，重点扶持冲刺中国零售百强、餐饮百强的商贸企业，大力推动湖北商贸品牌进入全国和国际市场。

创新商贸流通新业态。鼓励批发企业与品牌产品生产企业及中小零售商加强合作，建立联购分销的连锁组织，发展直达供货、加工配送等多样化分销方式，减少仓储运输环节。鼓励带有小型批发性质的会员制销售与"现购自运式"连锁超市的发展。完善社区商业网点布局，拓展精细化定制，提升社区网点服务功能。

推动农村商贸服务业发展。结合新型城镇化和新农村建设，完善城乡商贸流通体系建设，积极推动重点乡镇综合商业中心等新业态的发展，提升农村商贸流通网络服务功能。扎实推进农产品流通现代化，充分利用现有农家店和配送中心资源，组织农产品进超市，探索"农超对接"工程发展的新模式，完善农产品流通网络，畅通农产品流通渠道。

3. 电子商务服务业

加快电子商务平台建设。推进电子商务基础设施建设，加快电子商务园区发展，构建电子商务公共服务平台。

健全电子商务发展支撑体系。推动电子支付创新应用，大力发展移动支付，促进电子商务信用信息共享。建立健全全省电子商务统计制度，加强全省电子商务运行监测和数据分析，逐步建立电子商务统计监测体系。完善网络基础设施，深化无线宽带网络覆盖。

加强农村电子商务发展。推动涉农电子商务，提高农产品流通组织化程度和信息化水平，推进特色农产品开展跨境电商交易。推广农村电子商务应用，继续推进电子商务进农村综合示范，以返乡创业试点县为载体，推动阿里巴巴农村淘宝项目落地，带动形成农村电商生态链和生态圈。以农产品上行为重点，加大电子商务精准扶贫力度，完善县级电子商务服务中心、乡镇服务站功能和配套设施。积极推动移动电子商务应用向农业生产性服务业延伸，鼓励第三方服务公司向新型农业生产经营主体提供专业化电子商务培训服务、物流外包服务、营销运营服务。

增强电商产业发展后劲。推进武汉、襄阳、宜昌等国家电子商务示范城市建设，支持鄂州葛店开发区建设国家级电子商务基地，支持十堰建设国家级电子商务示范基地和区域性电子商务示范城市。加快推进省级示范基地及示范企业建设，重点推进佰昌鄂西北药材电商批发城、蕲春药品电子商务总部基地、"专汽之都"（随州）电子商务网络资讯及商务交易平台、鄂州唯品会华中电子商务运营中心项目和阿里巴巴红安、武穴等产业带项目建设，支持一批电子商务重点企业做大做强。

（六）加快社会服务业市场化发展

推动非基本公共服务市场化发展，重点支持文化、教育培训、健康养老、体育、人力资源等五大社会服务业市场化发展，扩大社会服务有效供给，更好地满足多层次、多样化的服务需求。

1. 文化服务业

优化文化产业发展布局。积极发展具有民族特色和地方特色的传统文化艺术，深入挖掘荆楚文化精髓，大力弘扬生态文化，宣扬勤俭节约的风气，在全社会树立生态有价、资源有偿的理念。推动湖北文化品质和服务质量的提高。整合荆州、鄂州、黄州、襄阳、赤壁三国历史文化资源，通过城市景观、道路名称、街区设计等形式深度挖掘当地特色荆楚文化内涵，与重视环保，崇尚自然的传统。

大力培育文化市场主体。实施"百强、千特、万众"主体培育行动，形成龙头企业引领、骨干企业带动、"专精特新配"企业蓬勃发展的良好生态。着力培育一批以省级文化产业示范园区、基地为代表的大园区、大企业，打造一批知名文化品牌。加快培育一批年产值超亿元核心企业，着力发展报刊、出版发行、印刷复制、影视、广电、动漫、数字网络和设计服务等八大重点产业集群。支持文化产权交易，提升文化服务内涵和品质，推动文化与工业、农业、科技、旅游、信息、物流等产业融合发展，促进文化创新和产业升级换代。

提高文化走出去水平。积极培育具有国际竞争力的外向型文化企业，鼓励和引导文化企业加大内容创新力度，创作生产具有湖北特色、面向国际市场的文化产品和服务。加强出口平台和营销渠道建设，鼓励文化企业通过电子商务等形式拓展国际业务。鼓励各类企业在境外开展文化领域投资合作。鼓励外资企业在我省进行文化科技研发，发展服务外包。进一步扩大湖北文化国际传播力、竞争力和影响力，实现合作共赢。

加快数字文化产业发展。积极培育数字出版、数字影音、动漫游戏、数字传媒、数字学习等数字内容产业，支持内容软件、移动互联、VR（虚拟现实）／

AR（增强现实）快速发展。积极运用新技术，推动一批面向数字文化细分领域的重点应用系统建设，建设数字文化行业数据平台，丰富产品内容和服务。完善产业链，拓展细分行业新领域，加强产业分工协作，向高端产业链转型。加快专业化的产业基地和园区建设，组建产业创新联盟，提升创新服务功能，推动数字产业规模化、质量化发展。

2. 教育培训服务业

加快推进教育培训机构品牌化、规模化、信息化、连锁化发展。以武汉市为核心，着力培育一批具有重要影响力的教育培训服务业领域的龙头品牌。鼓励各类知名度高、信誉度好、经营管理水平高的教育培训机构设置连锁机构或者服务网点。打造产业集群，推进教育培训服务园区建设，引入国际国内优质教育培训资源，形成教育培训服务业相关产业链，发展教育培训、教育咨询、教育研究、教育出版、教育金融、教育旅游等，促进教育培训相关产业发展。加快推进教育培训信息化建设，促进"互联网+"与教育培训的有机结合，发展远程教育和在线培训，促进数字资源共建共享。

加快推进重点领域发展。用好市州职业教育存量资源，建立覆盖对象广泛、培训形式多样、管理运作规范、保障措施健全的职业培训市场机制，加快培养各类高素质、高技能人才。推进青少年、个人兴趣爱好等教育培训领域发展，提升市民素质、满足新兴需求。开拓海内外教育培训市场，开展多层次外向型人才培训，开发适合国际劳务输入输出的各类培训项目，提高软实力。

开展城乡社区教育。整合社区各类教育培训资源，引入行业组织等参与开展社区教育项目，为社区居民提供人文艺术、科学技术、幼儿教育、养老保健、生活休闲、职业技能等方面的教育服务，规范发展秩序。

加大教育培训服务业开放力度。打破行业壁垒，吸引和鼓励社会资本投资教育培训服务业，以资本、知识、技术、管理等要素参与办学，鼓励发展股份制、混合制职业院校，引导社会组织与公办高校合作举办非营利性混合所有制二级学院。

3. 健康和养老服务业

培育发展健康服务业。充分发挥湖北医疗资源优势和技术优势，建立全国领先的区域医疗信息化平台和大数据平台，大力发展医疗服务、健康管理服务。支持市场主体开发和提供专业化、多样化的家庭健康服务。支持健康服务产业与高校、科研院所等技术、人才密集型组织合作，共同建设中国健康物联网产业基地和研究院，促进健康生命科学产业集群发展，推进产学研相结合的医药创新体系和公共服务平台建设。鼓励发展专业化医学园区，支持健康城和医疗城建设。完善生育服务网络，扩宽服务领域，发展生殖健康产业和育婴产业。

加快发展养老服务业。为稳妥推进公办养老机构改革，要统筹规划建设城市养老服务设施，在办好公办保障性养老机构的同时，支持社会力量兴办养老机构。另一方面要大力发展居家养老服务，健全社区养老服务网络。农村养老服务是发展湖北省养老服务业的重要组成部分，要根据湖北省农村实际需求，拓展筹资渠道，吸纳更多资产和资源，开发老年产品市场，培育养老产业集群。推进殡葬制度改革，重视殡仪馆、墓地等硬件设施建设，合理规划，努力提升殡葬服务业服务质量。

统筹健康与养老资源融合发展。医疗机构与养老机构要加强合作，融合发展。支持部分医院向老年护理院、老年康复医院转型。健全医疗保险机制，探索建立多层次长期照护保障体系。积极推进全国养老服务业综合改革试点，充分利用"互联网+"、云计算、大数据等现代信息技术，搭建健康养老公共信息平台，形成规模适宜、功能互补、安全便捷的健康养老服务网络，促进智慧健康养老产业发展①。

4. 体育服务业

优化体育服务业布局。以武汉市为体育服务业发展核心区，打造多功能体育产业基地，建设以体育休闲旅游业和户外运动产业为特色的西部产业带。建设以体育健身娱乐业和体育用品业为特色的东部产业带。建立武汉市国家级体育产业联系点、襄阳市和宜昌市省级体育产业联系点。培育重点特色体育基地，拉动湖北省体育服务业整体结构升级和快速增长。

特色体育服务业突出发展。加快重点产业发展，支持湖北特色体育产业发展。大力推进具有湖北特色的国际级体育赛事品牌建设，发掘国家级体育赛事品牌。积极争取武当武术列入国家正式锦标赛事项目，开展武当武术巡演活动。鼓励各地开展品牌赛事"一区一品"创立活动，充分发挥品牌赛事对体育服务业的整体带动作用。

加强体育服务业市场主体建设。充分发挥龙头企业的带动作用，增强湖北省体育服务业企业的整体实力和竞争力。体育服务业企业要加强品牌建设，要积极组建国有或国有控股的省体育产业集团公司，整合湖北省优质体育产业资源，实行整体发展战略。通过开展连锁、联合和集团化经营，实现体育企业规模化、集团化、网络化、品牌化发展。依托现有体育服务资源，整合相关业态，建设城市体育服务综合体。以城市主场（足球）企业为着力点，打造覆盖全省的业余足

---

① 鄂政发〔2014〕30 号. 省人民政府关于加快发展养老服务业的实施意见.

球综合服务体系。

促进体育服务业与相关行业的创新融合发展。实施体育服务业"众创工程",鼓励大众积极参与体育服务业创业、创新,不断培育和壮大体育服务市场主体。积极推进"互联网+"体育战略,加强"去运动"手机 app 与微信公众号的技术研发和市场推广力度,提高智慧体育服务水平,搭建全省体育服务业大数据平台。

5. 人力资源服务业

积极布局人力资源服务产业园区。坚持政府引导、市场运作、科学规划、合理布局,构建多层次、多元化的人力资源服务机构集群,增加人力资源服务供给。在武汉东湖新技术开发区、武汉市江汉区以及襄阳市、宜昌市等有条件的市州建立具有地域和产业特点的人力资源服务产业园。

积极培育各类人力资源服务市场主体。鼓励个人和社会组织创办人力资源服务企业,支持发展有基础、有潜力、有优势的中小微型专业人力资源服务机构。鼓励人力资源服务机构开展自主品牌建设,形成一批知名企业和著名品牌。支持人力资源服务机构与科研机构、高等院校合作,推进人力资源服务理论、技术和模式创新,推进差异化发展。健全人力资源服务机构诚信评价体系,加强人力资源服务业标准化体系建设。加强从业人员队伍建设,实施人力资源服务业高级管理人才和专业人才能力提升计划。

积极推进人力资源服务领域创新。进一步增强湖北公共招聘网、人力资源服务机构公众网站的服务功能,加强人力资源服务网站间信息共享互通,形成以湖北公共招聘网为主体,其他招聘网站为补充的人力资源服务网络体系。稳步推进政府向社会力量购买人力资源服务。

扩大市场开放程度。加强与具有国际先进水平的人力资源服务企业的合作,鼓励国内外知名人力资源服务企业在湖北设立分支机构,鼓励有条件的本土人力资源服务机构"走出去",在境外设立分支机构,大力开拓国际市场,积极参与国际人才竞争与合作。

(七) 实现居民服务业高质量发展

顺应居民生活方式转变和消费升级趋势,引导居民服务规范化、专业化、精细化发展,改善服务体验,提高消费满意度,实现旅游、家政、房地产等三大居民服务业高品质发展。

1. 旅游服务业

拓展旅游发展空间。充分挖掘湖北丰富的旅游资源,加强旅游模式、旅游产品、旅游管理、旅游服务、旅游营销等方面的创新，拓展旅游新领域。培育多元化的精品名牌体系，推动旅游定制服务，满足个性化需求，深化旅游体验。推动旅游景区和旅游企业集群式发展，打造有核心竞争力和重大影响力的旅游品牌。

发展旅游新业态。加强旅游与相关产业的资源型、生产性、服务性融合，以旅游新业态促进旅游业"二次腾飞"。重点建设旅游农业、旅游工业、旅游地产业、旅游文化业、旅游商贸业、旅游会展业、旅游金融业、旅游信息业、旅游体育业、旅游策划业等十大旅游新型业态。

优化旅游业发展战略布局。有了城市和交通为依托和支撑，积极构建开放式旅游战略布局。就湖北而言，以长江为纽带，整合省内旅游资源和设施，做实做厚旅游产业带。发挥重点城市的极化作用，带动湖北省旅游业的整体发展，大力带动廊道沿线旅游区域的联动发展。因地制宜地推进旅游板块发展。

实施重大旅游建设工程。按照"旅游核心景区、旅游服务基地、旅游风情小镇、旅游中心城市"四位一体模式，打造武汉商贸休闲旅游区、三峡国际度假旅游区、神农架国家公园、武当山水养生旅游区、隆中文化休闲旅游区、清江生态民俗旅游区、荆州和荆门荆楚文化旅游区、大洪山生态文化旅游区、咸宁温泉疗养旅游区、大别山红色生态旅游区等十大旅游区；推进国际旅游自由购物区、长江大型旅游港、国家旅游度假区、国家休闲旅游区、国家乡村公园、国家养老基地、文化旅游创意园区、旅游装备制造园区、湖北"礼道"（旅游商品）产销基地、湖北"味道"（餐饮）体验园区等十种类型的旅游产业园区建设。支持恩施州全力创建国家全域旅游示范区。

加快旅游资源对外开放与开发。加强湖北旅游业与长江中游城市群、长江经济带乃至全国各省份的全方位合作，开展国际市场营销，建立常态化的旅游国际合作机制，实现海陆内外联动、东西双向开放的新格局。推动"互联网+"旅游产业的融合发展，传统旅行社和互联网的有机结合，同步发展线上、线下旅游产业。

大力推动智慧旅游产业发展。建立智慧旅游示范项目数据库，鼓励旅游企业利用终端数据进行创业，支持云计算、物联网、移动互联网应用项目进入旅游业，鼓励有条件的地方建立智慧旅游产业园区。建设覆盖湖北省全域的智慧旅游公共服务平台、智慧旅游行业管理平台、智慧旅游互动营销平台①。

2. 家政服务业

壮大家政服务业产业规模。推动家政服务业规范化、职业化、信息化、产业

---

① 湖北省旅游委办公室. 2018 年 7 月. 关于印发《建设长江国际黄金旅游带核心区　推进旅游服务业提速升级工作方案》的通知.

化发展,重点发展社区照料服务、病患陪护服务等业态,满足家政服务基本需求;因地制宜地发展家政物业管理、家政心理咨询、家政电器维修、家政用品配送、涉外家政服务等业态,满足家政特色需求。结合新型城镇化与新农村建设,逐步发展面向农村尤其是中心镇的家政服务业。积极推动新技术、新流程和新项目进入家政服务业,不断延伸家政服务产业链。

强化家政服务业能力建设。鼓励各类资本投资创办家政服务企业,建立家政服务业产业园。加快建设家政服务业实训基地和职业培训示范基地,实施社区服务体系建设工程,推进家政服务站点纳入社区服务体系建设。开展家政服务业全省"百户十强"创建工作,重点支持中心城市家政服务体系建设和龙头企业发展。实施家政服务业从业人员和管理人才专项培训计划,开展"巾帼家政服务员专项培训工程",做大做强一批家政服务企业。

推进家政服务业智慧化平台建设。加快形成全省统一的家政服务业公益性服务网站、呼叫中心平台,实现家政服务人力资源、信息资源、公共服务资源的优化配置。扶持建立家政服务网络中心,构建统一的信息平台。

3. 房地产业

不断完善住房市场的供应体系。持续推进住房供应主体的多元化,规范和激活新建商品住房市场、二手住房市场和租赁住房市场,以满足居民多层次、多样化的住房消费需求,促进房地产业规模增长。扩大有效需求,优化市场供给,建立购房与租房并举、市场配置与政府保障相结合的住房制度。在积极有序发展商业、工业、旅游地产等基础上,通过引进专业性强的地产企业开发工业园区,为现代高端商务和专业服务提供载体。

化解三四线城市房地产库存。推进供给侧结构性改革,落实房地产去库存任务。大力推进公租房货币化和棚改货币化安置,充分发挥住房公积金对住房消费的支持作用,鼓励新市民进城购房,引导首套和改善型购房需求。合理安排住房及其用地供应规模,优化房地产及用地供应结构,加快完善城市新区配套设施,开展违法建设治理,切实加强和改善房地产市场供给调控。

促进房地产业转型发展。引导房地产开发企业从商品房开发向持有运营转型,发展新兴产业、养老产业、文化产业、体育产业等;从注重规模向注重品质转型,培育国家级住宅产业化基地和"广厦奖"项目;从粗放型向集约型转型,鼓励房地产企业兼并重组、提高产业集中度。规范发展现代物业服务业,提高物业服务覆盖率和服务质量。提升房地产估价、经纪等中介服务水平,鼓励开展规模化、专业化租赁经营。

提升房地产市场监管水平。完善房地产市场监管政策法规体系,进一步规范国有土地上房屋征收补偿、房地产开发经营、房地产中介服务、物业服务市场秩序。加强房地产管理信息化建设，建立健全城镇个人住房信息系统，构建房地产市场监管信息平台。

4. 餐饮业

党的十九大提出，要推进绿色发展，倡导简约适度、绿色低碳的生活方式，满足人民日益增长的美好生活需要。推动绿色餐饮发展，需要以供给侧结构性改革为主线，从以下几方面实施战略。

一是健全绿色餐饮标准体系。加快建立国家标准、行业标准、地方标准与企业标准相互配套、补充的绿色餐饮标准体系。制定绿色餐饮服务和管理标准，完善绿色餐饮评价标准。二是构建大众化绿色餐饮服务体系。鼓励绿色餐饮企业发展连锁经营，进社区、进学校、进医院、进办公集聚区、进交通枢纽等重要场所，建设便民服务网络。加快发展早餐、团餐、特色小吃等服务业态，优先供应面向老人、中小学生等特殊群体的服务品种。三是促进绿色餐饮产业化发展。支持餐饮企业建立"生产+配送+门店"绿色餐饮供应链，鼓励餐饮企业建设"中央厨房+冷链配送+餐饮门店"绿色餐饮生产链，引导餐饮企业减少使用一次性用品，打造绿色餐饮服务链。四是培育绿色餐饮主体。宣传推广绿色餐饮标准，支持各地商务等相关部门健全绿色餐饮工作机制，开展绿色餐饮标准培训，举办绿色餐饮宣传活动。推动餐饮企业、机关和高校食堂落实绿色餐饮各项标准，培育一批绿色餐厅、绿色餐饮企业（单位）、绿色餐饮街区。五是倡导绿色发展理念。鼓励餐饮企业将绿色发展理念融入服务人员行为规范，加强职业道德教育，使绿色发展理念变成服务人员自觉行动。将"绿色餐饮"理念纳入"文明城市文明单位创建"等内容。

餐饮业绿色发展的阶段性目标是初步建立绿色餐饮仓储、加工、管理、服务以及自助餐、宴席等重点领域的标准体系，严格绿色餐饮准入，推动形成绿色餐饮发展的常态化、制度化机制，将绿色理念融入生产消费的全过程。该目标的实现需要以下保障措施：一是强化部门联动配合。商务部、中央文明办、发展改革委、教育部、生态环境部、住房城乡建设部、人民银行、国管局、银保监会等相关部门按照职责分工制定推动绿色餐饮发展的相关措施。二是切实加强宣传推广。加大对绿色餐饮的宣传力度，适时曝光污染突出、浪费严重的典型案例，强化政府推动餐饮业绿色发展的舆论导向。鼓励各地认真总结推动绿色餐饮发展的成功经验和做法，对优秀典型和案例及时宣传。三是完善相关政策支持。对于绿色餐饮项目，可按当地规定申请贴息支持。鼓励银行保险等金融机构在风险可控、商业可持续前提下，加大对绿色餐饮企业的支持。四是充分发挥协会作用。加强社会组织建设，探索制定约束餐饮行业严厉执行勤俭节约的制度，组织开展餐饮节约和绿色发展的实践活动，强化行业自律，及时总结餐饮节约的成功经验和典型案例，提升节约水平。

(八) 增强现代生态服务业发展新动能

顺应数字化、智能化、绿色化发展潮流，树立互联网思维和融合发展的新理念，积极推动新技术在现代生态服务业领域的应用，鼓励现代生态服务业新业态和新模式创新，以技术创新、绿色理念、文化价值提升服务业内涵和高度。促进产业融合发展，不断为服务业发展注入新的活力和动力。

(1) 推动现代生态服务业数字化、智能化、绿色化发展。积极拓展服务业发展空间，充分运用云计算、大数据等新一代信息技术，推动服务业整体改造升级，创新服务业发展新模式；促进人工智能技术和设备在服务领域的广泛应用；大力推进高耗能、高耗水服务业节能节水。积极推进服务企业资源循环利用，完善废旧资源回收利用体系，节约集约利用土地，盘活存量用地。倡导合理消费，发展协作，鼓励绿色消费。打造湖北省以回收废弃电器电子产品为主的第三方交易平台，通过互联网线上服务平台和线下回收服务体系建设，形成线上报废、线下物流的"互联网+"回收体系。

(2) 鼓励现代生态服务业新业态、新模式创新发展。推动服务业领域商业模式、产业形态、管理方式创新发展；鼓励平台经济发展，坚持以服务智慧化、网络化为导向，积极打造适应平台经济发展的空间载体和生存环境；进一步深化对分享经济理念和价值的认识，坚持以创新、包容的态度，扩大分享经济在房屋租赁、交通出行、家政、酒店、餐饮、金融租赁、物流运输、教育培训、广告创意等更大领域更大范围渗透，实现社会资源的优化配置和社会协同合作的高效率；以"双创""四众"政策助推服务业转型升级；发挥服务业在创业创新的主战场作用，激发大学生在新兴服务业领域创业创新的活力和激情，做优做强服务业"双创"新型孵化平台和众创空间，低成本、便利化、全方位、开放式、多层次打造新型创业创新载体平台。

(3) 促进现代生态服务业与农业、制造业的融合发展。鼓励产业融合发展，强化服务业对现代农业和先进制造业的全产业链支撑作用，构建交叉渗透、交互作用、跨界融合的产业协同发展生态系统。

促进现代生态服务业与农业的融合。以现代生态服务业与农业融合发展延伸产业链、优化供应链、提升价值链，增强服务业对农业增效、农民致富、农村变美的支撑引领能力，引导新型农业经营主体向经营服务主体转型；推进服务业与制造业融合。推动服务与制造双向融合发展，鼓励制造企业由生产型向生产服务型转变，促进服务企业向制造环节延伸，提升产业综合竞争力，实现"工业服务化、服务产品化"。

(4) 推进现代生态服务业开放创新发展。全力支持武汉、襄阳、宜昌共同打造湖北省自贸区，主动适应经济发展新常态，扩大服务业对外开放，提高贸易便利化水平，大力发展总部经济和现代新型服务业态，逐步构建立足周边、辐射"一带一路"、面向全球的高标准自由贸易区网络。加快构建立足湖北、服务全国、面向世界的高端服务业体系，树立具有湖北优势和特色的"湖北服务"品牌，全面带动服务业发展提速升级。

五、湖北省生态服务业发展保障措施

现代服务业与生态服务业彼此交融。现代服务业必须将生态–环保作为产业的底线与特色，即不生态、不环保的服务业就不能称之为"现代服务业"；各类现代服务业对"生态–环保"高水平的追求是无止境的，水平只有较好，而没有最好。生态服务业可以与现代服务业结合来发展，可以依托"现代服务业"的发展战略来构想生态服务业的发展战略。

当前，湖北省生态服务业发展态势良好，处于快速发展的关键阶段，生态服务业占经济总量的比重和对经济增长的贡献率明显提升，集聚效应日益凸显。但与发达地区相比，生态服务业发展水平还存在较大差距，发展不平衡不充分的问题仍然突出。因此必须抢抓发展机遇，补齐发展短板，进一步加快生态服务业发展，促进产业转型升级，推动全省经济高质量发展。推进"建设全国重要的现代物流基地、长江中游区域性金融中心、全国重要的研发设计基地、中部电子商务中心、长江中游商业功能区和中部旅游核心区，打造一批具有全国影响力的现代服务业基地"目标的实现。

（一）深化体制改革，扩大对外开放，促进产业融合发展

作为新兴产业，政府管理体制也要出台引导政策，为生态服务产业发展指明方向。深化行政体制改革，充分发挥市场在资源配置中的决定性作用和更好发挥政府作用。转变政府职能，强化市场主导，继续推进简政放权、放管结合、优化服务，充分激发和释放市场主体活力，调动市场主体的积极性和创造性，营造良好的生态服务业发展环境。促进产业融合发展，顺应产业融合发展的趋势，大力推动生态服务业与生态工业、农业现代化融合发展。立足产业转型升级的需要，加快发展生态科技服务、生态物流、生态工业设计、生态信息服务、生态文化创意、生态休闲旅游等生态服务业，实现生态服务业与生态工业、生态农业的融合发展。深化金融改革创新，引领产业转型升级、创新驱动发展。其次，由于生态服务更加系统，区域之间、部门之间联防联控和协同共建机制有待加强，生态补偿机制也亟待建立健全。扩大区域开放，建立长江中游城市群、三峡生态经济合作区等服务业交流与互动平台，参与长江经济带省份服务业发展交流平台，积极

推动区域服务业协同发展。

(二) 实施创新驱动，培育服务新动能

大力推进创新驱动，培育服务新动能，拓展产业新空间。加强科技创新能力建设，强化企业创新主体地位，鼓励企业开展科技创新、产品创新、管理创新、市场创新和商业模式创新。加大技术创新力度，积极支持各类服务业创新创业孵化器发展，推动生态服务业共性技术研发、系统集成和推广应用。

(三) 强化要素保障，夯实发展基础

强化要素资源集聚，抓好资金筹措、土地供应、税收及价格政策等工作，增强要素配置功能。生态服务业的发展需要进一步拓宽融资渠道，适合生态服务业特点的金融产品和服务不断涌现，生态服务业重点领域企业的贷款扶持力度不断加大。调整城镇用地结构，扩大生态服务业用地供给，提高生态服务业建设用地比例。鼓励各地探索供地政策，对地方经济带动作用大的生态服务业和惠及民生的旅游、健康养老等生态服务业项目建设给予支持。要落实好生态服务业税收优惠政策，就要不断深化财税体制改革。深入实施人才兴省战略，强化生态服务业人才支撑，建立健全生态服务业人才培养和引进机制。

(四) 培育龙头企业，塑造升级新优势

重点扶持创新能力强、发展前景好、特色鲜明的省内生态服务业龙头骨干企业。扶持生态服务业企业走品牌扩张之路。鼓励生态服务业龙头企业组建大型公司或进行海外并购，提升企业竞争力，实现服务品牌带动产品品牌推广、产品品牌带动服务品牌提升的良性互动发展。以生态服务业示范园区为依托，推进生态服务业品牌集群和专业商标品牌基地建设，鼓励生态服务业品牌抱团发展、板块式发展，培育形成一批品牌相对集中的地区性品牌集群。

(五) 完善标准质量体系，搭建公共服务平台

深入推进生态服务业标准化建设，建立完善生态服务业标准体系。实施"标准化+"工程，坚持标准引领提升，增强服务产品质量和市场竞争力，建设"中国光谷国家技术标准创新基地"。实施生态服务业标准化提升计划，建立健全与生产、生活密切相关领域的标准体系。完善产业发展公共服务平台，以政府职能部门为主导、相关产业发展协会（联盟）为载体，重点打造软件和信息、装备制造、食品、服务外包、物流、电子商务、创意设计、健康养老等行业发展公共服务平台。

（六）加强考核评估，确保战略实施

健全生态服务业发展统计考核评价制度，完善考核评价指标体系，强化对生态服务业工作绩效及发展状况的考核评价。充分发挥绩效考核评制度"方向标"和"指挥棒"的引导作用，确保各项绩效目标的实现，推进生态服务业发展战略的实施。

第五章 湖北省"无废城市"建设战略研究

"无废城市"的概念始于 2000 年左右。随着经济社会发展、废弃物管理水平提高，建立"无废城市"成为越来越多的国家或城市的目标。国际社会成立了"无废国际联盟"、欧洲国家成立了"无废欧洲网络"、日本成立了"无废研究院"等组织，2015 年美国市长会议发布了"支持城市无废原则"的决议，2018 年全球 23 个城市联合发布了"建立无废城市"的宣言等。不同的资源禀赋、发展阶段、政治体制、管理水平、财政收入的城市在实现"无废"的过程中具有相似性，但在对"无废"的定义上，以及在实现"无废"的路径和措施的选择上呈现出较大的差异。

2018 年底，国务院办公厅发文在全国进行"无废城市"建设试点工作。党的十八大以来，党中央、国务院深入实施大气、水、土壤污染防治行动计划，把禁止洋垃圾入境作为生态文明建设标志性举措，持续推进固体废物进口管理制度改革，加快垃圾处理设施建设，实施生活垃圾分类制度，固体废物管理工作迈出坚实步伐。同时，我国固体废物产生强度高、利用不充分、非法转移倾倒事件仍呈高发频发态势，既污染环境，又浪费资源，与人民日益增长的优美生态环境需要还有较大差距。开展"无废城市"建设试点是深入落实党中央、国务院决策部署的具体行动，是从城市整体层面深化固体废物综合管理改革和推动"无废社会"建设的有力抓手，是提升生态文明、建设美丽中国的重要举措。

一、我国"无废城市"建设的经验及启示

(一) 顶层设计

1. 内涵和意义

2018 年 12 月 29 日，国务院办公厅印发"无废城市"建设试点工作方案，旨在通过创新、协调、绿色、开放、共享的新发展理念为引领，通过推动形成绿色发展方式和生活方式，持续推进固体废物源头减量和资源化利用，最大限度减少填埋量，将固体废物环境影响降至最低。"无废城市"是一种城市发展模式，这种模式并不是没有固体废物产生，也不意味着固体废物能完全资源化利用，而是通过先进的城市管理理念，最终实现整个城市固体废物产生量最小、资源化利

用充分、处置安全。建设"无废城市"是从城市整体层面深化固体废物综合管理改革，是提升生态文明、建设美丽中国的重要举措。

2. 内容和要求

"无废城市"建设坚持绿色低碳循环发展，以大宗工业固体废物、主要农业废弃物、生活垃圾和建筑垃圾、危险废物为重点，坚持问题导向、注重创新驱动，坚持因地制宜、注重分类施策，坚持系统集成、注重协同联动，坚持理念先行、倡导全民参与，在固体废物重点领域和关键环节取得明显进展，大宗工业固体废物贮存处置总量趋零增长、主要农业废弃物全量利用、生活垃圾减量化资源化水平全面提升、危险废物全面安全管控，非法转移倾倒固体废物事件零发生，培育一批固体废物资源化利用骨干企业。此外，通过试点总结城市深化固体废物综合管理改革方面的经验和做法，形成一批可复制、可推广的"无废城市"建设示范模式，为推动建设"无废社会"奠定良好基础。

3. 组织和实施

2019 年，按照国务院的有关要求，生态环境部会同 17 个部委对省级有关部门推荐的城市进行筛选，最终选取了 11 个城市和 5 个特例作为"无废城市"建设试点，简称"11+5"试点。生态环境部制定了《"无废城市"建设试点实施方案编制指南》和《"无废城市"建设指标体系（试行）》，要求试点城市据此制定实施方案，明确试点目标，确定任务清单和分工，围绕试点内容，有力有序开展试点，确保实施方案规定任务落地见效。此外，生态环境部还会同有关部门对试点方案进行指导和成效评估，发现问题及时调整和改进。截止 2019 年 9 月 11 日，全部试点城市的试点实施方案均已通过专家评审。

（二）领域分类

国内无废城市建设注重工业、农业、生活等各领域的统筹协调，并且在国务院办公厅印发的"无废城市"建设试点工作方案中明确了六大任务：强化顶层设计引领，发挥政府宏观指导作用；实施工业绿色生产，推动大宗工业固体废物贮存处置总量趋零增长；推行农业绿色生产，促进主要农业废弃物全量利用；践行绿色生活方式，推动生活垃圾源头减量和资源化利用；提升风险防控能力，强化危险废物全面安全管控；激发市场主体活力，培育产业发展新模式。

1. 制度领域

首先，通过指标引领"无废城市"建设，生态环境部研究建立了以固体废物减量化和循环利用率为核心的指标体系，与绿色发展指标体系、生态文明建设考核目标体系相衔接。在部门分工协作方面，优化固体废物管理机制体制，根据城市发展实际，以深化地方机构改革为契机，建立部门责任清单，明确各类固体废物产生、收集、转移、利用处置等环节的部门职责边界，提升监管能力，形成分工明确、权责明晰、协同增效的管理机制。其次，注重制度政策集成创新，增强试点方案的系统性。围绕"无废城市"建设目标，集成目前已开展的有关循环经济、清洁生产、资源化利用、乡村振兴等方面改革和试点示范政策、制度与措施，增强相关领域改革系统性、协同性和配套性。最后，从产业布局方面进行优化，统筹城市发展和固体废物管理，构建各领域、各产业、各园区、各企业间资源和能源梯级利用、循环利用体系。

2. 工业领域

在工业领域主要有四个方面的任务：一是实施工业绿色生产，推动大宗工业固体废物贮存处置总量驱零增长。主要是因矿制宜采用充填采矿技术，推动利用矿业固体废物生产建筑材料或治理采空区和塌陷区。二是开展绿色设计和绿色供应链建设，促进固体废物的减量和循环利用。从绿色设计开始，减少有毒有害原辅料使用，提高产品的可拆解性、可回收性，培育一批绿色示范企业，并以铅酸蓄电池、动力电池、电器电子产品、汽车为重点，落实生产者责任延伸制，建设废弃产品逆向回收体系。三是健全标准体系，推动大宗工业固废资源化利用。以尾矿、煤矸石、粉煤灰、冶炼渣、工业副产石膏等大宗工业固体废物为重点，完善综合利用标准体系，分类别制定工业副产品、资源综合利用产品等产品技术标准。四是严格控制增量，解决历史遗留问题。一方面探索实施"以用定产"政策，实现固体废物产销平衡；另一方面全面摸底调查和整治工业固体废物堆存场所，逐步减少历史遗留量。

3. 农业领域

推行绿色生产，促进主要农业废弃物全量利用，主要是畜禽粪污、农作物秸秆、废旧农膜和农药包装物等。在畜禽粪污方面，主要是就地综合利用，以规模养殖场为重点，建立种养循环机制，采用固体粪便堆肥或建立集中处置中心生产有机肥，发展固体粪便堆肥技术、粪便垫料回用、水肥一体化等技术，发展生态农业。在农作物秸秆方面，建立肥料化、饲料化、燃料化、基料化、原料化等多种利用模式，对秸秆进行还田、生产有机肥、固化成燃料、发酵成沼气、做育苗基料、生产板材等。在废旧农膜和农药包装废弃物方面，主要是建立回收体系，疏通利用渠道，再通过源头控制，减少厚度低于 0.01mm 的地膜的供应。

4. 生活领域

生活领域主要从三个方面，一是践行绿色生活方式，推动源头减量和资源化利用方面，引导公众践行适度节约、绿色低碳的生活方式。例如，在包装物方面，禁止生产限制使用一次性不可降解塑料袋；在可循环方面，推广可循环产品的应用；此外还有无纸化办公、培育一批应用节能技术、销售绿色产品、提供绿色服务的绿色流通主体。二是加强生活垃圾资源化利用。在垃圾分类回收的基础上，推广可回收废物利用、焚烧发电、生物处理等资源化利用方式。尤其在餐饮垃圾方面，倡导"光盘行动"，源头减少废物的产生，然后促进资源化利用，拓宽产品出路。三是在建筑垃圾方面，提高源头减量和资源化利用水平。首先强化规划引导，合理布局建筑垃圾转运调配、消纳处置和资源化利用设施。对于堆存点开展去存量治理，或者安全评估后的生态修复。对于建筑垃圾资源化的产品，提高建筑垃圾资源化再生产品的质量。

5. 风险防控

风险防控主要集中在危险废物的安全管控。一是源头严防。从新建项目建设环境影响评价开始，明确管理对象和源头，预防二次污染，防控风险。二是过程严控。对危险废物的产生、利用、转移、贮存、处置的全过程情况进行事中事后严格监管，并运用电子联单等电子信息化的手段，提高风险防控能力。三是规范引导。完善相关的危险废物资源化以及处理处置过程二次污染控制的有关标准规范，确保危险废物安全利用。四是后果严惩。加强医疗废物源头分类的监管，促进规范化处置；严厉打击非法转移、利用、处置危险废物的行为。

6. 市场领域

市场领域主要将重点放在激发市场活力方面，并试图培育出产业发展的新模式。运用信用评价、联合惩戒、税收优惠、环境责任险、政府补贴等奖励激励或约束机制，促进固体废物合法合规地综合利用，支持处理处置产业发展。结合"互联网+"的模式，建立逆向物流回收体系，完善信息交流机制，并通过物联网、信息定位技术等的应用，实现固体废物收集、转移、处置环节的信息化、可视化，提高监督管理的效率和水平。积极鼓励培育第三方市场，鼓励第三方机构的污染治理和咨询服务，依法合规探索采用第三方治理或政府和社会资本合作（PPP）等模式，实现与社会资本风险共担、收益共享。

(三) 国内已开展的相关领域试点工作

1. 大宗工业固体废物贮存驱零增长

在大宗工业固废方面，我国已开展了绿色矿山、绿色制造体系建设及绿色制造示范、工业资源综合利用试点示范等方面的试点示范工作。

(1) 绿色矿山

在绿色矿山方面，在尾矿、煤矸石等矿山固体废物控制领域，我国从 2009 年起启动绿色矿山建设，经多年实践，各地在尾矿库管理和促进固体废物综合利用等方面形成了详细的政策措施。例如，陕西省严格限制尾矿库规模，严格限批坝高 100m 以上的尾矿库，禁止尾矿库扩容加坝；严格审批库容在 100 万 m³ 以下的小型尾矿库。金属、非金属地下矿山推广膏体及高浓度尾矿填充技术等。浙江省湖州市近年来积极探索矿产开发与环境保护协调发展的新路子，全域推进绿色矿山建设，出台我国首个地方《绿色矿山建设规范》，规定在资源利用方面，矿产资源开采回采率不低于矿产资源开发利用方案指标，综合利用率达到 95% 以上，固体废物处置率达到 100%。绿色矿山建成率达到 84%。承德在大力推动绿色矿山建设的同时，积极发展尾矿综合利用产业，2011 ~ 2016 年实现了尾矿新增贮存量年均降幅 10% 左右。

(2) 绿色制造

在绿色制造体系建设及绿色制造示范方面，在《中国制造 2025》总体战略部署下，工业和信息化部等部门牵头组织绿色制造体系建设及绿色制造示范，推动重点工业领域开展产品绿色设计、绿色工厂建设，绿色园区创建、绿色供应链建设。截至现在，已确定了绿色工厂 409 家，绿色设计产品 246 种，绿色园区 46 家，绿色供应链管理示范企业 19 家，工业产品生态设计试点企业 41 家，共发布绿色设计产品标准 43 项。

(3) 资源综合利用

在工业资源综合利用试点示范方面，工业和信息化部 2011 年起组织开展工业固体废物综合利用基地建设试点工作，2016 年发布第一批 12 个工业资源综合利用示范基地。截至现在，已累计确定了 100 个园区循环化改造示范试点、101 个循环经济示范城市（县）建设地区、43 个资源综合利用"双百工程"示范基地和 50 家资源综合利用"双百工程"骨干企业，积累了丰富经验。2015 年，工业和信息化部发布《京津冀及周边地区工业资源综合利用产业协同发展行动计划 (2015—2017)》，提出依托京津冀协同发展战略的实施，以京津冀及周边地区工业资源综合利用产业协同发展为主线，以大宗工业固体废物和再生资源利用为重点，建立区域间协调发展新模式，推进工业资源综合利用产业规模化、高值化、集约化发展。

2. 工业领域绿色发展

我国积极探索工业领域的绿色发展，已经在绿色设计、绿色供应链、新能源汽车动力蓄电池回收利用等方面开展了试点示范工作。

（1）绿色设计

在绿色设计试点示范方面，2014年，工业和信息化部组织开展工业产品生态（绿色）设计示范企业创建工作，目前，以不同行业为重点发布了两批企业名单。力争经过2~3年试点，每个行业树立1~2家示范企业；探索建立不同行业和产品的生态设计评价体系；总结示范企业推进模式和有益经验在全行业推广，引导工业行业和企业走绿色低碳循环发展之路。

（2）绿色供应链

在绿色供应链试点方面，2015年12月，环境保护部（现生态环境部）正式批复同意支持东莞市开展绿色供应链环境管理试点工作，东莞市制定了《东莞市绿色供应链管理工作方案》，提出在家具、制鞋、印刷、电子、机械制造等重点行业率先开展绿色供应链环境管理。明确提出要以减少有毒有害物质、危险废物产生量为重点，推行绿色供应链环境管理，促进上游企业减少使用和排放有毒有害物质；要在产品的全生命周期各个环节实行绿色改造，实现整个产业链条的污染预防和控制。2014年，华为公司与深圳市政府合作开展"深圳市绿色供应链试点项目"，通过采购拉动供应商节能减排。

华为公司在实施绿色采购过程中，探索使用环境友好的新型环保材料，从源头减少对资源的消耗，在末端减少废弃物和处理废弃物所需的能耗。在产品的设计和生产过程中，华为将"降低产品对环境的影响"作为评价产品最重要的指标之一。上海市在汽车、零售行业开展试点工作，连续三年推出"链动100+绿色计划"等绿色供应链鼓励政策。

上汽通用汽车有限公司于2008年正式提出绿色供应链管理项目，每年大概选择30~40家左右一级供应商开展绿色供应链项目，并且帮助已经实施绿色供应链项目的供应商建立持续改进的机制。上汽通用绿色供应链管理的内容包括能耗、水耗、排废、温室气体排放和非温室气体污染5个方面。截至2017年，已有400多家供应商获得"绿色供应商"称号，总计节约能源费用1.77亿元，减少固体废物排放1.6万多吨。

（3）新能源汽车动力蓄电池回收利用

在新能源汽车动力蓄电池回收利用试点方面，2018年3月2日，工业和信息化部等七部委印发了《关于组织开展新能源汽车动力蓄电池回收利用试点工作的通知》，提出到2020年，建立完善动力蓄电池回收利用体系，探索形成动力蓄电池回收利用创新商业合作模式。建设若干再生利用示范生产线，建设一批退役动力蓄电池高效回收、高值利用的先进示范项目，培育一批动力蓄电池回收利用标杆企业，研发推广一批动力蓄电池回收利用关键技术，发布一批动力蓄电池回收利用相关技术标准，研究提出促进动力蓄电池回收利用的政策措施。目前试点还在准备阶段。

3. 农业领域固废全量利用

国家在农业清洁生产示范、废弃物资源化利用、有机肥生产、畜禽粪污综合利用、农作物秸秆、农膜回收、农药包装物回收等方面均开展了相关试点工作。

（1）农业清洁生产示范

2012 年国家发展改革委、财政部、农业部联合开展农业清洁生产示范项目，其中包括蔬菜清洁生产示范项目、地膜科学使用农业清洁生产项目、地膜回收与综合利用农业清洁生产项目、生猪清洁养殖农业清洁生产项目。2012～2015 年，有 148 个项目通过验收。

（2）农业废弃物资源化利用

2016 年，农业部、发展改革委等六部委印发《关于推进农业废弃物资源化利用试点的方案》，结合现有投资渠道在 30 个左右的县（市）开展农业废弃物综合利用试点，以就地消纳、能量循环、综合利用为主线，采取政府支持、市场运作、社会参与、分步实施的方式，注重县乡村企联动、建管运行结合，着力探索构建农业废弃物资源化利用的有效治理模式。

（3）有机肥生产

2014 年，国家农业综合开发办公室印发《关于印发支持有机肥生产试点指导意见的通知（国农办〔2014〕156 号）》，要求从 2014 年开始，选择部分地区开展以农作物秸秆综合利用为主的有机肥生产试点项目，兼顾畜禽粪便无害化处理生产有机肥等其他循环农业经济发展项目。

（4）畜禽粪污综合利用

2016 年，农业部（现农业农村部）印发《关于做好 2016 年农业生产全程社会化服务试点工作的通知》（农办财〔2016〕36 号），提出在 17 个农业生产全程社会化服务试点省中选择河北、江苏、浙江、安徽、江西、山东、河南、湖北、湖南、四川等 10 个省开展畜禽粪污综合利用试点。试点采取政府购买社会化服务，或者政府支持农业生产者购买社会化服务等方式，重点支持粮棉油糖等主要农产品生产全程社会化服务和畜禽粪污综合利用。

（5）农作物秸秆综合利用

2016 年，农业部印发《关于开展农作物秸秆综合利用试点促进耕地质量提升工作的通知（农办财〔2016〕39 号）》，提出开展农作物秸秆综合利用试点项目，选择江苏、安徽、山东、内蒙古、辽宁、黑龙江、吉林、山西、河南、河北等 10 地开展试点。2016 年资助额 10 亿元，2017 年资助额 15 亿元。

（6）农膜回收

《2017 农膜回收行动方案》中提出要在甘肃、新疆和内蒙古启动建设 100 个地膜治理示范县，通过 2~3 年的时间，实现示范县加厚地膜全面推广使用、回收加工体系基本建立、当季地膜回收率达到 80% 以上，率先实现地膜基本资源化利用。

（7）农药包装废弃物回收

2014 年，浙江全省选取了 21 个县（市、区）开展农药废弃包装物回收处置试点工作，通过有偿补贴、集中配送回收、利用供销网络调动农民积极性等方式，建立完善的农药包装废弃物回收处置体系。据统计，试点一年时间，全省共回收农药废弃包装物 2865 万件，质量达 599t。

4. 生活垃圾分类体系建设

（1）生活垃圾

随着人们物质生活水平的不断提高，过度消费普遍，同时也产生了大量的生活垃圾、餐厨垃圾。研究显示，近年来我国人均生活垃圾日清运量平均为 1.12kg，处于较高水平。其中，厨余垃圾所占比重在 36%~73.7% 之间，纸类占 4.5%~17.6%，塑料占 1.5%~20%。不同城市生活垃圾成分差异较大，但生活垃圾中可回收的物质占绝大多数。

2000 年，北京、上海、广州、深圳、杭州、南京、厦门、桂林 8 个城市被确定为生活垃圾分类收集试点城市。2011 年，国家发展改革委会同相关部门启动餐厨废弃物资源化利用和无害化处理试点工作，目前已确定五批 100 个试点城市，每年将处理利用餐厨废弃物 700 万 t。2015 年，住房和城乡建设部等 5 部委公布全国首批 26 个生活垃圾分类示范城市（区）。

各示范城市取得了一系列较好的工作经验和模式做法。以北京为例，从党政机关率先做起再扩大到其他公共机构和相关企业，自 2017 年起，开展以街道（乡镇）为单位的垃圾分类示范片区创建工作。重点工作包括规范垃圾分类投放、分类收集、分类运输、分类处理能力和因地制宜推进农村垃圾分类治理。

（2）建筑垃圾

北京市、河南省、吉林省等地住建和环境保护等部门，积极开展了建筑垃圾管理探索。吉林省住房和城乡建设厅印发《吉林省"建筑垃圾管理与资源化利用试点省"工作实施方案》，规定了省内建筑垃圾管理与资源化利用的基本原则是：源头减量、综合利用；统筹兼顾、协调推进；政府引导、市场推动；示范引领、稳步推进。在工作目标方面，提出到 2015 年末，建筑垃圾综合利用试点市

（县）建筑垃圾综合利用率达到 60%，用于生产建筑材料的建筑垃圾使用量占全部建筑垃圾总量的 20% 以上；其他各市县的建筑垃圾综合利用率达到 30%。在保障措施方面，提出加快地方立法，编制"十三五"规划，加强综合监管，推进源头管理，扩大试点示范，加大推广应用，实施科技创新，加快推进 PPP 等特许经营模式，加强督查与宣教培训。

（3）包装物

为落实《关于协同推进快递业绿色包装工作的指导意见》，阿里巴巴集团和京东集团均自发开展了相关试点工作。菜鸟网络、阿里巴巴公益基金会、中华环境保护基金会联合发起了菜鸟绿色联盟公益基金，由圆通、中通、申通、韵达、百世、天天等 6 家快递公司共同出资成立。该基金计划投入 3 亿元用于倡导和推动绿色物流、绿色消费与绿色供应链领域的研究。

"绿动计划"：菜鸟网络联合 32 家中国及全球合作伙伴共同启动的菜鸟绿色联盟——"绿动计划"，承诺到 2020 年替换 50% 的包装材料，填充物为 100% 可降解绿色包材。除了环保包材的替换计划，这一行动还承诺通过使用新能源车辆、可回收材料，重复使用包装，建立包材回收体系等举措，承诺至 2020 年，实现全行业总体碳排放减少 362 万 t。菜鸟绿色联盟公益基金为"绿动计划"提供资金保障。

厦门市"绿色物流城市"：2017 年 10 月 20 日，菜鸟网络联合厦门市政府共同在厦门启动了全国首个绿色物流城市建设，厦门将率先成为绿色物流城市的先行者。此计划将从快递包裹的绿色化、废弃包装的循环化和配送的共享化和智能化等维度全面实施城市绿色物流计划。具体计划包含：①2017 年将在厦门投入 200 万个全生物降解塑料袋和免胶带纸箱替代传统包装材料，2018 年争取推广 1000 万个绿色包裹；②将以厦门 100 个绿色学校、120 个绿色社区为依托，实现废旧快递纸箱的回收，回收将覆盖厦门所有菜鸟驿站，预计每年可回收纸箱超过 100 万个；③将以菜鸟智慧物流车的智能配送平台为基础，在厦门推广数万辆新能源智慧物流车，避免交通拥堵，节省资源和物流成本。

5. 危险废物风险控制

在危险废物风险管控方面，主要是以废铅蓄电池为例的可追溯回收体系建设。

2016 年，国务院印发《生产者责任延伸制度推行方案》，提出鼓励生产企业利用自有销售渠道或专业企业在消费末端建立的网络回收铅酸蓄电池，支持采用"以旧换新"等方式提高回收率。为适应新形势下危险废物环境管理实际需要，探索政府引导与市场运作的有效模式，逐步遏制废铅酸蓄电池非法流失不规范处置环境风险，在原环境保护部支持下，2016 年 6 月环境保护部固体废物与化学品管理技术中心选择北京、天津、辽宁、山东、宁夏、海南等地区，利用中华环境保护基金会电池污染防治和救助专项基金资金支持，组织开展了"废铅酸蓄电池收集和转移管理制度试点"。探索铅酸蓄电池生产企业利用电池销售网络"以旧换新"回收废铅酸蓄电池，集中收集后交由合法再生铅企业利用处置。

试点过程中，各地在国家危险废物监管法律法规制度框架下，开展了废铅酸蓄电池收集许可制度和区域内转移联单备案，以及收集环节运输、中转存放设施豁免管理等制度创新和管理技术手段创新，初步形成了较为完善的废铅酸蓄电池收集、转移与贮存管理模式，为国家完善消费环节危险废物的回收管理制度提供了宝贵的实践经验。山东、辽宁、宁夏等试点地区初步建立了废铅酸蓄电池规范回收体系，规范回收率明显提高。以山东省为例，试点前的 2016 年通过正规渠道收集、转移废铅酸蓄电池仅为 6500t，主要来源于大型企业；2017 年试点过程中，试点单位收集、转移的废铅酸蓄电池超过 16.4 万 t，是 2016 年收集量的 25 倍。

（四）以包头为例的重工业城市的"无废城市"建设路径

1. 城市基本情况

包头市位于内蒙古自治区西部，属半干旱中温带大陆性季风气候。总面积 27768km^2，常住人口 289 万，是内蒙古的制造业、工业中心，也是内蒙古的最大城市。2018 年包头市 GDP 在全国排名第 59 名，自治区排名第 2，地区生产总值 2951.8 亿元，按可比价格计算比上年增长 6.8%，其中，第一产业增加值同比增长 3.8%；第二产业增加值增长 8.3%；第三产业增加值增长 6.0%。三次产业增加值占全市生产总值的比重分别为 2.8%、49.3% 和 47.9%。

包头是我国少数民族地区建设最早的一座工业城市，工业特色涵盖稀土、钢铁制造、冶金、机械制造、军工等，主要大型公司有包头钢铁（集团）有限责任公司、中国兵器工业集团–内蒙古北方重工业集团有限公司、内蒙古第一机械集团有限公司等。2018 年钢铁、铝业、装备制造、稀土、电力五大支柱产业增加值增长 18.7%，拉动规模以上工业增长 13.9%。

2. 城市发展目标

经济增长保持中高速，地区生产总值年均增长 6% 左右；产业进入中高端，农牧业现代化加快推进，工业化、信息化融合发展水平进一步提高，多元发展、多极支撑、竞争力较强的现代产业体系基本形成；主要生态系统步入良性循环，能源资源开发利用效率大幅提升，主要污染物排放总量显著减少，环境质量明显改善，生态安全屏障进一步巩固。

3. 建设现状

2019 年，包头市选入国家首批"无废城市"建设试点。

在工业方面，作为重工业城市，其固体废物的产生量和堆存量都非常大，2017 年一般工业固废产生量在全国排名第三，年产生量 4170 万 t，主要产生尾矿、冶炼废渣、粉煤灰、脱硫石膏、炉渣、污泥和其他废物等。累计堆存量 1.38 亿 t，综合利用量为 1922 万 t（含综合利用往年贮存量 376 万 t），综合利用率为 34.72%。

在农业方面，全市畜禽养殖粪污产生量在 330 万 t，资源化利用率在 70%，主要方法为粪污全量收集还田利用、干湿分离利用、污水肥料化利用、粪污专业化能源利用、堆沤发酵利用、收集直接还田利用、粪便垫料回用等七种模式。秸秆产生量 187 万 t，资源化利用率 81.2%，主要利用方式是饲料化和肥料化利用，剩余秸秆部分用作燃料或弃于田间地头。农作物地膜覆盖面积约 133 万亩，约占总播面积的 28%，残膜回收率达到 80% 以上。农药使用量合计为 298.96t，全市化肥施用量 7 万 t。

在生活方面，全市生活垃圾无害化处理量约为 1955t/d，城镇生活垃圾无害化处理率为 100%。餐饮垃圾每天收集量在 120~150t 之间，非洲猪瘟发生后，餐饮垃圾量急剧增长。收集回收的餐饮垃圾经处理后，大部分用于沼气发电和昆虫养殖，部分粗油脂进行外售。

4. 主要问题梳理

一是产业结构重型化特征明显，产业结构调整和废物管理协调矛盾突出。全市工业的 90% 以上为重工业，钢铁、铝业、电力、稀土和有色金属的比重较高，经济增长很大程度上还是依靠粗放投入、扩大再生产等方式来实现，尚未完全摆脱高投入、高消耗、高排放、低效益的生产模式，产业结构重型特征明显，废物产生强度大。工业围城、固体废物围城问题突出。历史遗留采砂采石矿山对生态破坏严重，绿色矿山规范化建设水平整体较低，矿区环境恢复治理和土地复垦主体责任意识不强。产废企业与综合利用企业的布局不合理，园区对固体废物管理规划有待提升。

二是一般工业固体废物综合利用市场活力不足，标准缺失，出路受限。特大型国企较多，中小型企业能力和竞争力不足，税收优惠和政策鼓励力度不够，很多工业固体废物利用项目仅仅提出了想法，资金缺乏，技术无法引进，导致整个工业固体废物产业发展停滞不前，市场活力不足。不同类型的工业固体废物未统筹考虑其资源属性和污染属性，资源利用技术含量和附加值高的新型综合利用产品技术标准缺乏、应用技术支撑不足，自我消纳一般工业固体废物资源综合利用产品的能力弱，远距离运输成本高，一般工业固体废物利用产品出路受限。

三是生活垃圾分类效果不明显，农业固体废物回收率低，综合利用水平有待提高。生活垃圾源头分类意识不强，综合利用水平不高，后端处理财政补贴压力大。农业废弃物，尤其是秸秆综合利用和农用地膜收集处理的激励机制不完善，缺乏大型带动企业。

5. 主要目标

以重工业为主的城市，在短时间内进行产业结构转型升级较为困难，因此在建设"无废城市"时，主要是注重如何提高资源综合利用率，通过绿色生产减少废物产生量，加强工业固体废物的再利用，消减废物贮存量，并在制度、市场、技术、工程等方面予以保障。而农业和生活方面，则主要依靠加大宣传、提高保护环境的意识、树立可持续发展的理念，自觉形成好的生活和耕作习惯。

6. 主要路径

根据国家"无废城市"建设指标体系的有关要求，"无废城市"建设以创新、协调、绿色、开放、共享的发展理念为引领，以固体废物减量化和资源化利用为核心，从固体废物源头减量、资源化利用、最终处置、保障能力、群众获得感5个方面进行设计。

一是调整优化产业结构，推动传统制造业优化升级。严禁新增产能，支持重点行业改造升级，新上项目坚持高起点、高标准，符合新型工业化要求。

二是积极发展清洁能源，减少污染物的产生。充分发挥当地太阳能、风能等再生能源的优势，引领周边地区新能源产业发展。

三是持续推进清洁生产审核，从源头减少有毒有害化学品的使用。加大自愿清洁生产普及力度，鼓励企业开展自愿清洁生产审核。构建多元化的清洁生产技术服务体系，为企业提供优质的相关技术和咨询服务。

四是开展绿色制造体系建设，实现企业绿色生产和绿色发展。建设信息平台，推动绿色产品信息、绿色技术咨询、绿色产品认证等信息共享，为企业绿色生产提供全流程信息服务。

五是鼓励固废资源化利用。建立完善一般工业固体废物资源综合利用产品的标准和技术规范，保障固体废物资源化利用的安全性。制定工业固体废物综合利用激励政策实施细则，在税收贷款等方面给予一定的支持。加快技术研发和应用推广，保障产品销路。

六是推动固体废物综合管理与三产协同发展。主要从大宗商品交易市场、固体资源化产品推介平台、物流园区、装配式建筑、智能化服务等方面，将固体废物综合管理融入其中。

二、湖北省建设"无废城市"面临的问题

湖北地处长江之"腰",境内长江干线长达 1061km,是长江干流流经里程最长的省份和长江经济带的"一轴"的核心区域。湖北省是一个工业大省,经过多年的改革发展,已建立起门类齐全、规模较大的产业体系。不同地市基于资源禀赋发展起了高度专业化的资源产业,有力地推动了本区域的经济发展。例如黄石、鄂州利用丰富的铁、铜等金属矿产资源形成了较具规模的金属矿产开采及加工业;宜昌、荆门、襄阳利用得天独厚的磷资源培育了一批大中型磷化工企业,形成了全国最具影响力的磷化工产业基地。然而,各类工矿废物如不妥善治理,不仅会占用大量土地,同时会污染农田、水源,影响生态环境和居民生活健康。

湖北境内湖泊众多,江河纵横,因其亦处"三峡"工程、南水北调中线核心位置,其水生态环境质量受到全国瞩目。2018 年 5 月,生态环境部启动了打击固体废物环境违法行为专项行动——"清废行动 2018",旨在遏制固体废物非法转移倾倒案件多发态势,确保长江生态环境安全。该行动对长江经济带 11 省(市)的固体废物堆存点位进行现场摸排核实,共发现 1308 个问题,其中湖北386 个,问题数量最多。因此,湖北省固体废物管理问题是长江大保护工作的重要组成部分。"清废行动 2018"摸清了长江生态家底,传导了生态环境保护压力,但对于长江生态环境保护而言,却只是个开始。

(一) 绿色发展水平有待提升

产业转型升级任务艰巨。目前,湖北省内产业结构仍然偏重,重化工业占比较高,运输结构偏公路货运,用地结构不够合理,产业生态化和生态产业化水平仍然不高,第三产业占比和规模以上高技术制造业占规上工业增加值比重均低于全国平均水平,新旧动能转换需要加快。全省煤炭消耗消费量大、占比高,天然气消费占一次能源消费比重低于全国平均水平。煤炭的主体地位短期内难以改变。

经济快速发展引起的环境问题突出。长期以来,高强度、粗放式与无规制的生产方式致使农业生态系统结构失衡、功能退化,农林复合生态系统恶化严重。特别是工业化、城镇化、农业现代化的推进使耕地遭受生活垃圾、工业固体废物、农药化肥的污染,质量严重下降,氮磷比例失调,造成土壤板结,酸性加重,已经严重影响了湖北农产品产量与质量安全。由于农药化肥的过量使用,致使全省不少地区的水质下降,有些地方的地下水重金属超标,甚至出现了"癌症村"等问题。

（二）工业固体废物产生量与贮存量大

工业结构偏重，工业固体废物贮存量较大。湖北省工业门类齐全，主要的传统产业包括汽车及零部件产业、钢铁产业、石油化工行业、采矿业、磷化工行业、建材行业等，战略性新兴产业包括新一代信息技术产业、生物产业等。2018年，湖北省工业固体废物产生量8471.94万t[①]，综合利用量5598.64万t，处置量635.94万t，贮存量2581.70万t。宜昌、荆门、黄石、襄阳、荆州等城市一般工业固体废物贮存量较大，分别为738.26万t、564.14万t、400万t、241.56万t、333.88万t，主要的废物类型包括磷石膏、尾矿（铁矿尾矿、铜矿尾矿、金矿尾矿、锰矿渣、钨矿尾矿、铅锌尾矿）、粉煤灰、炉渣、冶炼废物、脱硫石膏、煤矸石、污泥、废石料、钛石膏、含钙废物和其他废物。

工业固废政策管控与科技支撑薄弱。在"清废行动2018"中，一般工业固体废物随意堆放问题较为突出，共79个问题涉及1113.25万t。固体废物源头减量和综合利用的经济政策和科技支撑薄弱，一般工业固体废物未纳入主要污染物总量控制制度。磷石膏、尾矿、粉煤灰等固体废物的资源化利用还有较大上升空间。以磷石膏为例，石膏是磷肥企业生产过程中的废弃物，资源化利用程度不高。2016年，湖北省产生磷石膏达2367万t，综合利用率仅15.8%。长期以来，大多不规范堆存于渣场，磷石膏资源库建设进度缓慢，新技术研发未取得突破性进展，不仅大量占用土地，还造成环境污染。由于前期环境标准低，管理粗放，污染治理和综合利用水平有限，磷污染问题带来的长江流域总磷超标已成为长江水环境的重大隐患。

（三）危险废物管理环境隐患突出

危险废物种类多，产生量大，涉及面广。主要的工业危险废物类别包括15类：废矿物油与含矿物油废物（HW08），油/水、烃/水混合物或乳化液（HW09），精（蒸）馏残渣（HW11），漆渣、涂料废物（HW12），表面处理废物（HW17），焚烧处置残渣（HW18），含铬废物（HW21），含铜废物（HW22），含铅废物（HW31），废酸（HW34），含有机卤化物废物（HW45），含钡废物（HW47），有色金属冶炼物（HW48），其他废物（HW49）和废催化剂（HW50）。

危险废物监管不足，环境隐患突出。湖北省危险废物非法转移和倾倒频繁发生，危险废物监管和技术支撑能力薄弱，成为突发环境事件的重要诱因。历史遗

[①] 2018年度湖北省环境统计公报，http：//sthjt. hubei. gov. cn/fbjd/xxgkml/ghjh/202001/t20200117_1914206. shtml.

留危险废物长期堆存，环境隐患突出。省内工业危险废物自行处理处置的比例高，存在危险废物产生单位管理不当，自行简易利用处置的现象。大部分建设项目环境影响评价和验收存在重废水、重废气、轻危险废物的问题。危险废物处理处置技术单一，技术创新能力不足。同时综合利用的污染防治技术规范和产品中有毒有害物质含量标准缺乏，其综合利用产品因原料属性问题难以进入市场。此外，在一些工业园区，生产规模小的企业产生的危险废物得不到及时、有效地处置。由于产生量少，增加了危险废物处置单位的运输成本，危险废物处置单位不愿意签订处置协议，导致贮存时间较长，贮存过程中存在一定的环境安全隐患。

医疗废物收运体系有待完善，需进一步提高处置能力。针对医疗废物管理，在此次新冠肺炎疫情期间，随着确诊病人、医护人员的大幅增加，医疗废物日产生量不断递增。医疗废物的种类也较非应急状态时增多，给处理处置带来重大的挑战。由于我国医疗废物的处置设施主要是基于相应区域内日常的废物产生量进行规划和建设，未能有效考虑应急需求。此次疫情期间，湖北省特别是武汉市医疗废物处置一度面临艰难局面，虽经各级人士多方努力，实现平稳安全应对，但仍暴露出处置能力不足等短板。湖北省急需加快补齐医疗废物处置能力短板，提升各市州医疗废物处置能力，完善全省医疗废物收运体系。

（四）生活垃圾源头分类与减量化措施存在短板

2018 年，湖北省城镇生活垃圾产生量 954.18 万 t，其中无害化处理量953.97 万 t，包括 501.59 万 t 卫生填埋、409.28 万 t 焚烧、43.11 万 t 以其他方式无害化处理，卫生填埋和焚烧的比例达 95.48%。在"清废行动 2018"中暴露出较多的生活垃圾随意堆放问题，共涉及 70 个问题。由此可见，群众的生活垃圾分类意识仍需加强，还没有普遍养成生活垃圾分类投放习惯，缺少行之有效的推进生活垃圾分类的路线图。生活垃圾管理重末端处置，源头分类和减量化措施较为欠缺。近年来，实验室废物和含汞废荧光灯管等社会源危险废物污染问题也逐步突显。此外，湖北省建筑垃圾资源化利用程度较低，2018 年全省建筑垃圾清运量 7141.28 万 t，其中资源化利用量 1040.39 万 t、填埋量 5484.97 万 t，填埋处置率为 76.8%。

（五）农业废弃物资源化利用机制不健全

随着工业化进程的加快，工业"三废"和城市生活废弃物等外源污染向农业农村扩散，镉、汞、砷等重金属不断向农产品产地环境渗透，通过大气沉降、水体循环、固体废物排放等途径污染耕地。农业面源性污染严重增强，农业投入品中化肥和农药利用率、农膜回收率还很低，畜禽粪污有效处理率、农田秸秆资源利用率还有待提高。2018 年，湖北省畜禽养殖废弃物资源化利用率达到

70.8%，秸秆综合利用率达到89%，农村生活垃圾治理率达到85%。在全面推进畜禽养殖污染防治和减少化肥、农药使用方面缺乏保障，资金投入缺口很大。

畜禽养殖业粪污资源化利用历史欠账太多。普遍存在种地的不养殖、养殖的不种地、种养分离的现象，畜禽养殖业粪污资源化利用渠道不畅。畜禽粪污就地转换难、"农牧结合、还田利用"难。畜禽养殖废物资源化利用产品产销机制不健全。利用畜禽养殖废物生产有机肥、生物天然气，价格、性能优势尚不明显，生产、存贮、运输、使用等各个环节还不配套。产销机制总体上还不畅，市场化运营条件还不成熟。

农业面源污染治理技术标准体系尚未建立。跨行业、跨领域的技术集成与组装配套需要很长时间和巨额资金投入，由于技术和资金的限制，短期内实现末端治理难度很大。目前主推的畜禽粪污资源化利用，管理过程中存在后续隐患，如异位发酵床技术后期垫料的处理难度较大，垫料中重金属残留问题难以得到有效解决。

三、湖北省"无废城市"建设典型模式研究

（一）十堰市重点推进绿色生产和供应体系建设

十堰市在发展过程中，不断调整产业结构，淘汰落后产能，优化能源结构，发展生态产业，开展绿色创建，深植生态文明理念，取得了很好的效果。针对汽车配件加工的电镀产业，一方面建设电镀工业园，引导企业入园；另一方面坚决关停不达标的小电镀企业，"十二五"期间，累计关停并转各类重污染企业近560家。针对落后产能，"十二五"以来，十堰共拒批不符合环保政策的项目145个。累计淘汰水泥立窑熟料117万t，淘汰化解钢铁产能134万t，淘汰煤炭行业产能6万t、电解铝2万t、铁合金1.3万t、电石2.5万t、锌冶炼（再生锌）1万t、制革30万标张（牛皮），共涉及7个行业、12家企业。关闭6座煤矿，化解煤炭过剩产能36万t，圆满完成落后产能淘汰和过剩产能化解任务。在能源优化方面，2018年，全市能源消费总量776.64万t标煤，达到省定限值目标，单位GDP能耗下降7.0%，单位GDP二氧化碳排放下降11.71%，均超额完成省定目标；6大高耗能行业产值占全市工业比重由2012年的14.2%下降到10.7%；全市新能源产业发展强劲，光能、生物质能总装机规模分别达到26万kW和3万kW，装机3万kW的竹溪凯迪生物质电厂已开工建设。十堰先后打造了武当道茶、丹江口翘嘴鲌、房县黑木耳、竹山绿松石等26个国家地理标志产品，引进了沃尔沃、农夫山泉、华彬高端矿泉水、京东集团等一大批知名企业，通过项目合作，建立了一批将"绿水青山"转换成"金山银山"的实践平台，初步实

现了将生态优势转化为经济优势。

一是多环节应用绿色设计。绿色设计可以用于产品设计、生产等多个环节，在产品设计阶段，要点是延长产品使用周期、减少原材料使用，采取低毒或无毒原材料、再生原料和易回收原材料，采取利于拆解和再制造的标准化柔性设计等，从源头减少资源利用和废弃物产生。在生产制造阶段，通过优化调整生产流程、采取资源利用效率更高的清洁生产工艺技术和先进设备，推行循环生产方式等，实现绿色生产。

二是推广重点制造业绿色供应链建设。绿色供应链是将环境保护和资源节约的理念贯穿于产品设计、原材料采购、生产、运输、储存、销售、使用和报废处理的全过程，使企业的经济活动与环境保护相协调的上下游供应关系。发达国家实践表明，绿色供应链是构建产品生产、报废后的原料供应、生产制造、销售业、回收、利用处置等全过程相关方协同开展固体废物减量化、资源化、无害化的重要市场载体，能够促进全产业链相关方协同提高产品综合收益，对于切实提高全产业链的资源利用效率和降低固体废物环境影响效果显著。一方面，可以倒逼矿产资源开采环节减少矿山固体废物产生，另一方面可以有效推动绿色设计产品市场供给，提高废弃产品回收利用。

三是强化生产者责任延伸制。在电子电器产品、汽车、机械装备等领域，主要通过实施生产者责任延伸制，建立或委托第三方构建废弃消费产品的回收、利用、再制造或处置，同时通过实践生产者责任延伸制，建立对产品设计、供应链管理的反馈机制，完善产品开发和生产过程的绿色设计。自发形成的收旧利废市场仍然是各类废弃产品回收利用的主要途径，但由于回收主体的随意性和逐利性，难以保证废弃产品全部进入规范的拆解、利用、处置系统。生产者责任延伸制可以作为现有回收体系的重要补充，特别是对提升进入规范利用处置渠道具有重要作用。

（二）神农架推广低碳绿色生活方式

神农架没有重工业，主要经济支撑为旅游业。近五年来，旅游经济总收入从18.65亿元增加到45.57亿元，增长144%；接待游客从520.3万人次增加到1321.5万人次，增长154%。近几年大力发展中医药产业，推行"企业+合作社+农户"模式，力求形成中药材产、供、销全产业链模式。推进生态中药材种植，在全区打造5000亩中药材标准化示范基地，努力打造药养、医养、医药、医游、药游产业，促进一、二、三产业融合以及与大健康、大旅游、大农林、大数据等产业深度融合。

一是引领绿色消费，降低生活垃圾产生量。简约适度、绿色低碳的生活方式和消费模式是从源头减少各类生活垃圾产生的关键途径。将降低人均垃圾产生量作为重点任务，并将减少生活垃圾产生作为社会公共参与的重要内容。在管理制度上，对于一次性消费产品给予严格限制；通过收取押金等制度，对废弃包装物等实施强制回收。在消费方式引领方面，一方面通过国民教育体系不断强化对公众实施绿色生活方式和消费模式的教育宣传，使相关理念深入人心；另一方面，设置分类收费机制，促进源头减量和分类回收。

二是完善生活垃圾收费机制及资金拨付机制。探索建立生活垃圾分类计量收费制度，合理核定垃圾分类清运和处置收费标准。对未分类生活垃圾提高处理费标准，倒逼产生源头分类。优化垃圾处理费征收使用管理，探索设立生活垃圾处理费专款专用管理机制，确保及时足额拨付，合理核定不同处理模式下垃圾收费标准及其调整机制，促进垃圾发电和资源化能源化利用，保障设施运营。针对农村生活垃圾，要保障治理资金投入。鼓励推行生活垃圾治理 PPP 模式，建立财政和村集体补贴、农户付费相结合的费用分摊机制。

三是构建高效生活垃圾运营管理模式。根据不同地区城市和农村生活垃圾产生特点，建立高效分类清运、运输、利用、处置运营管理模式。在城镇地区，统筹前端分类、过程运输、后续利用处置技术等系统设计，形成不同类别垃圾分别收集、运输和利用处置运营体系，提高全过程技术条件、管理要求、运行能力等协调匹配，促进高效资源化利用和无害化处置。在农村地区，生活垃圾以"分类收集、定点投放、分拣清运、回收利用、生物堆肥"为重点，因地制宜开展分类收集投放，就近就地利用处置，提高清运和处置的时效性，促进就地减量化、就近资源化。

四是严防餐厨垃圾非法流失。强化产生源单位餐厨垃圾申报、收集、暂存台账管理要求，加强执法检查力度，严格规范餐厨垃圾源头流失。强化餐厨垃圾运输单位的台账、运输车辆、收运作业等管理要求，建立从产生、排放、收集、运输、处理到利用全过程信息管理档案，实现餐厨垃圾产生、流转和处置各环节可追溯。因地制宜开展餐厨垃圾利用处置。例如，对产生量大、具备合适场地条件的可优先考虑就地消化；对产生源分散、场地条件不允许的，开展统一收集服务。

（三）宜昌市重点强化大宗工业固废的资源化利用

宜昌市在磷矿开采方面，通过实行两端控制，2017 年压减 70 万 t，2018 年压减 300 万 t，磷矿开采总量控制在 1000 万 t 以内。在磷矿综合利用方面，积极建设宜昌市磷石膏综合利用创新中心，全面推进纳入宜昌山水林田湖草生态保护修复工程的 5 个磷石膏生态堆存与综合利用项目建设，支持兴发集团建设国家级磷化工技术中心，支持磷石膏综合利用项目纳入全市化工产业转型升级政策体系。筹备宜昌市磷石膏综合利用产业集群，进一步研究扶持发展的政策意见，积极申报国家级磷石膏资源综合利用基地。在磷矿的开采和治理方面都积累了丰富的经验。

一是强化工作机制，完善组织体系和政策保障。建设工业资源综合利用基地，围绕尾矿和磷石膏综合利用，建立了由主管市长为组长，市工信、国土、科技、安监、财政等部门为成员的尾矿及其他工业固废资源综合开发利用工作领导小组，各县区也成立相应的组织体系；推广应用尾矿和磷石膏新型建材，将墙改机构划归工信部门管理；实行"工信部门统一监管、各部门分工负责"的工作机制，将大宗工业固体废物综合开发利用项目的审批、核准、备案统一由市工信局办理；对于具有高新技术含量和科技示范作用的有价组分回收及开发新型材料项目优先审批，优先发展；建立产废企业黑名单制度，对未能制定尾矿有价元素提取和尾矿资源综合开发利用方案的企业列入缺失社会责任名单（黑名单），并向社会公布；在各部门的行政事业性收费、金融信贷、证照办理、行政审批等方面实施严格限制措施，加大监督执法检查力度等，为尾矿资源开发利用提供了强有力的组织和政策保障。

二是依托重点项目，强化标准引导，推广先进适用技术，实现市场化资源快速配置。出台电厂等产废企业综合利用责任措施，实行粉煤灰、脱硫石膏等固体废物源头分类管理、禁止混合贮存的强制措施，保障粉煤灰和脱硫石膏等固废的原料质量。形成科学完善的产业链条和产品体系，出台多个利废建材产品标准，强化政府对综合利用产品的优先采购要求，提高市场认可度。对黏土砖、页岩砖、砂石料等采用天然建材产品的同类产品实行生产企业强制关闭和产品市场退出，保证综合利用产品市场占有率持续增长。通过以上措施，基本可以打通工业固体废物资源化利用从原料供应到产品交易和市场推广的全链条。

三是强化优先扶持措施，构建"谁利用谁受益，谁受益谁治理"的资源化利用市场机制。建立第三方利废企业有偿利用处置制度，企业在规定时间内对尾矿资源不利用或不能充分利用时，企业无条件、无成本的将尾矿资源由其他投资者或开发商进行开发利用，不得阻挠。由市领导小组办公室协调排放企业与利用企业签订原料长期供应协议，明确排放企业无偿提供固体废物，不得向利用企业收取额外费用。积极推动综合利用企业享受资源税减征、增值税优惠、网前直供电等政策，对充填开采置换出来的煤炭实行资源税减征 50%；积极争取市工业固废工业园区等全市工业循环工业园区享受网前直供电政策。对资源综合利用企业优先保障生产要素、优先扶持技术改造、优先提供资金支持（政府专项扶持资金、金融部门优先扶持、优先担保）、优先推荐市长质量奖评选、提高行政审批效率、加大舆论宣传力度、实行动态管理制度等有力措施。

（四）潜江和荆州重点突破农业废物全量化利用

一是以收集、利用等环节为重点，坚持因地制宜、农用优先、就地就近原则，推动区域农作物秸秆全量利用。在收集环节，鼓励有条件的企业和社会组织组建专业化秸秆收储运机构，健全服务网络。在利用环节，根据不同的区域特点建立完整的利用产业链，重点推进秸秆过腹还田、腐熟还田和机械化还田等还田模式，以及生产秸秆有机肥、优质粗饲料产品、固化成形燃料、沼气或生物天然气、食用菌基料和育秧、育苗基料，生产秸秆板材和墙体材料等再生产品技术模式，促进形成肥料化模式、饲料化模式、燃料化模式、基料化模式、原料化模式等不同产业链。同时，在政策方面，将绿色发展、生态环境改善、秸秆综合利用相关政策集成，综合运用有机肥利用补贴、农机具购置补贴、秸秆还田补贴、用地、用电、税收优惠、绿色信贷、运费减免、终端产品利用等方面政策措施，形成政策合力。

二是建立废旧农膜生产、利用、回收、处置全过程管理体系。在生产环节，加强源头把控，提高地膜质量。试点城市严格执行《聚乙烯吹塑农用地面覆盖薄膜》强制国标，禁止生产销售非法地膜。在使用环节，要因地制宜、因作物推广地膜覆盖种植技术，减少地膜使用量，稳定地膜覆盖面积。结合农业生产实际，推广膜侧种植、半膜覆盖等地膜用量少的技术模式。在回收环节，要推动建立以旧换新、经营主体上交、专业化组织回收、加工企业回收等多种方式的回收利用机制，试点"谁生产、谁回收"的地膜生产者责任延伸制度。在利用处置环节，要严厉打击废弃地膜露天焚烧，支持废弃地膜加工利用项目，推广废弃地膜再生利用产品。对从事废弃地膜回收再生利用的企业，实行免征增值税、所得税和享受农用电价格等优惠政策，利用政府采购、补贴等形式，打通废弃地膜再生利用产品市场，调动企业的积极性，保障行业的长期健康发展。

三是农药包装废弃物源头减量和充分回收。针对农药包装废弃物，扩大低毒生物农药补贴项目实施范围，加速生物农药、高效低毒低残留农药推广应用，逐步淘汰高毒农药，从源头减少农药包装废弃物对土壤、水体等的污染；结合本地区实际，建立农药包装废弃物回收奖励或使用者押金返还等制度，引导农药使用者主动交回农药包装废弃物。发挥监管职能，建立"谁生产、谁回收"机制，强制农药生产企业承担农药包装废弃物回收社会责任，强化行业自律。加大对农药包装废弃物资源化利用企业的扶持力度，提高农药包装废弃物资源化利用率。

（五）武汉着重探索无废城市建设的市场经济措施

武汉市积极发挥资金引导作用。2018 年专项资金 4100 万元，推动企业实施循环利用、节能技改等项目，引导社会投资近 30 亿元。投资带动循环化改造，青山工业区累计投资 135.92 亿元，完成循环化改造项目 45 个，基本建成钢铁、石化、电力、节能环保循环经济产业链。近年来，通过推进循环经济十大领域重点工程建设，累计安排市循环经济引导资金 2.05 亿元，支持了 270 个市级重点项目建设。争取国家资金 5 亿元，用于支持生态修复和污染处理设施建设。

一是落实财政税收政策。在财政补贴方面，优化财政支出结构，强化对无废城市建设的重点任务的支持。在税收优惠方面，进一步根据《资源综合利用产品和劳务增值税优惠目录》认定条件和认定程序相关要求，落实资源综合利用产品和劳务增值税优惠的企业数量或退税额；通过工业固体废物资源综合利用评价机制和国家工业固体废物资源综合利用产品目录的有效实施，推动工业固体废物综合利用暂予免征环境保护税以及所得税、增值税减免等优惠政策的落地实施。

二是推进收费制度改革。推动完善垃圾收费制度，研究调整地方垃圾处理收费的征收办法与征收标准。生活垃圾方面，建立生活垃圾处理收费制度，研究调整垃圾处理收费的征收办法与征收标准。鼓励各地创新垃圾处理收费模式，提高收缴率。建筑垃圾方面，遵循"弥补成本、合理盈利、计量收费、促进减量"原则，定期发布建筑垃圾运输费和排放处置费行情价，实现减量排放、规范清运、有效利用和安全处置，加大建筑垃圾循环利用。污泥处理处置收费方面，城镇污水处理收费标准要补偿污水处理和污泥处置设施的运营并合理盈利。

三是细化信用评价制度。将固体废物生产、利用处置企业纳入企业环境信用评价制度，评价结果融入绿色金融、市场监管、价格调节等政策措施。通过跨部门跨领域联合奖励激发环保信用优秀企业积极性，实施电价、污水处理费、税收减免和财政资金支持，鼓励银行等金融机构对环保绩效良好的企业予以贷款优惠，适当提高其信用评级，并作为项目后续信贷的基础。完善生态环境、银行、证券、保险等部门的联动协作机制，依法加强金融与生态环境、自然资源、住房城乡建设、安全生产等部门和其他社会组织之间的信息共享，将环境违规、安全生产、节能减排及绿色矿山建设等信息，依法依规纳入全国信用信息共享平台和企业征信系统，建立覆盖面广、共享度高、时效性强的绿色信用体系。

四是探索发展绿色金融。制定完善绿色金融配套政策措施，在信贷规模、贷款利率等方面对绿色金融给予更大政策支持，对绿色金融项目给予更多财政补贴和税收优惠。积极研发推广固体废物减量化、资源化、无害化领域绿色信贷产品。支持金融机构发行以绿色信贷资产作为基础资产的证券化产品，引导大中型、中长期固体废物利用处置产业项目投资运营企业发行资产证券化产品。探索建立固体废物利用处置产业投资基金。全面深化环境污染强制责任保险在危险废物生产经营单位的试点工作。

五是推广政府绿色采购。完善绿色采购指导目录，适当扩大强制采购在采购总量里的比重，加大政府绿色采购力度。将开展绿色产品设计、绿色供应链设计、废旧产品逆向物流回收体系建设等的生产者优先纳入政府采购目录，对强制环境标志产品符合要求的，采购比率要达到100%。在政府投资的公共建筑或道路中，优先使用以大宗工业固体废物、建筑垃圾等为原料综合利用的产品。

四、典型废物最小化战略

（一）废物最小化战略

1. 环境保护理念的转变

通过减少废物的产生，可以更有效地利用材料，并为健康和环境提供更好的保护，同时，生产企业可以降低废物管理成本和违法风险。尽管减少废物有许多环境和经济效益，但收益的不确定性和政府部门的监管不力，削弱了企业减少废物的动机，以至于超过99%的环境支出用于控制和处理废物产生后所导致的污染，而用来减少废物的投资不到1%。从物质消费的角度来看，社会中的资源浪费往往是由于工业生产过程效率低下，商品的耐久性低以及不可持续的消费方式造成的。尽管废物总量反映了资源的损失，但若采取有效的废物管理策略，则可避免产品废物中所含有害成分的释放导致的环境危害。

传统的污染控制方法通常以末端处理技术为基础，也可以称之为控制战略，即通过一定的技术将废物控制在法律允许的排放限值内[①]。但是，这些技术的投资和操作费用往往很高而且需要额外的资源和能源，并且这种做法通常只会带来废物的转移，无法从根本上解决污染问题。例如，废气和废水污染处理流程通常会产生固体废物，如污泥，这些固体废物最终会进入垃圾填埋场，占用土地资源，向环境释放有毒有害的成分，并长期对公众造成的健康风险。因此，不能仅寄希望于这种在末端对污染物处理、再利用以防止污染的手段，而需要扩大关注的范围和对象，即从原料的开采一直到产品的生产、使用、废弃以及最终处置的整个生命周期，以实现环境效率的最大化为目标[②]。

2. 废物最小化问题的提出

环境保护工作强调对有害物质产生的污染进行控制和清除，使其不再具有环境危害性。通常情况下，危险的工业废物不会被污染控制方法所破坏，而是以其他形式被排放到土地、水或空气中，在那里分散和迁移。其结果是，废物的形式

---

① 郭斌，蔡宁，许庆瑞. 企业清洁生产技术采用行为分析 [J]. 科研管理，1997，(02)：58-62.
② 李江伟. 生态设计在城市道路中的应用研究 [D]. 合肥：合肥工业大学，2009.

发生了改变，但废物并没有消失，对一种环境介质的污染进行控制可能导致废物被转移到另一种介质或其他地方。末端污染控制解决不了问题，而仅仅是改变问题，把问题从一种形式转变为另一种形式。

随着环境管理项目的成本增加，从源头上减少废物产生的经济和环境效益变得愈发引人注目。美国环境规划署（EPA）对废物最小化给出了如下的定义：在可行的范围内尽可能减少最初产生的或随后经过处理、分类和处置的有害废弃物，包括任何形式的源头削减和再循环，以减少有害废物的总量、种类和毒性[①]。因此，需要重点关注生产源，通过设计和改变生产流程和操作，以减少废物的危害程度和需要管理的数量。

很多国家也得出了减少废物很重要的结论，发展中国家和工业国家的政府对减少废物的兴趣也越来越大。例如，英国已决定集中精力确保适当的废物管理，而日本则集中于促进再使用或回收技术。大多数欧洲国家，如法国、德国、瑞典、挪威、丹麦、荷兰和奥地利，在减少废物方面发挥了更大的领导作用，并在减少废物方面投入了比其他国家更多的资金[②]。西欧国家从 20 世纪 70 年代就一直支持低、无废物技术活清洁生产的概念，并在 80 年代制定了旨在减少废物的政府计划[③]。

从源头上减少废物可能会产生其他后果，对于生产企业来说，这往往是它们所要面临的重要问题。例如，减少废物的一项特定措施可能会提高产品的生产速度，但产品质量可能由于其他措施而降低，导致产品的竞争力下滑。在经济上，任何减少废物的计划都需要资金的投入，生产成本的提高导致生意不好做。采用废物最小化原则设计生产环境协调性产品时，如果没有建立使之得以普及的社会体系，企业所生产出的商品无法像市场所期望的那样进行销售的话，那么企业就会出现赤字而最终导致破产。因此，要实现废物最小化这一目标，必须要有技术和经济的巨大革新才行。

（二）废铅酸蓄电池的回收价值与污染特性

1. 铅酸蓄电池简介

铅酸蓄电池的应用已有超过 150 年的历史，在已有的汽车启动照明系统和电

---

① 薛东峰. 废物最小化为目标的质量集成方法研究 [D]. 大连：大连理工大学，2001.

② Cheremisinoff P N. Chapter 1-Waste Reduction, Waste Minimization and Cost Reduction for the Process Industries, Park Ridge, NJ. William Andrew Publishing, 1995：1-51.

③ Cheremisinoff N P. Chapter 1- Source Reduction and Waste Minimization, Handbook of Solid Waste Management and Waste Minimization Technologies. Burlington：Butterworth-Heinemann, 2003：1-22.

信不间断电源的领域,铅酸蓄电池依然在市场份额中占据着绝对优势,并且短时间内不存在被二次电池的其他后起之秀如镍氢电池、锂离子电池取代的可能①。随着时代的发展,铅酸蓄电池还在近几年占领了新兴的电动自行车领域的市场,在中国市场的发展尤其迅猛②。2012 年,全球电池市场(包括一次电池)规模为759.75 亿美元,其中铅酸蓄电池市场规模为 392.94 亿美元,市场规模占二次电池的将近 2/3,持续领跑电池市场。

2. 铅酸蓄电池与铅资源

铅资源分为原生铅和再生铅两类。原生铅主要指从铅矿产品中冶炼得到的铅。再生铅是指从废旧含铅产品中回收的铅,包括废铅酸蓄电池、废铅管和含铅玻璃等,其中又以废铅酸蓄电池为主。铅资源与铅酸蓄电池行业息息相关。世界范围内,铅酸蓄电池用铅占到铅产量的 85% 以上。得益于近年来电动车等行业的发展,铅酸蓄电池的使用量连年攀升。特别是在我国,铅酸蓄电池保有量连年增长。2000 年我国的铅酸蓄电池保有量仅有 45GWh,到 2014 年已经增长到了429GWh,年增长率达到了 17.4%。就使用用途分类,电动自行车用电池贡献了其中大部分的增长量。

由于铅酸蓄电池保有量的逐年递增导致废铅酸蓄电池产量的急剧增长,进而使得再生铅在铅市场的占比逐年递增。1970 ~ 2017 年,全球原生铅和再生铅产量如图 5-1 所示。在 1995 年以前,由于铅酸蓄电池消耗量少,市场保有量低,铅市场的主要来源为原生铅。1995 年以后,随着铅酸蓄电池产量的增加,再生铅取代原生铅成为市场主力。1970 年全球的原生铅和再生铅产量分别只有 340 万 t和 120 万 t。2017 年,这两个数据已经分别增长到 492 万 t 和 647 万 t。然而,截至 2016 年,我国再生铅产量仅占总铅产量的 33%,远低于发达国家和地区如美国(80%)、欧盟(90%)以及全球平均水平(60%~66%)③。

我国的铅矿储量约 1580 万 t,占全球储量的 17.8%。在 2008 ~ 2016 年,我国以总占比 17.8% 的铅矿储量提供了 40%~50% 的铅精矿产量,反映了国内对于铅资源的迫切需求,进一步导致了国内铅资源保证年限低于世界平均水平至少10 年。而冶炼能力的逐年提高导致大量的铅矿石需要进口,不利于国内铅市场的稳定。另一方面,铅酸蓄电池生产及使用等过程中产生的含铅废物属于危险废

① Li M, Yang J, Liang S, et al. Review on clean recovery of discarded/spent lead-acid battery and trends of recycled products [J]. Journal of Power Sources, 2019, 436: 226853.

② 胡雨辰. 废铅膏短流程制备 PbO@C 复合材料及其应用于铅炭电池的研究 [D]. 武汉: 华中科技大学, 2017.

③ 诸建平. 废铅酸蓄电池生产再生铅的工艺工程设计 [J]. 杭州化工, 2011, 41 (03): 31-35.

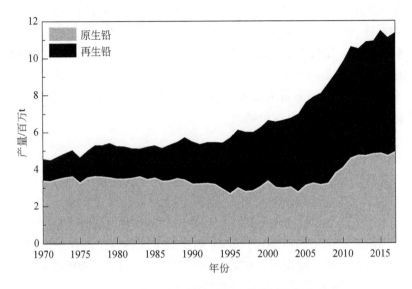

图 5-1   1970 ~ 2017 年全球原生铅和再生铅产量

物，已被列入我国《国家危险废物名录》，如不进行适当处理，将会对人体健康和生态环境造成较大的危害①。

3. 废铅酸蓄电池的组成

理想情况下，废铅酸蓄电池报废后被回收，并交由再生铅生产企业进行处理。经过破碎和分选过程，废铅酸蓄电池分解成包括废铅膏（30% ~ 40%）、废板栅合金（24%% ~ 30%）、废塑料（22% ~ 30%）和废电解液（11% ~ 30%）四个部分②，如图 5-2 所示。由于不同型号的电池规格不同，因此这四个部分的比例会在一定范围内波动。从电池盖回收而来的塑料可重新利用来制造新的电池外壳。废硫酸经过净化提纯工序后可以循环利用，有重新制造新电池的可能，但多数情况下，这些硫酸会被用于其他工业，少部分被输送到废水处理厂中和处理。板栅合金经精炼后熔化为铅锭。废铅膏主要由 $PbSO_4$（ ~ 60%）、PbO_2（ ~25%）、PbO（ ~ 10%）和少量金属铅（ ~ 5%）组成，是废铅酸蓄电池中主要的活性物质，也是最难处理的部分。因此，废铅膏的回收利用，通常是废铅酸蓄电池循环回用需要着重研究的技术难题。

①　桂双林. 废铅蓄电池中铅泥浸出特性及氯盐法浸出条件研究 [D]. 南昌：南昌大学，2008.

②　沈阳有色金属研究院. 利用原料氧化-还原特性浸出废铅酸蓄电池膏泥的方法 [P]. CN2015 10665494.

废电解液　　　　废板栅合金　　　　废塑料　　　　废铅膏

图 5-2　废铅酸电池构造示意图

4. 废铅酸蓄电池清洁回收的必要性

废铅酸蓄电池还具有以下特点：①产生量大。每年国内的铅酸蓄电池产量超过 300 万 t。②回收技术成熟。目前的废铅酸蓄电池回收所采用的传统火法工艺经过了几十年的发展，工艺十分成熟。③回收过程产生的二次污染较大。传统火法回收技术会产生大量的二氧化硫、铅尘等污染物，对铅酸蓄电池回收企业周围的环境造成严重的负面影响[①]。

在目前的危险废物分类中，废铅酸蓄电池属于较为特殊的一种。在我国 2008 年发布的《国家危险废物名录》中，对于铅酸蓄电池回收工业产生的废渣、铅酸污泥，作为 HW31 含铅废物管理，废物代码为 421-001-31。2016 年 8 月 1 日修订之后，《国家危险废物名录》中废物代码为 421-001-31 的内容修订为"废铅酸蓄电池拆解过程中产生的废铅板、废铅膏和废酸"。这意味着废铅酸蓄电池中的大部分成分均属于危险废物，其全生命周期过程的清洁生产尤为重要。

(三) 废铅酸蓄电池最小化战略

2017 年，我国铅产量 487 万 t，同比增长 4.4%。再生铅产量 202 万 t，同比

---

① 朱新锋. 废铅膏有机酸浸出及低温焙烧制备超细铅粉的基础研究 [D]. 武汉：华中科技大学，2012.

增长 21.5%。再生铅占比达到 41.4%。湖北省铅产量 17.8 万 t，居全国省市排名第六。2017 年我国废铅蓄电池理论报废量约 611 万 t，规范回收利用量约 315 万 t，占 51.5%。接近一半的铅酸蓄电池流入了非法回收点，在回收过程中对环境造成巨大污染。

2017 年，全球铅酸蓄电池市场规模约为 429 亿美元，中国铅酸蓄电池产量为 19922.9 万 kV·Ah，排名全球第一，占全球市场 45% 左右。湖北省 2017 年铅酸蓄电池产量为 2657.15 万 kV·Ah，占全国的 13.3%，在各省份铅酸蓄电池产量排名中位居第三。作为全国废铅酸蓄电池回收和铅酸蓄电池生产的重要省份，湖北省的铅酸蓄电池产业已经由高速增长阶段转为高质量增长阶段。铅酸蓄电池产业循环经济模式的打造与创新，是实现铅酸蓄电池产业健康发展的重要途径，同时也将为其他废旧有色金属的循环利用起到示范和借鉴作用。

1. 湖北省废铅酸蓄电池回收利用体系建设情况

湖北省的铅酸蓄电池生产企业和铅回收企业呈现明显聚集效应。目前，全省共有约 50 余家规模化的铅蓄电池生产、组装和回收（再生铅）企业，其中约 40 余家是关于电池组装和极板加工，约 10 余家是电池的回收利用。其中铅酸蓄电池生产企业主要集中在襄阳市和武汉市，铅回收企业主要集中在襄阳市。

湖北省废铅酸蓄电池的循环链条包括：从湖北省外运入及省内收集的废铅酸蓄电池运输至铅回收企业内，如湖北金洋冶金股份有限公司以及湖北楚凯冶金有限公司，经过火法冶炼回收制备铅锭；铅锭运输至各铅酸蓄电池生产企业，如骆驼集团襄樊蓄电池有限公司及荷贝克电源系统（武汉）有限公司等；经过生产加工制备铅酸蓄电池，新的铅酸蓄电池部分运输销售至汽车企业作为汽车的启停电池，部分运输至网点销售给个人用户；使用一段时间后，铅酸蓄电池报废；废铅酸蓄电池经过各种小商小贩、废品回收站、电池经销商、汽车 4S 店等收集贮存后运输至铅回收企业进行冶炼回收。

由于此前的无序发展，湖北省内铅蓄电池产业并未真正形成规范、健康、有效的循环利用模式，使得大量废弃铅资源未进入正规的回收利用途径，产生了大量的环境污染问题。因此，加强废弃铅酸蓄电池流向监管，建立湖北省的废铅酸蓄电池最小化战略具有重要的意义。

2. 废铅酸蓄电池中铅回收利用技术现状

传统火法铅冶炼工艺已经对空气、土壤以及相关水体等造成不可逆的恶劣影响，同时工作区域的挥发铅对从业工人具有明显的不可逆器官性伤害。针对愈发严重的铅尘和二氧化硫污染问题，环保、有色金属及相关部门陆续推出再生铅领域相关严格法律和准入条例。根据《再生铅行业准入条件》（工业和信息化部、环境保护部2012年第38号公告）的相关要求，没有环保措施的中小型冶炼厂已被严令禁止，对新建的冶炼厂提出了更为严格的准入要求。2015年底之前，未达到要求的再生铅回收企业或铅酸蓄电池企业已被禁止运行。在新的准入条例下，铅尘和二氧化硫排放量可得到一定程度的控制，但仍然无法保证对环境污染控制在可接受范围。

国际铅锌组织及许多研究机构积极探索替代传统火法再生铅工艺的新途径，湿法回收工艺被认为是实现常温废铅膏清洁回收的最佳途径。目前，废铅膏的湿法工艺主要包括酸浸-电解联合工艺制备金属Pb、碱溶-结晶工艺制备PbO及有机酸湿法-低温焙烧工艺制备PbO/Pb新型铅粉。电解工艺存在能耗高（1300kWh/t Pb），所用强酸（HF、H_2SiF_6、HBF_4、HCl）存在严重腐蚀性等问题，电解制备的金属Pb必须再通过球磨氧化制备铅粉，才能用于制备铅酸蓄电池正负极板的活性物质。碱溶-结晶工艺大大缩短了传统火法再生铅工艺制备金属铅锭、铅锭重新球磨氧化制备铅粉的流程，显示了湿法短流程的工艺优势。但是由于回收的PbO产品不导电，必须与外加单质铅以一定比例混合，方可用于制备铅酸蓄电池的正负极板的活性物质；冷却结晶是一个耗能且缓慢的过程，效率较低。有机酸浸出-低温焙烧工艺制备的新型铅粉可以直接用于制备铅酸蓄电池的极板活性物质，相对于酸浸-电解联合工艺、碱溶-结晶工艺，进一步缩短了再生铅的循环利用过程。这种工艺消除了高温熔炼带来的铅尘及SO_x排放的环境风险，省去了高温熔炼、精炼、球磨氧化等高耗能工艺环节，是具有应用前景的常温再生铅清洁生产工艺。

然而，废铅膏中含有Fe、Ba、Sb、Cu、Zn、和Ca等多种微量杂质元素，特别是对电池性能影响巨大的Fe和Ba等元素的靶向去除，是湿法工艺面临的重大技术挑战。其中，Fe来源于电池拆解破碎预处理过程；Ba来源于电池负极材料的膨胀剂；合金板栅材料中Ca、Sb、Cu、Zn等元素在电池拆解破碎预处理过程也可能混入废铅膏中。废铅膏在有机酸湿法浸出工艺过程中，主要杂质元素是以固相物质存在，浸出、结晶过程中杂质元素容易进入有机酸前驱体，通过焙烧过程残留在最终回收铅粉中。这些杂质元素伴随铅粉进入制备的新电池中，最终对电池性能产生负面影响。

3. 湖北省废铅酸蓄电池最小化战略

（1）铅酸蓄电池产业的政策出台

针对这些发展中出现的问题，政府部门集中出台了各种政策和文件，从清洁生产标准、污染控制规范、体系、技术、司法解释和排放标准等方面不断完善行业要求，并最终取得了一些成果。2009年起，国务院、环境保护部和司法部陆续发布解决再生铅污染问题的具体文件。2011年，"十二五"规划的实施，给铅酸蓄电池行业带来了重大影响，环境保护风暴也将 14 个省份列入重金属重点管理区域。受大气污染和重金属污染防治的影响，环境保护部（现生态环境部）又开展了一次督查专项行动，铅酸蓄电池企业数量由初期的 2000 家左右，经关停整顿、兼并重组等措施后，整合到末期的不到 400 家[①]。工业和信息化部消费品工业司对 2012 年发布的《铅蓄电池行业准入条件》和《铅蓄电池行业准入公告管理暂行办法》进行了修订，2015 年 12 月发布了《铅蓄电池行业规范条件（2015 年本）》及《铅蓄电池行业规范公告管理办法（2015 年本）》，并依此开展了铅蓄电池行业规范管理工作。截至 2018 年，国家工业和信息化部公告了 6 批符合《铅蓄电池行业规范条件（2015 年本）》的企业名单，共有 11 家湖北省铅酸蓄电池生产企业位列其中。

（2）废铅酸蓄电池最小化的技术选择

废旧铅酸蓄电池的回收问题，归根结底是技术问题。针对目前铅酸蓄电池循环链条中的各种污染问题，湿法回收工艺是实现铅物质流最小化的关键。

①新型湿法工艺

针对传统湿法技术的弊端，近年来有很多新型的湿法工艺迅速发展，如由北京化工大学潘军青[②]教授研发的原子经济法，东南大学雷立旭[③]教授开发的甲醇还原法。这些方法不需要高温冶炼，无有害气体排放，在很大程度上降低乃至消除了铅酸蓄电池回收过程中的高能耗和高污染。此外，华中科技大学杨家宽教授团队[④]开发的有机酸湿法回收废旧铅酸蓄电池的方法不仅实现了废旧铅酸蓄电池的清洁回收，还实现了回收产物的高值化利用，提升了铅酸蓄电池中铅资源的回收利用水平。新型有机酸湿法工艺和传统火法冶炼工艺的对比如图 5-3 所示。

新型有机酸湿法工艺选用环境友好的有机酸作为络合浸出剂。制备的有机酸铅前驱体在低温下（<400℃）焙烧即可制备新型铅粉。作为最先进的废铅酸蓄电池回收技术之一。新型有机酸湿法工艺经过数十年的发展，目前已经进入了中试扩大化生产阶段。对比传统火法回收工艺，新型有机酸湿法工艺减少了大量的铅尘、二氧化硫、温室气体二氧化碳排放。新型有机酸湿法回收工艺和传统火法

① 肖玥，陈志雪，孔德敏.2017 年铅酸蓄电池及相关产业发展综述［J］.蓄电池，2018，55（06）：295-298.

② Pan J, Zhang X, Sun Y, et al. Preparation of high purity lead oxide from spent lead acid batteries via desulfurization and recrystallization in sodium hydroxide［J］. Industrial & Engineering Chemistry Research, 2016: 55（7）：707-714.

③ Gao P, Liu Y, Lv W, et al. Methanothermal reduction of mixtures of $PbSO_4$ and PbO_2 to synthesize ultrafine α-PbO powders for lead acid batteries［J］. Journal of Power Sources, 2014, 265：192-200.

④ Zhu X, He X, Yang J, et al. Leaching of spent lead acid battery paste components by sodium citrate and acetic acid［J］. Journal of Hazardous Materials, 2013, 250-251：387-396.

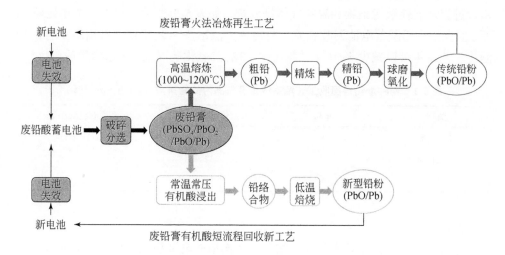

图 5-3 新型有机酸湿法工艺与传统火法工艺对比图

工艺回收过程中的能耗以及污染物排放对比如图 5-4 所示。

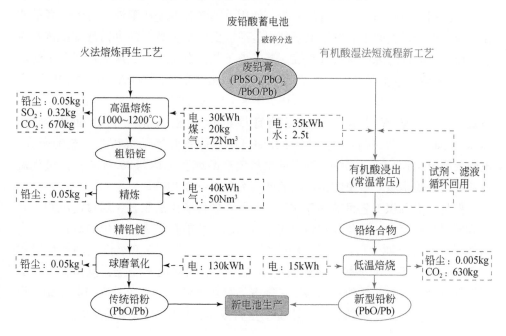

图 5-4 新型有机酸湿法工艺和传统火法工艺回收废铅膏过程中能耗
及污染物排放（1t 废铅膏）

以 10 万 t 废铅膏为基准，计算新型有机酸湿法工艺和传统火法工艺回收废铅膏过程中能耗及污染物和温室气体排放量，如表 5-1 所示。对于一个年处理 10 万 t 的大型废铅酸蓄电池回收企业，与传统火法冶炼工艺比较，采用新型有机酸湿法工艺每年可以减少 $4×10^3$ t 二氧化碳、32t 二氧化硫以及 13t 铅尘排放。

表 5-1　两种废铅膏回收工艺温室气体及气态污染物排放（10 万 t 废铅膏）

类别	单位	传统火法	新型有机酸湿法
二氧化碳	t	$6.7×10^4$	$6.3×10^4$
二氧化硫	t	32	0
铅尘	t	15	2

②电沉积工艺

电沉积工艺是湿法技术的选择之一。在典型的电沉积工艺中，首先对废铅膏进行预脱硫处理，然后利用酸浸出脱硫铅膏制得铅盐溶液，最后对铅盐溶液进行电沉积，分离获得金属铅。由于 $PbSO_4$ 和 PbO 等铅化合物可溶于高浓度的碱溶液，有些研究者直接使用碱作为浸出剂对废铅膏进行电沉积回收。陆克源开发出了一种固相电解法用于废铅膏的回收，使用电解液为 NaOH 溶液，将废铅膏平铺在阴极极板上，连同阳极置于电解液中。通电反应后阴极上的废铅膏直接转变为金属铅，再经过熔炼浇筑制成铅锭。基于该工艺，在马来西亚建成投产了年处理 1 万 t 废铅酸蓄电池的工厂。生产结果表明，在电流密度 600A/m² 、NaOH 浓度 10%~15% 、温度 40~60℃ 、槽电压为 1.8~2.6V 的条件下电解，铅回收率达到 95wt% ，电流效率可达 85% ，废铅膏中的硫酸根大部分可以回收利用。Morachevskii[1] 等通过铅–氢氧化钠–甘油电解液体系开展电沉积铅工艺的研究，电流效率可达到 85%~90% ，获得的电解铅产品纯度可达到 99.98% 。该过程避免前处理脱硫步骤，单位吨铅产出的能耗为 400~500kWh 。

但是，电沉积工艺目前还存在以下问题：较传统火法工艺，通过电沉积工艺回收废铅膏不存在二氧化硫和铅尘污染等问题，但能耗较大，单位 PbO 产品产出的能耗成本约为 78~112 美元，较传统火法工艺单位 PbO 产品产出的能耗成本 47.3~63.8 美元，明显较高；运行时酸或碱性试剂使用不安全，操作工人与试剂接触安全性较差，所使用的酸不易降解，存在环境友好性较差等问题。相关设备腐蚀严重，需及时更新，进一步提高运行成本；PbO_2 还原过程极难，需 Pb 和 SO_2 等添加剂的存在。

---

① Morachevskii A G, Demidov A, Vaisgant Z I, et al. Recovery of lead battery scrap using alkali–glycerol electrolyte [J]. Russian Journal of Applied Chemistry, 1996, 69: 412-414.

（3）废铅酸蓄电池行业的发展建议

加大政策扶持力度，稳步推进新循环体系建设。非法回收废铅蓄电池的价格较高，正规企业在价格上的竞争能力不强。此外，新的循环体系构建初期必定也会耗费大量的资金推进和维持。为了使高科技企业能够迅速发展和壮大，国家应使用税收、信贷和其他经济手段来支持这些企业。建立以业务、市场为导向和产学研合作的技术创新体系。目前，中国的一些再生铅企业已经拥有世界一流的回收技术，可以确保资源的清洁和有效回收。未来的挑战是将环保和自动化技术推广到全国，以推动铅回收行业标准化体系建设。建议政府提供更多的财政支持，以促进先进的清洁工艺在全国范围内的应用。总之，只有政府在补贴、税收等各方面提供必要支持，才能有力打击非法渠道，并且实现新的循环体系的稳定运转。

推行生产者责任延伸制度，破解产业乱象。废旧铅酸蓄电池回收体系较为混乱，到目前为止，很少有企业能建立起标准化的区域回收网络。根据某些学者的研究和计算，近十年来中国废旧电池的累积量基本上维持在两位数的增长。与其他含铅废料一起，再生铅厂应至少达到70%的电池回收率才能满足环境保护需求，但很多大的生产商都无法收集足够的废铅酸蓄电池。即使在一线城市，这种情况也无法避免。因此，要建立从源头到末端，覆盖生产者、销售者、使用者、维修者的可追溯回收渠道，实现全生命周期管理。由于废铅蓄电池种类较多，还应探索各类、各地铅蓄电池统一回收的机制。

优化循环体系，实现铅物质流最小化。传统火法回收工艺制备铅锭，铅锭需要运输至电池厂再经过球磨氧化等复杂步骤制备铅酸蓄电池生产所使用的铅粉。而目前研发的大多数新型湿法工艺回收废铅膏，不仅能耗低、污染小，还能直接制备铅粉。因此，推广新型湿法技术，降低废旧铅酸蓄电池中铅资源回收的二次污染，促进回收产物的高值化利用，是推动铅酸蓄电池回收利用行业清洁发展的重要手段。

五、湖北省城乡融合发展战略

（一）湖北城乡融合发展的形势分析

1. 湖北城乡融合发展的背景

加快城乡融合有利于城市与农村形成一体化发展格局。我国在改革开放后，由于历史上形成的种种原因，城乡之间逐渐呈现隔离发展趋势，城乡之间经济社会差距扩大、矛盾凸显，如何破除城乡发展的体制性障碍，实现城乡均衡发展逐渐受到重视。近年来，随着我国新型城镇化地不断推进以及乡村振兴的有力实施，城乡融合发展日益得到各级政府的重视。党的十九大报告明确提出，要通过建立健全城乡融合发展的体制机制和政策支持体系，加快推进农业农村现代化进程。城乡融合发展作为党的十九大报告提出的新目标，对今后一段时间实现城乡统筹融合具有十分重要的指导意义，城乡融合发展也逐渐成为未来城市、乡村的发展趋势。2019 年 4 月，中共中央国务院出台了《关于建立健全城乡融合发展体制机制和政策体系的意见》，从顶层设计上为城乡融合发展做出了具体的指导。中央在十九大提出城乡融合到出台具体的指导意见，说明我国城乡融合发展已经到了十分紧迫的地步。

湖北作为全国新型城镇化的主要阵地，其城乡发展差距依然较大[1]，亟待将推进城乡融合提上日程。2018 年，湖北的城镇化率为 60.3%，比北京、上海、浙江等发达省份相差 20% 以上，新型城镇化的潜力依然很大。同时，城乡居民可支配收入之比为 2.3:1，城镇居民的收入明显高于农村居民。这一现实亟待需要通过城乡融合发展来推进新型城镇化，破解城乡居民收入的鸿沟之困。

2. 湖北城乡融合发展的机遇

第一，湖北人均 GDP 突破 10000 美元，城镇化率已经超过 60%，成为以城市人口为主的省份，并且城镇化水平每年还在继续提升，城市居民对农村优质农产品、乡村生态产品和文化产品的需求数量与质量越来越高，城市对乡村的带动作用越来越强。第二，各级政府关于农业农村优先发展总方针的有效落实，特别是乡村振兴的有力实施，加快了公共资源、市场要素向乡村配置，农村人居环境整治等重大行动的开展使乡村生产生活条件加快改善，乡村的生态价值、文化价值、社会价值日益显现。第三，随着近年来湖北城镇新增固定资产投资持续下降，城镇对资本、土地的需求峰值已经逐渐衰弱，而相反乡村的稀缺性和投资价值开始日益显现，社会对农村资本、土地、人才、技术等要素的需求不断上升，要素市场驱动的城乡要素流动在加快。第四，随着我国已经进入刘易斯转折区间，农村转移劳动力递增的峰值已经经过去，农村人口向城市转移增长的动力在放缓，城市向农村人口逆向流动逐年加快，城乡人口要素互动呈加速度增加。第五，城市要素供求关系开始改善，为深化农村产权制度改革与推进城乡要素形成统一的市场创造了环境。

3. 湖北城乡融合发展的挑战

改革开放 40 多年以来，虽然湖北城乡发展取得较快较好的发展，但城乡融

---

① 郑世界．湖北生态城镇化的路径选择和制度安排 [D]．武汉：武汉理工大学，2013.

合发展依然比较缓慢，产生了一些问题。首先，城市发展不充分。虽然湖北城镇化率已经超过全国城镇化率平均水平，但与发达国家75%以上的城镇化率相比，还有较大差距。湖北主要基础设施人均存量只相当于西欧发达国家的1/3、北美国家的1/4，特别是广大乡村地区，基础设施还十分短缺，还不能满足当地百姓的需要。其次，乡村发展不充分。随着湖北城镇化的推进，农村劳动力大量外流涌入城市，部分县乡出现空心村现象，许多农民呈现候鸟式迁徙，每年在家务农时间不足2个月。此外，农村耕地存在不同程度撂荒，许多乡村生态系统弱化、环境污染严重①。乡村基层治理也有不同程度的涣散现象，集体经济带动力量不够。最后，城乡发展不平衡。城乡居民人均收入差距依然较大。城乡之间基础设施与公共服务差距呈现扩大趋势，农村生活污水进行有效处理的行政村比例普遍还比较低。

（二）湖北城乡融合发展的现实困境剖析

1. 城乡要素流转不顺畅

长期以来，湖北城乡发展不均衡不协调现象根源在于城市要素加速集聚，乡村发展的要素不断流失②。一方面，由于当前户籍制度缺陷性，农业人口单向地流入城市地区，不仅会造成广大农村地区空心化、老龄化，同时也严重影响和制约了农村经济建设和农业发展。另一方面，城乡统一的市场尚未形成，农村土地流转目前为止还存在较大的阻碍。虽然，各地开展了土地承包经营权确权登记颁证工作，受到了农民欢迎，通过将土地经营权流转出去，再进城务工经商来获得流转收入和务工经商工资收入，但由于农地价格远低于城市土地价格，农地流转给农户带来的收入微不足道，多数农民还是继续选择自己耕种。此外，城市工商资本下乡对乡村发展的带动作用较小。大多数工商资本下乡存在规模小，对乡村带动经济的拉动贡献低等特点。从资本角度来说，资本也不敢去，因为获利空间小，没有钱赚。农业是靠天吃饭，靠天吃饭也是不可控，所以投资成本很高，盈利很小。同时，资本下乡后产业融合度低，城乡矛盾对立严重。

2. 城乡社区治理水平相差较大

城乡社区作为人民群众生产、生活的乐土家园，不仅是社会治理的基本单元

---

① 梁家年，李丽媛，雷鸣. 湖北新型城镇化进程中的生态文明建设研究［J］. 湖北第二师范学院学报，2018，35（12）：31-35.

② 严雄飞，彭亚宁. 基于生态文明建设的湖北新型城镇化发展研究［J］. 当代经济，2015，（03）：86-87.

载体，同时也是基层政府为群众服务的重要场所。对此，如何提高城乡社区治理水平，特别是提升广大乡村治理水平、缩小城乡治理差距具有重大意义。长期以来，由于种种原因，湖北乡村治理水平明显落后于城市。出现这种现象的原因是多方面的。一方面，基层乡镇政府与村委会的经费严重不足。乡村社区建设需要一定的公共空间、活动场地以及相应的配套公共设施。然而，很多经济发展水平落后的乡村地区，由于财力有限，加上基层政府自身背负巨额债务，很难拿出相应资金投入乡村治理，而村集体积累又比较薄弱，难以保障必要的经费支撑。另一方面，乡村中参与社区治理的村委会等人员大多学历较低、素质不高。尤其是鄂西广大农村社区治理，还面临思想认识、体制机制政策以及人力、财力、物力等多方面的限制因素。

3. 城乡公共服务不均等

城乡公共服务不均等，体现在数量与质量两个方面。在数量上，在湖北大部分地区，乡村基本公共服务存在严重的短缺现象，甚至在很多贫困镇村由于基础设施短缺，当地居民无法享受到城市居民对等的基本公共服务。看病难、看病贵、上学难、就业难等难题依旧困扰了当地百姓。对很多农村家庭来说，看病就医和接受教育是十分沉重的经济负担。相反，城市教育系统发展良好，教育质量优良，生活在城市中的孩子能够享受到优质并且低廉的教育福利和教育便利。此外，对部分乡村地区来说，基本的医疗卫生资源的供应还十分短缺，即使近年来全省推行了"新农合"医保，但不断攀升的参保费用以及有限的报销比例，往往使得农民的就医压力依旧很大。在质量上，对于城乡同种类的公共服务，往往乡村的质量较差，城市的质量较高。基于此，城市居民的维权意识与参与意识要明显超过农村居民。与此同时，由于城市在法律法规以及监督机制方面配套更加健全，所以城市居民可以针对政府提供的基本公共服务进行充分监督，促使政府提供更高质量的基础公共服务。可是，在很多乡村地区，由于地方政府财力紧张，加上社会对当地政府行为的监管不到位，使得人民的参与意识以及维权意识相对薄弱。而且群众利益诉求和表达渠道受阻，给当地基本公共服务的供给带来诸多隐患。

(三) 湖北城乡融合发展的推进策略

1. 促进城乡要素合理流动，构建城乡统一的市场体系

当前，城乡要素自由流动和平等交换的体制机制壁垒是制约城乡有效融合发展的首要因素，只有促进各类要素更多向乡村地区流动，才能确保在城乡之间形成人才、土地、资金、产业、信息汇聚的良性循环交换体系，才能为乡村振兴提

供要素保障,构建高效运转的城乡统一市场体系。

一要加快统筹完善城乡一体化的建设用地市场。在推进农村集体建设用地使用权确权登记颁证的基础上,按照国务院统一部署,湖北省在坚持符合国土空间规划、生态系统保护与修复、用途管制以及依法取得的前提下,积极探索并试点推广农村集体经营性建设用地入市,通过打破行政区划壁垒,允许就近入市或相邻县市调整入市;鼓励村集体经济组织在农民自愿前提下,探索将闲置性宅基地有偿回收、废弃的集体公益性建设用地转变为集体经营性建设用地并推动入市;此外,推动城市周边城中村、城边村、乡镇级工业园等可连片开发区域的相关土地通过依法合规整治后入市;推进农村集体经营性建设用地的使用权与地上建筑物所有权房地一体、分割转让。通过借鉴东部省份经验,完善农村土地征收制度,进一步缩小征地范围,健全征地程序,充分维护好被征地农民和农民集体的合法权益。

二要探索搭建城乡产业协同发展平台。在城乡结合部或经济发达镇,通过培育与发展乡村振兴农业企业,加快城乡产业协同发展先行区建设,推动城乡生产要素优化配置和产业有机融合。探索将经济发达镇、中心镇、产业居集镇作为城乡要素融合的重要载体,打造集聚特色优势产业的创新创业生态经济圈。优化提升各类制造业基地、工农业园区、高新技术园区。完善中心镇与小城镇联结城乡的纽带功能,探索创新美丽乡村特色化差异化发展体制机制与发展模式,盘活乡村各类资源资产。

三要建立城市技能型人才下乡激励政策。通过制定财政、金融、税收、社会保障等各类激励政策,大力推动能人返乡,积极引导各类人才返乡入乡创业。鼓励生源地普通高校和职业院校毕业生、外出务农农民工以及经商人员回乡创办企业。推进大学生村官、大学生志愿者、"三支一扶"大学生与选调生等人员工作衔接,鼓励并引导高校毕业生到村任职、扎根基层、发挥作用。将工作能力强、群众认可度高的大学生选派为村第一书记。建立城乡人才合作交流机制,探索通过岗位与编制分离等模式,推进城市教育文体等工作人员定期服务乡村。此外,大力推进职称改革,推动职称评定、薪资待遇等向农村教师、乡村医生倾斜,适当增加乡村教师、医生中高级岗位结构比例。引导规划、建筑设计、园林艺术等设计人员入乡。

2. 分类推进县乡建设,提高县乡人口聚集力

一要分类发展县域经济。根据主体功能区规划,依据当地县市的资源禀赋、经济发展基础、生态承载力,科学设定不同县城的经济发展模式,明确县市的支柱产业。湖北省要依据县域经济结构与产业基础,从全要素生产率、全产业链、均衡发展来布局和发展县域经济,推进供给侧结构改革与新旧动能接续转换,实

施好乡村振兴和长江大保护，推动经济向高质量发展，力争全省经济强县跻身全国县域经济百强县市数量中部领先、位次前移。

二要分类发展与壮大乡镇经济。根据不同乡镇的产业基础、生态功能以及离县城的距离，划分为经济发达镇、特色小镇、一般小镇。对经济发达镇，可以通过扩大经济社会管理权限，以建立健全基层政府功能为重点，赋予县级管理权限，积极探索并试点镇级市建设。参照县级机构设计，建立简约精干的乡镇组织管理体系；充分运用"互联网+"等现代信息手段，加强乡镇的智慧治理建设，推进乡镇治理体系和治理能力现代化，促进新型城镇化和城乡一体化融合发展。对特色小镇，要依据其特色的产业、优势产业，夯实产业基础，积极扶持特色产业的企业发展，推进乡村一二三产融合发展，将产业做大做强做优产业作为小镇发展的优先方向，逐渐提高小镇的经济实力与产业文化特色。对于一般小镇，应在现有的经济发展基础上，依据自身条件，逐渐提高产业发展的质量与内生动力，盘活自身资源，促进小镇持续健康发展。

三要建立健全农业转移人口市民化制度设计。通过深化城镇户籍制度改革，逐渐破除户籍与公共服务挂钩的体系，全面放开除武汉以外城市的落户限制条件。加快推进实现城镇特别是县乡基本公共服务常住人口覆盖面。形成以武汉为中心城的城市圈发展格局，推动不同层级城市与城镇协调发展，增强中小城市特别是县城人口承载力和吸引力，积极推进农业人口向就近县乡市民化。完善由政府、企业、个人共同参与的农业转移人口市民化成本分担机制，科学设定农业人口市民化成本分担比例，全面落实支持农业转移人口市民化的财政激励政策、金融支持政策、税收扶持政策以及城镇建设用地新增规模与吸纳农业转移人口落户数量挂钩政策。对落户数量较多的城镇，通过以奖代补方式，实行政策倾斜。同时，需要维护进城落户农民土地承包权、宅基地使用权以及集体收益分配权等合法权利，支持并引导其依法自愿有偿转让上述权益。提升城市包容性，提高对新落户市民的服务能力，推动农民工就近融入城市。

3. 提档乡村基础设施，缩小城乡发展差距

城乡基础设施保有量作为衡量城乡差距的重要依据。因此，要推进城乡融合发展，亟待强化乡村基础设施建设，尤其是要把基础设施建设重点乡镇与中心村，不断加大财政资金投入力度，统筹推进农村公路、水利、供水、供气、电网、物流、通信等设施供给力度，努力实现村村通电、组组通硬化路、户户通有线网络、人人饮上安全水。通过积极构建以县城为中心、乡镇为节点、建制村为网点的农村公路交通网络，推动公共交通服务向乡村延伸，力争实现村村通公共汽车。

一是要提升乡村交通物流快递设施保障能力。首先，强化乡村交通设施提质

改造力度。通过以示范县、乡为载体，全面推进"四好农村路"建设步伐，实现 25 户以及 100 人以上的自然村通水泥（沥青）路。有序推进实施旅游路、贫困县资源产业路、国有林场林区社会乡村道路建设，加大力度改造农村公路四、五类危桥，实施农村公路渡改桥。加大农村公路养护，推进县乡道及通行客车线路和接送学生车辆集中的急弯陡坡、临水临崖等重点危险路段隐患排除与治理，提高农村公路安全保障水平。其次，推进城乡客运服务均等化。加快推动城市公共交通线路向城市周边乡镇延伸，有序实施农村客车线路公交化改造，鼓励发展镇村公交。实施"村村通客车"工程，完善农村客运网络体系。加大对已经通客车村的补贴力度，确实保障农村客运"开得通、留得住、管得好"。最后，加快完善农村物流快递网络。构建县乡间、乡村间对接有序、安全快捷、高效率、低成本的县、乡、村三级物流网络体系。完善农村集贸市场建设，实施"快递下乡"，借助电商平台企业开展好农村电商服务，探索在乡村人口较密集区建设农村物流公共服务中心和村级网点，完善农村电商服务体系。

二是强化农村水安全保障能力。一方面，要积极有序推进列入省市规划的重大水利工程建设步伐，加快新建一批灌区，推进大中型灌区续建配套节水改造。同时，要全面完成小型病险水库除险加固，积极推进中小河流治理和重点涝区排涝能力建设，实施好河长制。在粮食生产核心功能区、大型水库汇水区、干旱易发区和冰雹多发区建设人工影响天气标准化作业站点。加强田间渠系配套、"五小水利"建设，推动小型农田水利设施达标提质。加强消防水源建设。另一方面，巩固提升农村饮水安全。开展饮用水水源规范化建设，依法清理饮用水水源保护区内违法建筑和排污口。健全农村饮水安全工程建设和运行管护体系，推进农村供水管理智能化。进一步提升农村集中供水率、自来水普及率、供水保证率、水质达标率。

三是推进农村能源革命。一方面，要改造升级农村电网。适应农业生产和农村消费需求，突出重点领域与薄弱环节，加快实施新一代农村电网提档升级工程，促进城乡电力服务均等化进程，推进农村能源消费升级，全面提升农村供电能力，提升农村电气化水平，强化农村安全用电保障。另一方面，要推进清洁能源开发利用。开展太阳能、风能、地热能等可再生能源开发利用分析评估。提高新能源在能源使用中的占比，积极推广太阳能热水器、太阳能路灯以及小型光伏发电。结合当地实际，因地制宜开展风能、地热能、小水电等能源地开发利用。探索推进农作物秸秆等能源化利用及农村沼气工程集中供气、供电与发电联网等综合利用。

四是实施乡村信息化战略。加快乡村通信网络升级改造步伐。深化电信普惠性服务，推动自然村有线电视、光纤宽带网络（4G）全覆盖，预留 5G 网络布局和商用平台，努力基本实现农村移动宽带网络入口户户全覆盖。同时，开发符合农村特点的信息技术和信息产品，推动"互联网+"拓展延伸。加快农村政务电子信息化进程，鼓励开发乡村政务村务手机 APP 软件和移动终端。推广远程医疗、远程教育。

4. 健全乡村治理体系，提升乡村治理水平

一要强化农村基层党组织建设。首先，健全乡村党组织体系。通过调整和优化农村党支部设置，加大在农民专业合作社、农业企业、农业社会化服务组织中建立党组织力度，依托行政村与村民集体小组建立党支部或党小组，实现党的组织覆盖所有的乡村。同时，推进村党支部书记担任村委会主任和村集体经济组织、合作组织负责人，探索推行村"两委"班子交叉履职任职；健全村务监督委员会，鼓励非村民委员会成员的村党组织班子成员或党员担任主任；提高村民委员会中党员比例，充分发挥党员的模范带头作用。其次，选优配强村"两委"班子。加大从村致富能手、外出务工经商人员、大学毕业生、复员退伍军人中培养选拔农村带头人力度；集中调整村党组织书记队伍，优化学历结构与年龄结构，实行支部书记县级备案管理；畅通优秀党支部书记上升空间通道，完善优秀村党组织书记中选拔乡镇领导干部、定向考录乡镇公务员与招聘乡镇事业编制人员体制机制。加大政策倾斜力度吸引优秀高校毕业生、进城务工农村人员、机关企事业单位优秀党员干部到村任职与挂职。加强对后备干部的教育培训，严格监督管理，确保每个村配备 3 ~ 5 名村级后备干部。最后，整顿软弱涣散村党组织。建立健全经常性发现和整顿软弱涣散村党组织工作机制，采取领导挂点、部门帮扶、选派"第一书记"等方式，持续抓好整顿，补齐工作短板，深入开展党支部纪律建设，推动村党支部干部纪律意识显著提高。强化村党支部的领导核心地位，"三重一大"事项按照"四议两公开"程序执行，防止村级党组织弱化、虚化、边缘化。

二要建立健全村民自治实践途径。始终坚持党的领导与村民自治相统一，完善"四位一体"村级治理模式。加强农村基层群众性自治组织建设，推动农村居民自我管理、自我教育、自我服务。一方面，要健全村级自治制度。完善农村选举、决策、协商、管理、监督等制度，健全村民会议、村民代表会议、村民监事会等组织形式，形成多层次基层自治协商新格局。另一方面，要大力推进阳光村务建设。通过完善村务监督委员会，不断推行村级事务阳光工程。深化和拓展"亮栏"行动，充分利用现代信息技术，推动线上线下相结合的村务公开，实现村务公开常态化。此外，要创新村民议事决事形式，健全议事决策主体和程序，确保村民知情权和决策权得到有效保障。

三要创新乡村治理管护机制。按照城市管理思路，推行城乡污水垃圾处理实现统一规划、统一建设、统一运行、统一管理。探索政府和社会资本合作运行治

理乡村新路径，通过特许经营等方式吸引优质企业参与农村垃圾污水处理。建立垃圾污水处理政府补贴与农户付费相结合的支付制度，完善财政补助、村集体补贴、农户付费合理分担机制。鼓励村级组织和农村工匠带头人承接村内环境整治、村内道路维修、生态绿化等小型工程项目。

5. 统筹城乡公共服务体系，实现城乡社会保障普惠共享

推动公共服务向乡村延伸、公共社会事业向农村覆盖，建立健全覆盖全民、普惠共享、城乡一体均衡的基本社会公共服务体系，推进城乡基本公共服务标准有效衔接与统一，加快制度并轨，消除城乡差距。

一要统筹推进城乡教育资源均衡配置，努力补齐乡村教育发展短板。通过加大对乡村教育的投入力度，保障农村教育优先发展，建立以城带乡、整体推进、城乡一体、均衡发展的义务教育发展机制。全省应鼓励统筹建立城乡教育发展规划、统一选拔城市教师到乡村挂职，弥补乡村教师力量短缺问题。同时，增加师范免费生服务乡村学校的数量，鼓励为更多乡村学校输送优秀高校毕业生。加大推动教师资源向乡村倾斜支持力度，落实好乡村教师工资待遇不低于当地公务员标准政策。实行好义务教育学校教师"县管校聘"，积极落实县域内校长教师交流轮岗与城乡教育联合体模式。建立健全教育信息化发展机制，实现城乡线上资源共享，推动优质教育资源支援乡村。多渠道多途径增加农村普惠性学前教育资源，加快城乡义务教育学校标准化建设，强化寄宿制学校安全管理。根据农村人口密集程度，统筹规划、科学合理调整农村基础教育学校地域布局。全面改善偏远乡村、贫困村薄弱学校基本办学条件，建设一批农村寄宿制学校、小规模学校及教学点。实施好十四五规划学前教育行动计划，重点扩大公办学前教育资源，确保公办园在园幼儿占比不低于50%，普惠性民办幼儿园在园幼儿占比稳定在30%以上。此外，要健全教育资助体系，实现家庭经济困难学生应资尽资，实现资助全覆盖。

二要完善城乡公共文化服务体系，振兴乡村文化。加强乡村文化基础设施供给，强化各县市"四馆三场"（县级公共图书馆、文化馆、非遗馆、博物馆，剧场、综合排练场、文体广场）建设，发挥县级公共文化机构辐射作用，实现乡村两级公共文化服务全覆盖。加强流动文化设施建设。推进数字广播电视户户通。推进"湖北省民间文化艺术之乡"建设。实施"百团千队万能人"扶持工程、"百姓舞台"工程。同时，统筹推进城乡公共文化设施优化布局、优质服务提供、人员队伍建设，推动优秀文化资源重点向乡村地区倾斜，努力提高服务的覆盖面和适用性。推行农户参与公共文化服务的管理模式，积极建立城乡居民对公共文化评价与反馈机制，科学引导居民参与公共文化服务项目统筹规划、设施建设、监督管理，推动文化类服务项目与居民需求有效衔接。探索建立优秀文化结

对帮扶机制，推动从事文化工作者和相关志愿者等长期稳定热衷于乡村文化建设。

6. 繁荣乡村文化事业，增进城乡文化的认同感

一要巩固农村思想文化阵地。一方面，要培育践行社会主义核心价值观。深入开展习近平新时代中国特色社会主义思想、党的十九届四中全会精神和中国梦宣传，弘扬与践行好民族精神和时代精神，加强对青少年爱国主义、集体主义和社会主义教育。合理引导社会预期，培育自尊自信、理性平和、积极向上的社会心态。另一方面，要加强思想道德建设。推进社会公德、职业道德、家庭美德、个人品德建设。引导积极形成倡导孝敬父母、尊敬长辈的社会风尚。定期在乡村社区举办道德模范展览展示和巡讲巡演等活动，以群众身边人讲身边事、身边事教身边人，培养农民群众高尚的道德情操。加强乡村诚信建设，形成崇尚诚信、践行诚信的乡风民风。

二要大力弘扬荆楚优秀文化。首先要继承发扬优秀传统文化。深入挖掘传统文化蕴含的优秀思想观念、人文精神、道德规范。振兴黄梅戏等地方戏曲，发挥传统节日、传统建筑、古树名木和传统农耕方式等文化承载作用，实施传统工艺振兴计划，全面传承荆楚优秀文化。集中展示村史、文化遗产、人文资源。设立非遗综合性传习中心、传习所或传习点，实施非遗传承人群研修研习培训，加强土家族、苗族、侗族、瑶族等少数民族特质文化保护。推动城乡文化交流互鉴，促进城乡文化有效融合。

三要加强红色文化传承与保护。加强革命文物资源保护工作和合理开发利用，实施革命旧址维修保护行动计划，切实维护革命历史类纪念设施、遗址和爱国主义教育基地固有的历史环境风貌，最大限度保持历史真实性、风貌完整性和文化延续性，防止对红色资源和文化遗产进行不恰当商业利用和运营。推出优秀红色文艺作品，鼓励发展红色文化创意产业，推动红色文化资源传承、传播和共享。

第六章 结论与建议

把湖北建设成为促进中部崛起的重要战略支点，是中央政府实施中部崛起战略的一个重大举措，是中央政府给湖北经济社会发展的战略定位。把湖北建成"重要战略支点"，是中国经济发展过程中为实现区域经济的均衡协调发展的重要战略举措，也是区域资源与产业优化配置过程中承东启西、连南接北的必然选择。湖北在机遇面前，既面临着老工业基地、农业大省、地处内地等带来的困难和挑战，也面临着加快发展的难得机遇。既要在经济总量上争先进位，保持一定速度的增长，解决发展不够的问题；又要调结构、转方式，加快淘汰落后产能，在发展质量和效益、转型升级、综合竞争力上跃进提升，在中部地区率先全面建成小康社会，跨越式发展的要求与绿色发展环境约束的矛盾始终并存，如何做好两者的平衡，对湖北是很大的考验。

当前，我国社会的主要矛盾是人民日益增长的美好生活需要和不平衡不充分的发展之间的矛盾。就湖北而言，区域发展不平衡、产业发展不协调问题仍然比较突出。同时，产业结构同质化、部分行业产能过剩等问题也比较突出。从城市之间发展态势看，"一主两副"三个城市经济发展大幅领先其他城市，特别是2019年武汉经济总量占全省35.4%，襄阳、宜昌经济总量都超过4000亿元，除这三个城市之外，其他市州的经济总量都还不足以支撑多极。如何解决这一矛盾，产业结构优化升级是重要的途径和支撑。产业是高质量发展的核心和灵魂。湖北省现有的产业结构是其生态文明建设的基点，未来湖北省的生态文明建设，必然会受到产业结构的影响。

一、湖北省生态文明建设取得的成效

湖北是长江干流径流里程最长的省份，是三峡库坝区和南水北调中线工程核心水源区所在地，是长江流域重要的水源涵养地和国家重要生态屏障。近年来，湖北努力做好生态修复、环境保护和绿色发展"三篇文章"。

在生态修复方面，湖北把修复长江生态环境摆在压倒性位置。湖北以系统性的举措来推进山水林田湖草一体化修复，实施长江防护林建设、水土流失治理、河湖湿地保护等一批生态重大工程；把全省22.3%的面积纳入了生态红线的保护范围；实现4230条河流、755个湖泊河湖长制的全覆盖，为长江大保护提供最严格的保护标准和政策保障。目前，长江绿色生态廊道正在形成。

在环境保护方面，湖北壮士断腕破解"化工围江"，关改搬转沿江化工企业115家；堵疏结合推进"三非"整治，取缔各类码头1211个，建成运营的砂石集并中心43个，关停封堵或并入污水处理厂入河排污口181个；近两年腾退岸线150km，复绿1.2万亩；统筹打好蓝天、碧水、净土三大保卫战，2020年全省"国考"城市空气质量优良天数占比76.7%，河流"国考"断面水质优良比例达到86%，比全国平均高15%。

在绿色发展方面，近年来湖北积极践行绿水青山就是金山银山的理念，大力发展生态农业、生态工业、生态旅游等绿色产业，积极培育发展新动能，同时加快淘汰落后产能，在生态环境容量上过紧日子，严守生态保护红线。长江岸线如今再现一江碧水、两岸青山的美丽画卷，人与自然和谐共生、绿色发展的新生态正在形成。

二、湖北省生态文明建设中的问题与挑战

(一) 资源与环境约束

湖北省属于"缺煤、少油、乏气"能源紧缺区域，水电资源虽然较为丰富，但电力的支配权在国家电网。从消费结构来看，与发达国家和国内其他省份用能方式不同，煤炭在能源消费总量中占53.7%，石油消费比例为15.8%，天然气消费比例1.8%，水电消费比例为11.8%。工业结构总体偏重，对能源、矿产、土地资源的需求仍在不断增加，矿产资源、能源和土地的供需矛盾日益显现。

当前，湖北省资源环境问题严峻，一些地区环境容量的限制已经显现，长江中游北岸各支流、汉江下游各支流等氨氮环境容量均呈负值。全省平均酸雨频率为27.6%，出现酸雨城市的比例为44.4%，12个城市年均降水pH低于5.6。水土流失较为严重，全省水土流失面积占土地面积的比例达30%左右，特别是鄂西山区和大别山区水土流失严重。可用水资源偏紧，湖北虽是"千湖之省"，但受资源分布不均和水体污染不断扩大的影响，全省可用水资源严重短缺的城市已达36个，范围涉及14个市州。

(二) 区域发展不均衡

湖北省地势西高东低，西–北–东三面环山、中间低平而向南敞开，拥有山地、丘陵、岗地和平原等多种地貌形态，各种地理要素的组合状况具有显著的区域差异。鄂西北秦巴山区、鄂西南武陵山区、鄂东北大别山区和鄂东南幕阜山区生态功能突出，具有重要的生态意义，不适宜大规模工业化、城镇化开发。除基本农田外，全省可用于新增建设用地的土地资源3.68万 km²，约占全省陆地面

积的 20.80%，人均约为 0.96 亩，相对于全国人均可利用土地水平（0.34 亩），湖北可利用土地资源丰富。然而，全省土地资源压力大，土地城镇化明显快于人口城镇化。城镇发展空间不足，用地计划紧张，城镇用地存在闲置现象，用地效率不高。城镇开发建设方式有待改善。一些城镇仍以分散零星建设为主，综合开发率低，整体环境差。工业化、城镇化快速发展的用地需求与土地资源保护及开发利用的矛盾日益突出。

受自然地形和地理条件的制约，湖北省人口和经济活动主要集中在鄂东和鄂中地区，城镇空间分布从东向西依次递减，呈现"东密西疏"特征。鄂东地区城镇人口占全省总量的 51%，城镇人口密度达 307 人/km²，是全省平均水平的 1.8 倍；鄂中与鄂西城镇人口总量持平，但鄂中城镇人口密度是鄂西的 2 倍；20 万以上的城市大多集中在东部地区，西部地区城镇数量少、规模小，鄂东城镇数量密度为 5.84 个/千平方公里，密度大于鄂中，是鄂西的 2.3 倍。近年来，随着中心城市的发展，一方面大城市与外围城镇的空间连绵态势开始出现，同时以中小城市为核心的城镇网络联系增强，局部地区开始进入城镇群体网络化发展的早期阶段。

全省生产力布局与人口分布相对失衡，经济发展水平较高的地区主要集中在武汉、襄阳、宜昌等市及其周边地区，经济发达地区在集聚大量经济总量的同时尚未吸纳和承载与之相应的人口规模。武汉市生产总值占全省的 36.8%，而常住人口仅占全省的 17.8%，人口分布与经济布局的相对失衡，使得发达地区与山区等欠发达地区的生活水平和公共服务水平差距拉大，影响区域协调发展。数据显示，2019 年湖北省生产总值 45828.31 亿元，人均 GDP 最高值与最低值差距较大，最高值为武汉市，最低值为恩施州，最高值约为最低值的 4.2 倍。从城市之间发展态势看，"一主两副"三个城市经济发展大幅领先其他城市，特别是武汉经济总量占全省 38%，襄阳、宜昌经济总量都在 4000 亿元左右，除这三个城市之外，其他市州的经济总量都还不足以支撑多极。

生态文明建设的区域差异是一种普遍存在的现象，适度的区域差异有利于各区域生态文明建设水平的稳步提高。但是当生态文明建设的区域差异过大时，就会产生严重的社会矛盾，从而阻碍各区域生态文明建设的协调健康发展。

（三）产业结构调整与转型压力

湖北省是一个传统工业大省，经过多年的改革发展，已建立起门类齐全、规模较大的产业体系，老工业基地不断焕发出新的生机与活力，产业发展呈现出企业效益明显好转、新动能快速壮大、转型升级步伐加快运行格局。然而也正是在这个调结构、转方式、跨越中等收入"陷阱"的时期，环境容量与经济发展需求的矛盾愈加突出，湖北面临着经济发展与生态环境质量改善的双重压力。

20 世纪 90 年代以后，湖北省就在推进工业发展，随着工业化程度的低级到高级的发展，原先由第一产业和第二产业带动经济增长的模式，逐渐转变为第二产业和第三产业带动经济增长。湖北省为了推进经济可持续发展，开始针对国民经济结构和产业结构进行调整和升级，第二产业在产业结构中的主导地位在不断提升，这也是推进工业化发展的结果。此外，第三产业在三大产业中的占比也在逐年递增。

目前，湖北省在调整产业结构时，还有待进一步提高其产业结构的高级化程度；随着制造业和加工工业的快速发展，这些重型化工业已经超出了湖北省基础工业的承载力；湖北省的原材料工业和采掘工业之间的发展并不匹配；湖北省的服务业等第三产业发展严重滞后于第一产业和第二产业。上述问题是湖北省产业结构所存在的主要问题。

三、湖北省生态文明发展战略

（一）促进产业结构优化升级

着力推动产业转型升级，构建现代产业体系。推进传统产业转型升级，做大做强战略性新兴产业，大力提升服务业的比重和水平，积极发展循环经济和低碳产业。淘汰化解落后过剩产能，从总量性去产能向结构性优产能转变，从以退为主向进退并重转变。提升改造支柱产业和传统优势产业，提高非重点工业比重，优化轻重工业结构。积极培育新业态新模式，大力促进互联网、人工智能等信息技术在设计、生产、运营等核心环节的深入应用，加快培育基于互联网的融合型新产品、新模式、新业态。

实施间接式的工业结构调整，动态实施产业调整和扩张政策。单纯靠大幅压缩工业产能进行结构调整，容易导致经济大幅萎缩、工人大量失业，应着力实施间接转移调整措施，如加大工业反哺农业步伐；提高多种工业品质量要求，减缓低质量工业产出；加大传统工业向新工业转移力度。为避免工业生产出现较长时间大幅扩张或萎缩，培养掌控工业生产的最佳扩张、压缩点的能力，动态实施调整和扩张政策。

加大第一、第三产业消化能力，变相平抑工业产能和提升三次产业的协调性。要大力提升农业和服务业发展能力，特别是把新兴工业品能力的提升，作为减轻工业品积压和整体产业结构趋向合理的重要对策。要充分激发生产性服务业内需和供给，放松服务性外资准入条件，培养一大批具备国际化服务业能力的企业。深化农业消耗工业产能的对策，如大力提升农业机械化、农业工业化步伐。

（二）促进工业生态化转型

引导企业园区化、集聚化发展。为了推进传统产业的优势改造需要从分散发展向集聚发展转变，引导企业向园区集中，走园区化、集聚化的发展路子。沿长江、汉江建设生态型、科技型化工园区，推进非园区化工项目及企业搬迁入园。以工业园区、工业集聚区等为重点，通过上下游产业优化整合，实现土地集约利用、废物交换利用、能量梯级利用、废水循环利用和污染物集中处理，构筑链接循环的工业产业体系。

建立工业园区管理体制。引导全省园区推进智能制造，打造智慧园区、绿色园区，加快推进智能化、绿色化发展。建立省级工业园区生态化评价指标体系，搭建园区生态化发展动态监控系统。强化园区综合评价，围绕园区管理、企业服务、产业发展等板块，突出园区管理信息化、企业管理咨询对接、产业供应链配套、零担货源集散等主要功能。建立绿色园区发展的长效机制，成立绿色园区领导小组和工作小组，制定推动土地开发、产业发展，基础设施建设、平台要素等全方位协作的政策体系。

推动汽车产业向新能源化、中高端化和生态化转型。在企业层面，注重绿色设计和绿色制造。在集群层面，构建产业生态链构、企业共生网络和绿色物流等。要加速建设武汉开发区"汽车+"产城融合示范区，打造成为长江主轴产城融合示范区、汽车产业转型升级自创区。

构建钢铁工业生态系统纵向链状耦合结构与横向网状结构。通过主、副产业链的构建实现钢铁产品制造功能、社会废弃物处理消纳功能、能源转换功能。从技术、结构、管理三个方面实现钢铁产业的生态化发展。在技术方面，在干熄焦、连铸、高炉顶压发电、蓄热式燃烧技术，烧结余热利用、转炉煤气回收等重大节能技术普及的基础上，积极采用新的节能技术；在结构方面，推进高炉集约化、轧机集约化、炼钢转炉设备大型化集约化、焦炉集约化等主体设备的集约化；在管理方面要建立适应生态化发展的全新的管理理念，建设"节能清洁型"工厂。

推动形成建材行业的企业内小循环、企业间中循环和社会大循环。在保证性能的前提下，尽可能降低天然原料消耗；优化生产工艺，提高废料循环率；对矿产资源进行合理开发与综合利用，实行原料标准化；实现水泥低品位石灰石、尾矿，玻璃低值燃料，陶瓷低品位原料的高附加值利用；研究应用水泥玻璃余热发电等窑炉余热梯级利用技术，余热烘干、窑体散热回收利用技术；提高产品质量，延长使用寿命。发挥水泥工业消纳其他工业固废的特长，实现水泥工业与其他工业的联产耦合；推进利用大宗固体废物生产建材，利用各种工农业废弃资源，生产高附加值的新型建材制品；建设废弃建材资源再生和利用产业体系，推动利废建材规模化发展。

（三）推动农业绿色发展

推动农业绿色发展与生态资源环境可持续利用相融合。合理划定生态农业空间和生态空间保护红线，整体保护、系统修复、综合治理，适度有序开展农业资源休养生息。将"整体、协调、循环、再生"的生态学原理贯穿于农业发展的各环节，建立与资源承载能力、生态环境容量融合的生态农业产业布局与空间结构。根据各县市资源禀赋与生态农业产业结构，探索建设不同区域差异化生态农业发展试验试点区。转变生态农业生产方式，加快推进农业标准化生产，促进农业绿色化生产。

突出品牌引领示范，培育产业融合新实力。注重顶层设计，为品牌建设做好规划蓝图和行动指南；注重品牌认定，推动特色农产品形成区域公共品牌；注重标准引领，制定特色农产品的全产业链技术标准。

打造多种农业业态，优化产业融合新结构。大力推广标准化养殖，加快产品结构、区域结构和经营结构调整；大力发展农产品加工，提升特色产业价值链，促进加工工艺精细化、产品复合化、产业集群化；大力发展休闲农业、观光农业、赛事旅游等特色化旅游产业；大力发展"互联网+"，促进特色农业发展进入快车道，建设农村电子商务示范网点。

加强多元要素投入，激发产业融合新动能。资金整合最大化，加强农业产业融合示范园基础设施建设，夯实现代农业基础，提高农业综合生产力；土地盘活最大化，坚持"三权分置"，推进土地适度规模流转，用好用活增减挂钩和占补平衡指标，激发土地要素活力；人力培育最大化，鼓励"市民下乡""能人回乡""企业兴乡"等主体。

培育多样参与主体，构建产业融合新支撑。培育壮大龙头企业，在财政补贴、土地审批、税费减免、企业服务等方面出台系统的配套支持政策；培育发展专业主体，实施专业合作社、专业大户和家庭农场创建行动和培育计划。

建立多方联结机制，探索产业融合新模式。通过"一转一租一包"模式，建基地、建社区、建企业，企业获得稳定农产品，集体获得财产收益，农户成为二级经营主体，三方因虾稻产业结成紧密的利益共同体；采取"龙头企业+合作社+农户"的运作方式，实行订单制度，通过签订种养和收购合同，企业与农户建立紧密利益联结机制。

（四）发展生产性服务业

重点发展生产性服务业，推动一、二、三产业融合。以生产性服务业作为现代服务业发展的突破口和重要支撑点，推动生产性服务业与制造业、生产性服务业与农业的深度融合和"产业链嵌入"，充分发挥生产性服务业深度参与产业结构战略调整的作用，推动产业结构合理化、产业结构高级化。基于生产性服务业强大的融合性、协调性和关联性，提高产业结构对供需结构的适应性，加强产业关联，深化要素、产业融合。

推进制造业企业分离，促进生产性服务业专业化发展。在企业层面，将非核心、辅助服务性业务剥离，让渡给专业的第三方服务业，生产性服务企业强化自身的专业化、规模化发展，降低服务企业运行成本，发挥规模经济效应，帮助被剥离制造业企业降低成本；在政府层面，通过引导和税收杠杆的调节，出台鼓励主辅业分离的政策措施，对分离后的税负高于原税额的部分，由当地财政对该企业予以扶持补助。

延伸制造业产业链，促进生产性服务业集聚发展。围绕湖北制造业产业集群，延伸产业链，以调整、优化和提高为方向，以研发、创新和增值为重点，不断提高制造业的核心竞争力和产业附加值。配套发展生产性服务业，打造研发-生产-零部件配套-销售、维修、测试、物流-金融服务等为一体的产业链。

（五）　新冠肺炎疫情下的复产与产业链建设

湖北省的金属冶炼和压延加工品、非金属矿物制品、农林牧渔产品和服务、食品和烟草、交通运输、仓储和邮政、石油加工、化学产品等行业，虽然这些产业大多为第一、第二产业中的基础行业，并非像服务业在疫情中受到了重创，但是在全国的宏观经济系统中的排名靠前，在经济系统内处于传输资源的核心战略位置，若未能及时恢复，会给全国和湖北省经济造成较大的负面影响。值得指出的是，湖北省的农林牧渔产品和服务、化学产品、食品和烟草、交通运输业同时存在较高的上下游紧密度，并且在全国同行业 GDP 中所占比重较大，应在复工复产中给予重视和优先保障。此外，湖北省需要发展更加智能化、高端化、现代化的产业体系，深入推进先进制造业与现代服务业深度融合，以应对疫情给各领域带来的冲击。

制造业。重点是汽车制造业，因为湖北省是全国重要的汽车零部件制造基地，同时我国是全球最大的汽车产销国，也是全球最重要的汽车零部件制造和供应基地之一。具体有以下建议：①以努力恢复生产、降低企业负担为主要目标，帮助供应链企业解决复工复产和进口采购中的困难，帮助企业增加库存，改善物流条件。②引导主要中国品牌企业在共享供应链资源方面进行深度合作，主要汽车企业要建立战略性零部件供应体系，加强与国内外零部件供应商的联盟合作。汽车产业链上下游企业可通过生态圈建设，形成利益同盟，增强共同抵御风险的能力。③疫情在全球的蔓延，部分零部件的中断会影响中国汽车生产。因此，支持新能源汽车、智能汽车关键技术的研发，以及关键零部件的生产和供应，开拓、增加新的产业链布局机会。

高一代信息技术产业。鼓励支持以数字化和智能化为基础的产业互联网系统、人工智能技术、工业和民用机器人、5G 相关技术应用、智慧医疗技术等高新科技的产业化转型，这些技术的产业化应用会使制造业运营更灵活、成本更低，也更能有效应对突发事件。

（六）加强空间管控与资源配置

加强国土空间全方位规划管控，以资源科学配置满足"一芯两带三区"战略空间需求。以空间管制优化国土空间开发格局、以总量管控促进产业结构调整、以环境准入推动经济绿色转型。按照主体功能区规划和生态功能区划的要求，调整生产力布局，使产业发展保持在环境承载范围内。寻求资源利用效率的最大值。分析国土空间规划与经济社会发展之间的关系，寻求国土空间保护与开发的平衡点，尽可能地通过资源支撑发展增长，做大全省发展支撑资源总量。寻求资源区域配置的最优解。聚焦"一芯两带三区"区域和产业布局，充分尊重地方资源禀赋，有力支撑地方产业发展，科学合理配置区域资源。寻求资源检测调控的最佳点。及时开展资源环境承载力评价和适宜性评价，根据经济社会发展形势与节凑，调整资源配置方案，动态保障产业发展空间需求。

（七）开展"无废城市"建设

产业结构对生态环境质量的影响主要是由于"三废"排放量的变化而产生的。第一产业主导的产业结构"三废"排放量比较小，第二产业尤其是能源、化工、冶金等重化工业主导的产业结构二氧化硫排放和污水排放导致的大气污染和水源污染最严重，而随着第三产业比重的提高和第二产业比重的下降，"三废"排放量又会下降，从而生态环境质量会随之改善。湖北省固体废物管理基础薄弱，应在梳理产业产废特性与废物回收利用现状的基础上，以创新、协调、绿色、开放、共享的新发展理念为引领，通过推动形成绿色发展方式和生活方式，统筹经济社会发展中的固体废物管理，大力推进源头减量、资源化利用和无害化处置，最终实现城市可持续发展。具体建议如下：

严格固体废物源头减量措施，增大综合利用支持力度。加强源头减量，充分发挥政府的宏观引导作用。探索将固废危废产生量大、毒性高、处理难的行业纳入产业结构调整范围，促进源头减量。加强源头减量和综合利用的经济政策和科技支撑，加大固废危废处理处置技术的科研投入，研究区域典型固体废物综合利用的污染防治技术规范和产品中有毒有害物质含量标准。完善固体废物、危险废物跨省转移过程中的监管机制，加强区域流域范围内的联防联控。落实企业主体责任，明确相关监管部门职责。加强机构队伍建设。壮大固体废物管理工作人员队伍，提升固废环境管理人员素质，强化专业培训。

推动园区绿色发展，引领区域工业高质量发展。强化园区建设和监督管理机制中对环境风险防控的要求，避免环境违法案件和突发环境事件发生。构建园区内企业与产业间生态产业链与产业共生网络，实现原料互供、资源共享。加大工业园区循环化改造力度，完善园区水处理基础设施。推动磷石膏、冶炼渣、粉煤灰、酒糟等工业固体废物综合利用，鼓励有条件的地方推动水泥窑协同处置生活垃圾。推进工业园区产业耦合，实现近零排放，进一步提升各园区产城融合紧密度。

鼓励技术创新，促进磷矿资源综合利用。促使市场结构由传统、粗放、集中度低的"采富弃贫，采易弃难"经营方式逐步向现代、集约、集中度高的"贫富兼采，全层开采"的经营方式转变。在磷化工企业的净化与产品开发上，提高装置的产能和湿法磷酸净化，并在副产品氟、硅元素及磷石膏综合利用技术的方向发展下游的湿法磷酸加工工艺；研究开发对磷矿石适应于杂质范围更广的加工工艺技术和先进适用的湿法磷酸净化技术。从而实现提高资源回采率、开发利用中低品位磷矿采选，综合回收磷矿石中的共、伴生矿有用元素，提高资源综合利用率。探索鼓励支持磷石膏综合利用产品进入市场的政策，如对磷石膏综合利用产品实行免征增值税或即征即退的税收优惠政策。

加强农业环境问题治理，推进农村生态环境保护。开展农村人居环境整治，清理农村生活垃圾、河塘沟渠、农业生产废弃物、无功能杂物，改变影响农村人居环境的不良习惯，积极开展村庄清洁行动，着力解决村庄环境"脏乱差"问题。加快推动乡镇生活污水处理设施建设和农村生活垃圾无害化处理，将农村环境基础设施与特色产业、休闲农业、乡村旅游有机结合，实现产业融合与人居环境改善协同发展。开展农村"厕所革命"，实行"整村推进、逐步覆盖"。持续推进化肥减量增效、农药减量控害，推进畜禽粪污资源化利用，全面实施秸秆综合利用行动，深入实施农膜回收行动，探索开展农药肥料包装废弃物回收。